安全管理七讲

孙殿阁　编著

北　京
冶　金　工　业　出　版　社
2023

内 容 提 要

本书以讲座的形式,详细讲述了安全管理的原理、方法和技术。内容包括七讲:第一讲由几张图看安全管理的内容,第二讲安全生产管理的前世今生,第三讲系统安全的横空出世,第四讲安全管理体系对安全的持续改进,第五讲安全管理的最高范畴——安全文化,第六讲安全生产管理信息的管理,第七讲也说应急管理。

本书可供从事安全科学研究、安全生产管理、事故应急管理等工作人员阅读,也可供高等院校安全工程类、应急管理类等专业的师生参考。

图书在版编目(CIP)数据

安全管理七讲 / 孙殿阁编著. —北京: 冶金工业出版社, 2021.6
(2023.11 重印)

ISBN 978-7-5024-8812-3

Ⅰ.①安… Ⅱ.①孙… Ⅲ.①安全管理 Ⅳ.①X92

中国版本图书馆 CIP 数据核字 (2021) 第 097719 号

安全管理七讲

出版发行	冶金工业出版社		电 话	(010)64027926
地 址	北京市东城区嵩祝院北巷 39 号		邮 编	100009
网 址	www.mip1953.com		电子信箱	service@ mip1953.com

责任编辑 杨 敏 美术编辑 彭子赫 版式设计 禹 蕊
责任校对 郭惠兰 责任印制 窦 唯

北京建宏印刷有限公司印刷

2021 年 6 月第 1 版, 2023 年 11 月第 2 次印刷

710mm×1000mm 1/16; 17.75 印张; 348 千字; 276 页

定价 96.00 元

投稿电话 (010)64027932 投稿信箱 tougao@cnmip.com.cn
营销中心电话 (010)64044283
冶金工业出版社天猫旗舰店 yjgycbs.tmall.com
(本书如有印装质量问题, 本社营销中心负责退换)

前　言

　　安全问题是一个久远的话题，生产劳动中的安全是伴随着人类劳动产生的。我国古代在生产中就积累了一些安全防护的经验。明代科学家宋应星所著《天工开物》中记述了采煤时防止瓦斯中毒的方法："深至丈许，方始得煤，初见煤端时，毒气灼人，有将巨竹凿去中节，尖锐其末，插入炭中，其毒烟从竹中透上。"在国外，公元前27世纪，古埃及第三王朝在建造金字塔时，组织10万人花20年的时间开凿地下甬道和墓穴及建造地面塔体如此庞大的工程，离不开安全管理；在古希腊和古罗马时期，就设立了以维持社会治安和救火为主要任务的近卫军和值班团；12世纪，英国颁布了《防火法令》，17世纪颁布了《人身保护法》。

　　有组织的安全管理是伴随着社会化大生产发展的需要而产生的。18世纪中叶的工业革命时期，机器的大规模使用极大提高了生产率，也大大增加了伤害的可能，资本家出于自身的利益，被迫改善劳动条件，例如，在机器上安装防护装置，要求研究防止事故和职业危害的方法等，促进了安全科学和技术的发展。例如，英国化学家汉弗莱·戴维（Humphry Davy）发明了矿坑安全灯；19世纪初，英国、法国、比利时等国相继颁布了安全法令，对安全法制管理进行了有益的尝试。

　　到20世纪初，随着现代工业的兴起及发展，重大生产事故和环境污染相继发生，造成了大量的人员伤亡和巨大的财产损失，给社会带来了极大危害，人们不得不在一些企业设置专职安全人员，对工人进行安全教育。到了20世纪30年代，很多国家设立了生产安全管理的政府机构，发布了劳动安全卫生的法律法规，逐步建立了较完善的安全教育、管理、技术体系，现代生产安全管理初具雏形。进入 20 世纪 50 年代，经济的快速增长，使人们生活水平迅速提高，创造就业机会、改进工作条件、公平分配国民生产总值等问题，引起了越来越多经济学家、管理学家、安全工程专家和政治家的注意。工人强烈要求不仅要有工作机会，还要有安全与健康的工作环境。一些工业化国家，进一步加强了生产安全法律法规体系建设，在生产安全方面投入大量的资金进行科学研究，加强企业安全生产管理的制度化建设，产生了一些生产安全管理原理、事故致因理论和事故预防原理等风险管理理论，以系统安全理论为核心的现代安全管理方法模式、思想、理论基本形成。

本书是作者在自己的博士论文《民用机场安全风险管理及预警技术研究与应用》及近年来有关研究成果的基础上，对相关内容进行了回溯及横向拓展，参考社会科学研究方法中编写史书的方法（编年体与纪传体）撰写而成。本书基于安全科学、管理科学和行为科学的基本原理，遵循安全管理原理—安全管理方法—安全管理技术的编写思路，在内容设计上，力求追本溯源，讲清来龙去脉，不求面面俱到，但求把关键点讲清楚、讲透彻；突出安全管理原理、方法，将安全管理的原理与安全管理的实际内容相结合，注重安全管理的理论方法与安全科学技术及前沿理论与实践的紧密结合，反映本学科领域最新的发展、最实用的技术手段。

本书的出版得到了中国劳动关系学院学术论丛项目的资助，在撰写过程中，参考了有关专家的研究成果与文献资料，在此一并表示衷心感谢。

由于作者水平有限，书中不足之处，敬请广大读者批评指正。

作　者
2021 年 1 月

目　　录

第一讲　由几张图看安全管理的内容

本章导读：为了防止长篇累牍地论述安全管理对象、安全管理内容及研究方法，陷入大多数安全管理类书籍编写套路的冗繁桎梏。本章在这里只是罗列几张图，对安全管理的内容加以大致描述一下，后面的章节将围绕着这些内容中的关键环节展开论述。

第一节　安全科学体系结构

安全科学是研究人类安全活动规律及其应用的一门综合性交叉学科，其主要研究怎样才算安全和怎样才能安全的问题。安全学科与其存在领域的学科交叉，产生了交叉科学学科；既不能归属于自然科学学科，也不能归属于社会科学学科；既不属于纵向科学学科（研究具有纵深关系的各学科之间相互关系的学科），又不属于横向科学学科（在层次上介于哲学与具体科学之间，在内容与功能上相对独立）。从安全科学内涵与发展趋势、面向对象、体系构架以及与其他学科交叉关系等学科的本质属性（即基本特征）上来看，可对安全科学进行纵向科学分类和横向理论分层，安全科学可包括安全管理学、安全工程学、卫生工程学，以及交通安全、矿山安全、建筑施工安全、石油化工安全等多个纵向分支，及四个横向理论层次的安全科学学科体系构架，如图1-1所示。

第二节　安全生产管理主体与管理内容

《中华人民共和国安全生产法》（以下简称《安全生产法》）第三条规定："安全生产工作应当以人为本，坚持安全发展，坚持安全第一、预防为主、综合治理的方针，强化和落实生产经营单位的主体责任，建立生产经营单位负责、职工参与、政府监管、行业自律和社会监督的机制。"《安全生产法》中涉及的责任主体包括政府、生产企业、专业机构、工会、其他监管部门以及职工本身等几方面，由相关的职责规定亦可以更清楚地认识管理内容本身。比如政府之监管工作，比如企业之安全生产标准化、安全文化建设、重大危险源管理、企业规章制度建设要求、企业安全组织机构构建、安全投入要求、安全教育要求、安全设备要求、安全作业要求、事故应急、报告与调查处理等诸多内容等。立足于《安全生产法》，安全管理所涵盖的内容如图1-2所示。

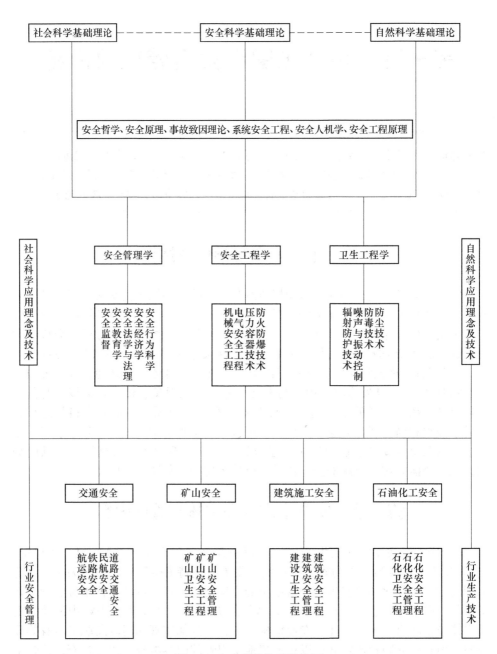

图 1-1 安全科学体系结构图

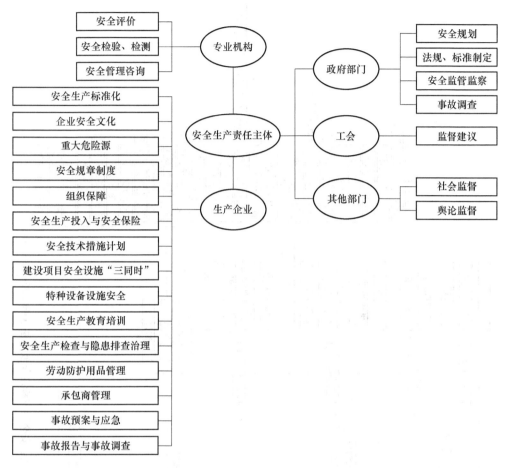

图 1-2 安全管理责任主体与管理内容

第三节 企业安全生产标准化要素图（GB/T 33000—2016）

安全生产标准化，是指通过建立安全生产责任制，制定安全管理制度和操作规程，排查治理隐患和监控重大危险源，建立预防机制，规范生产行为，使各生产环节符合有关安全生产法律法规和标准规范的要求，人（人员）、机（机械）、料（材料）、法（工法）、环（环境）、测（测量）处于良好的生产状态，并持续改进，不断加强企业安全生产规范化建设。《企业安全生产标准化基本规范》（GB/T 33000—2016）包含了 8 个一级要素、28 个二级要素、35 个三级要素、54 项工作项，通过这个标准可以更规范化、体系化地认识安全企业安全管理的内容，如图 1-3 所示。

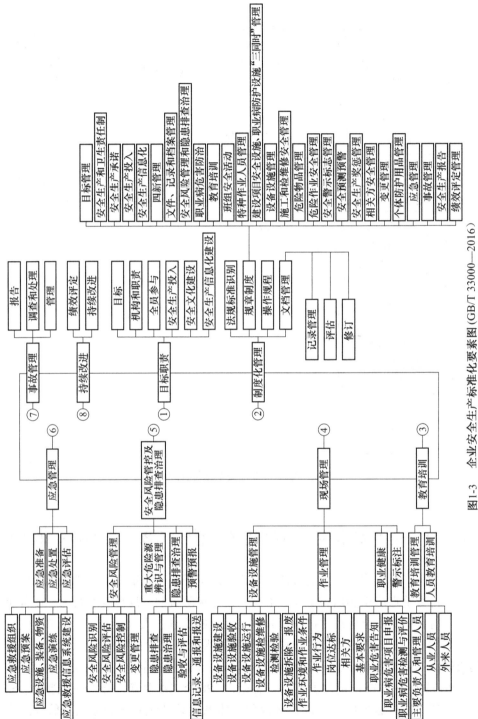

图1-3　企业安全生产标准化要素图（GB/T 33000—2016）

第四节 由典型企业的组织模式看安全管理内容

不同行业、不同规模的企业，安全工作组织形式不完全相同。自泰勒在《科学管理原理》一书中清楚地把管理职能从生产职能分离出来以后，安全管理便作为企业管理的一个重要分支而存在。一个典型的企业安全管理组织的构成模式如图1-4所示，它主要由安全工作指挥系统、安全检查系统和安全监督系统三大系统构成管理网络。再与轨迹交叉论中事故原因阶段划分映射结合，这将更有助于我们理解安全管理的内容，如图1-5所示。

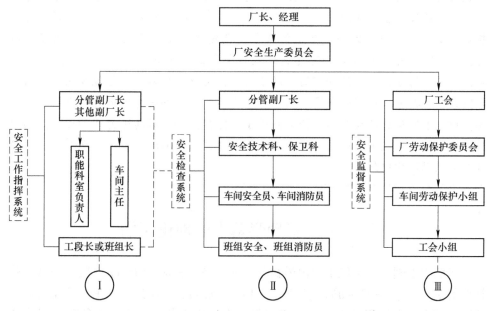

图1-4 典型企业安全管理组织的构成模式

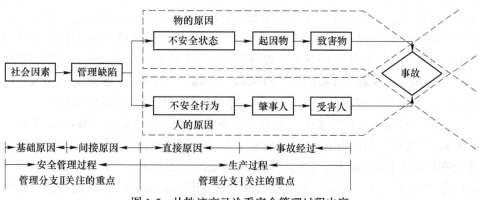

图1-5 从轨迹交叉论看安全管理过程内容

第二讲　安全生产管理的前世今生

本章导读： 所说的安全生产管理，不外乎是管理学的思想，在安全生产这一特定领域的具体应用。由于工业化大生产的需求所致，以及在科学理念的指导下等原因，西方的安全生产管理往往更具有科学性、系统性以及针对性。许多的管理思想以及安全科学理论方法，今天仍然在发光发热，我们探究管理学的起源、承转，就会明白其利弊得失，使其更好地服务我们的实际工作。从有文献记述至今，管理学的理论成果浩如烟海、汗牛塞屋，大致可分为科学管理理论与行为科学理论两大派系。虽然新成果、新理论层出不穷，但都没有跳出这两大理论的范畴。所以本章从这两大基本理论体系着手，择其概要，对其进行回顾论述。同时对安全科学理论成果进行了归纳总结，使读者更系统地理解安全管理科学，使读者知其然以及所以然。

第一节　管理学基本的理论派别

谈西方管理，就不能不说由爱德华·布雷特（Edward Brech）所著的《现代管理的演变》（*The Evolution of Modern Management*）（2002）一书，这是英国管理历史方面具有里程碑意义的一本书籍。在这本书的序言中，安德鲁·汤姆森（Andrew Thomson）和罗杰·扬（Roger Young）写道："管理是建立组织和实现组织目标的方法，没有它，现代文明及其财富创造流程就无从谈起。"然而，对于什么是"管理"的公允定义却难以找到。许多管理领域的代表人物都对管理有很明确的想法，但是他们对于管理的定义却并不总是一致的，比如，弗雷德里克·温斯洛·泰勒（Frederick Winslow Taylor）、彼得·德鲁克（Peter F. Drucker）和汤姆·彼得斯（Tom Peters）著作中出现的管理概念就不同。

追溯"管理"一词的来源。根据管理史学家摩根·威策尔（Morgen Witzel）的研究，"管理"以及相关联的"管理者"等词语首先出现在英国，时间是 16 世纪晚期的莎士比亚时代。它们的最初来源是拉丁语 manus，字面意思是"手"，但也有"权力"和"权限"的深层含义。法语词 manegerie 在 16 世纪也开始出现。在英语里，manage 这个词很长时间内泛指对事物的控制和指导，而不管是个人事务还是集体事务。从 17 世纪开始，成百上千本书籍里都出现了"管理"这个词，其意义从农业、林业、医疗保健、儿童教育到监狱，包罗万象。而到 17 世纪中期时，这个词也被应用到商业和金融事务中。进入商业金融时，"管理"最初的意思是"去做"和"引起什么被做"，后者更为重要。看一下今天的管理活动及与之相关的活动——引导、领导、策划、控制、指导、协调等——可以看出这个词还广泛保持了其原有含义，即人们必然需要利用各种方法去引导、指导、协调其他人的工作，而管理就与这些活动有关。此外，还有一种说法，即管理中的"管"是指约束，"理"是指调理、协调。这对我们从本质上理解管理一词也很有帮助。

抛开这些对管理发展史的纠结，本书准备从泰勒的"三大实验"和梅奥的"霍桑实验"谈起，因为这两个实验催生了管理学上的两大学派，即"科学管理理论"和"行为科学理论"，这是现代管理理论的基石。

一、泰勒的科学管理理论学派

弗雷德里克·温斯洛·泰勒是美国古典管理学家，科学管理的创始人，被管理界誉为科学管理之父。早年的泰勒在米德维尔工厂工作，从一名学徒工开始，先后被提拔为车间管理员、技师、小组长、工长、设计室主任和总工程师。正是早年这些实际的工作经历才能使他了解工人们普遍怠工的真正原因，才能使他逐渐意识到缺乏有效的管理手段是提高生产率的严重障碍。来源于实践，形成理论，再对实践予以指导。今天从事科研及管理研究的人，是不是能从中受到启发呢？后来，泰勒做了著名的"三大实验"，即"金属切削实验""搬运生铁块实验"和"铁锹实验"，从而开创了实证式管理研究的先河。

什么是"三大实验"呢？从 1881 年开始，泰勒进行了一项"金属切削试验"，来研究每个金属切削工人工作日的合理工作量。经过两年的初步实验，给工人制定了一套工作量标准，米德瓦尔钢铁厂的试验是工时研究与工作方法研究的开端。金属切削试验延续了 26 年，进行的各项试验超过了 3 万次，80 万磅的钢铁被试验用的工具削成切屑，总共耗费约 15 万美元。试验结果发现了能大大提高金属切削机工产量的高速工具钢，并取得了各种机床适当的转速、进刀量以及切削用量标准等资料。

1898 年，在伯利恒钢铁公司（Bethlehem Steel Company）大股东沃顿（Joseph Wharton）的鼓动下，泰勒以顾问身份进入伯利恒钢铁公司，此后在伯利恒进行了著名的"搬运生铁块试验"和"铁锹试验"。搬运生铁块试验，是在这家公司的五座高炉的产品搬运班组大约 75 名工人中进行的。这一研究改进了操作方法，训练了工人，结果使生铁块的搬运量提高 3 倍。铁锹试验是系统地研究铲上负载后，研究各种材料能够达到标准负载的锹的形状、规格，以及各种原料装锹的最好方法的问题。此外泰勒还对每一套动作的精确时间作了研究，从而得出了一个"一流工人"每天应该完成的工作量。这一研究的结果是非常杰出的，堆料场的劳动力从 400~600 人减少为 140 人，平均每人每天的操作量从 16 吨提高到 59 吨，每个工人的日工资从 1.15 美元提高到 1.88 美元。

1901 年后，泰勒以大部分时间从事咨询、写作和演讲等工作，来宣传他的一套管理理论——科学管理。泰勒在他的主要著作《科学管理原理》中阐述了科学管理理论，使人们认识到了管理是一门建立在明确的法规、条文和原则之上的科学。泰勒的成就十分巨大，总结起来，至少在以下几个方面的影响延续至今，成为现代管理理论的智慧根基。

（1）泰勒采用实验方法研究管理问题，并开创了实证式管理研究先河。泰勒不是坐在学院里饶有兴趣地进行逻辑性推论的理论派，比如他走下工厂，深入车间，做了大量著名的实验，其中金属切削实验，竟然长达 26 年。这就如同培根和伽利略，首先在科学、哲学上引进实验方法，才能使得近代科学、哲学真正成为一门可以进入真正的科学层面一样，使得管理学由杂谈变成了一门真正的严肃严谨的真科学。实证方法，为管理学研究开辟了一片无限广阔的新天地。

（2）泰勒是流程、过程管理学的鼻祖，并开创了单个或局部工作流程的分析。泰勒创造性地选取整个企业经营管理的现场作业管理中的某一个局部，从小到大地来研究管理。这种方法与实证方法相配合，是一种归纳研究方法，即由许多具体案例或实验结果，归纳提升成为整体性结论。对于像管理学等应用性或实践性科学来讲，归纳法比演绎法具有更加突出的重要性。而其对单一或局部工作流程的动作研究和时间研究，合起来即为流程效率研究，更为后世所效仿，成为研究和改进管理工作的主要方法。比如现在热门的公司流程再造等，都是在泰勒方法的基础上进行的。

（3）泰勒的管理理论之所以被尊称为科学管理理论，原因在于他首次突破了管理研究的经验途径这一局限性视野，首次提出要以效率、效益更高的科学性管理，来取代传统小作坊师傅个人经验传帮带或个人自己积累经验的经验型管理。历史结果告诉我们，经验对于管理虽然是重要的基础性的，但却远非决定性的和唯一性的，任何工作和业务流程，通过科学的探讨，更能够接近并在一定程度上达到完美。

（4）泰勒以作业管理为核心的管理理论，其目的是达到现实生产条件下最大生产效率，但其研究成果却是以各个环节和要素的标准化为表现形式。这是一个很重要的标准量化管理的研究成果，开启了标准化管理的先河。现在的许多标准如 ISO（International Organization for Standardization）、GMP（Good Manufacturing Practice）等大量标准化管理体系，其沿用的仍然是泰勒的思想方法和工作方法。

标准化管理已经成为现代管理而不仅仅是生产管理的一个普遍性核心构成部分。

（5）泰勒在工作和研究中认识到，强调分工和专业化对于提高生产效率是重要的，因此，他首先提出了管理者和被管理者的工作其实是不一样的。简单地说，管理者主要在计划，而被管理者主要在执行，另外，管理者还要进行例外管理。泰勒甚至设计出了一种职能工长制管理模式，以实现其管理理论。这模式可能已经不适用了，但他的思想仍然是活着的。把管理从生产中分离出来，是管理专业化、职业化的重要标志，管理因此被公认为一门需要独立研究的科学。

在我们今天看来，泰勒的科学管理哲学并不是什么惊天动地的事，但对于泰勒本人和当时的时代来说却是开天辟地的大事。泰勒自己宣称，"科学管理在实质上要求任何一个具体机构或机构中的工人及管理人员进行一场全面的心理革命，没有这样的心理革命，科学管理就不存在。"他说的不存在的意思是——不可能被正确理解、接受和很好地顺利实施。原因在于人们如果不能把思想从小农生产转变到工业化大生产的认识上来，劳资合作以便提高生产效率，提升双方整体福利的新措施就不可能实施。因此，泰勒还考虑到了管理转变关系到人性的许多层面，他虽然没有展开深入研究，但他建议企业要考虑到各个层面人们的感受，尤其是强调工人要能够愉快地胜任新方法下的工作并获得更高报酬，这说明了泰勒虽然较多关心提高社会生产总效率问题，但并不是多数人认为的那样——他对工人就很残酷。

这一学派在泰勒之后产生了许多有影响力的人物及理论，比如亨利·法约尔（H. Fayol）以及他的著作《工业管理与一般管理》。与泰勒的理论相比，泰勒侧重于在工厂中提高劳动生产率的问题，而法约尔则更侧重于高层管理理论。

在《工业管理与一般管理》中，法约尔强调了管理的普遍性，即管理在所有机构（包括政治、宗教）运行中的重要作用，从而克服管理只局限于工厂的狭隘的观点，把对管理的研究作为一个项目而独立出来。这在当时来讲是一个重大的贡献。在《工业管理与一般管理》的第一章，法约尔论述了管理的定义。他认为，企业的全部活动可分为6组：

（1）技术活动（生产、制造、加工）；

（2）商业活动（购买、销售、交换）；

（3）财务活动（筹集和最适当地利用资本）；

（4）安全活动（保护财产和人员）；

（5）会计活动（财产清点、资产负债表、成本、统计等）；

（6）管理活动（计划组织、指挥、协调和控制）。

在这6组活动中，法约尔主要集中研究了管理活动。由此，法约尔给出了管理的5要素14原则，即管理是计划、组织、指挥、协调、控制5要素，以及包括劳动分工、权力和责任、纪律、统一指挥、统一领导、个人利益服从整体利益、人员的报酬、集中、等级制度、秩序、公平、人员的稳定、首创精神、人员的团结这 14 个原则。

此外，与泰勒否认专业管理训练对培养管理人员的作用（泰勒认为管理人才是"天生"的）观点明显不同，法约尔强调管理教育的必要性与可能性。鉴于当时学校中并不开设管理方面课程的情况，法约尔还呼吁管理教育应该普及。

法约尔的 14 条原则和 5 要素在现代管理中已作为普遍遵循的准则，因而常被看成是极为一般的东西，但是，正因为这一"普遍性"才使他的理论成为管理史上一个重要的里程碑。泰勒注重哲学和方法，法约尔注重原则和要素，他们的思想共同构成了古典管理理论的基础。一般认为，法约尔是继泰勒之后管理史上的第二座丰碑。

二、梅奥的行为科学理论学派

泰勒的管理思想着重强调管理的科学性、合理性和纪律性，这极大地提高了生产效率。按照泰勒的理想设想，应该能够缓解劳资双方的紧张与对立，增进人们的幸福感，进而再促进生产效率，但是事实却恰恰相反。

霍桑工厂是一个制造电话交换机的工厂，具有较完善的娱乐设施、医疗制度和养老金制度，但工人们仍愤愤不平，生产成绩很不理想。为找出原因，美国国家研究委员会组织研究小组开展实验研究。由此就产生了管理学史上非常著名的"霍桑实验"（Hawthorne studies，1924~1932），进而催生了对人行为进行研究的管理学另一大分支"行为科学理论"。

霍桑实验由美国哈佛大学教授梅奥（Mayo George Elton）主持，于 1924~1932 年在美国芝加哥郊外的西方电器公司霍桑工厂进行。实验共分为四个阶段，如图 2-1 所示。

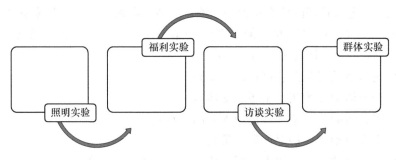

图 2-1　霍桑实验四阶段图

（一）第一阶段：照明实验

时间从 1924 年 11 月至 1927 年 4 月。当时关于生产效率的理论中，占统治地位的是劳动医学的观点，认为影响工人生产效率的也许是疲劳和单调感等，于是当时的实验假设便是"提高照明度有助于减少疲劳，使生产效率提高"。可是经过两年多实验发现，照明度的改变对生产效率并无影响。具体结果是：当实验组照明度增大时，实验组和控制组都增产；当实验组照明度减弱时，两组依然都增产，甚至实验组的照明度减至 0.06 烛光时，其产量亦无明显下降；直至照明减至如月光一般，实在看不清时，产量才急剧降下来。研究人员面对此结果感到茫然，失去了信心。从 1927 年起，以梅奥教授为首的一批哈佛大学心理学工作者将实验工作接管下来，继续进行。

（二）第二阶段：福利实验

福利实验是在继电器装配测试室研究的一个阶段，时间是从 1927 年 4 月至 1929 年 6 月。实验目的总的来说是查明福利待遇的变换与生产效率的关系。但经过两年多的实验发现，不管福利待遇如何改变（包括工资支付办法的改变、优惠措施的增减、休息时间的增减等），都不影响产量的持续上升，甚至工人自己对生产效率提高的原因也说不清楚。

后经进一步的分析发现，导致生产效率上升的主要原因如下：①参加实验的光荣感。实验开始时 6 名参加实验的女工曾被召进部长办公室谈话，她们认为这是莫大的荣誉。这说明被重视的自豪感对人的积极性有明显的促进作用；②成员间良好的相互关系。

（三）第三阶段：访谈实验

研究者在工厂中开始了访谈计划。此计划的最初想法是要工人就管理当局的规划和政策、工头的态度和工作条件等问题作出回答，但这种规定好的访谈计划在进行过程中却大出意料之外，得到意想不到的效果。工人想就工作提纲以外的事情进行交谈，工人认为重要的事情并不是公司或调查者认为意义重大的那些事。访谈者了解到这一点，及时把访谈计划改为事先不规定内容，每次访谈的平均时间从 30min 延长到 1~1.5h，多听少说，详细记录工人的不满和意见。访谈计划持续了两年多。工人的产量大幅提高。

工人们长期以来对工厂的各项管理制度和方法存在许多不满，无处发泄，访谈计划的实行恰恰为他们提供了发泄机会。工人们发泄过后心情舒畅，士气提高，使产量得到提高。

（四）第四阶段：群体实验

梅奥等人在这个实验中是选择 14 名男工人在单独的房间里从事绕线、焊接和检验工作。对这个班组实行特殊的工人计件工资制度。实验者原来设想，实行这套奖励办法会使工人更加努力工作，以便得到更多的报酬。但观察的结果发现，产量只保持在中等水平上，每个工人的日产量平均都差不多，而且工人并不如实地报告产量。深入调查发现，这个班组为了维护他们群体的利益，自发地形成了一些规范。他们约定，谁也不能干得太多，突出自己；谁也不能干得太少，影响全组的产量，并且约法三章，不准向管理当局告密，如有人违反这些规定，轻则挖苦谩骂，重则拳打脚踢。进一步调查发现，工人们之所以维持中等水平的产量，是担心产量提高，管理当局会改变现行奖励制度，或裁减人员，使部分工人失业，或者会使干得慢的伙伴受到惩罚。

这一实验表明，为了维护班组内部的团结，可以放弃物质利益的引诱。由此提出"非正式群体"的概念，认为在正式的组织中存在着自发形成的非正式群体，这种群体有自己的特殊的行为规范，对人的行为起着调节和控制作用。同时，加强了内部的协作关系。

1933 年，梅奥出版了《工业文明的人类问题》一书，阐述了实验得出的结论：（1）职工是"社会人"，工人不全然是机械的延伸。即工人不是只受金钱刺激的"经济人"，个人的态度在决定其行为方面起重要作用；（2）企业中存在着"非正式团体"。"非正式团体"又叫非正式组织、非正式群体。它是没有明文规定的，带有鲜明的情绪色彩，以个人之间的好感和喜爱为基础而结成的朋友、同伴团体；（3）企业管理存在着霍桑效应。由于受到额外的关注而引起绩效或努力上升的情况称为"霍桑效应"（Hawthorne effect）。所以研究者在进行研究时，不能与标的物太接近，否则会影响实验的结果；（4）新型的领导能力在于提高职工的满足度。经营者要对管理的人性社会面与行为面有更深入的了解。

霍桑实验对古典管理理论进行了大胆的突破，它替管理学打开了一扇通往社会科学领域的门。第一次把管理研究的重点从工作上和从物的因素上转到人的因素上来，不仅在理论上对古典管理理论作了修正和补充，开辟了管理研究的新理论，还为现代行为科学的发展奠定了基础，而且对管理实践产生了深远的影响。今天的行为科学之所以成为根深叶茂的学科大树，在很大程度上得益于梅奥及其霍桑实验对人性的探索。

比如马斯洛的人类需求层次论。亚伯拉罕·哈洛德·马斯洛于 1908 年 4 月 1日出生于纽约市布鲁克林区一个犹太家庭，是美国著名哲学家、社会心理学家、人格理论家和比较心理学家，人本主义心理学的主要发起者和理论家，心理学第三势力的领导人。什么是心理学第三势力呢？科学心理学建立以后，出现了现代心理学的十个主要学派，其中行为主义心理学、精神分析学派和人本心理学逐渐发展壮大，对人类的生产生活产生了巨大影响，被称为"西方心理学的三大势力"。其中以毕生开创的行为主义心理学为第一势力，以弗洛伊德、荣格为代表的精神分析学派为第二势力，以马斯洛为代表的人本主义心理学为第三势力。

马斯洛的人类需求层次论是马斯洛人本主义心理学的核心，其内容是：人作为一个有机整体，具有多种动机和需要，包括生理需要（physiological needs）、安全需要（security needs）、归属与爱的需要（love and belonging needs）、自尊需要（respect & esteem needs）和自我实现需要（self-actualization needs），如图2-2所示。马斯洛认为，当人的低层次需求被满足之后，会转而寻求实现更高层次的需要。人会通过"自我实现"，满足多层次的需要系统，达到"高峰体验"，重新找回被技术排斥的人的价值，实现完美人格。

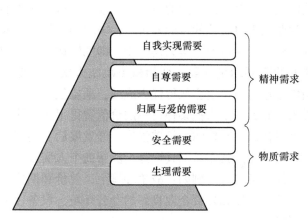

图 2-2　马斯洛的人类需求层次论

比如旧中国的矿工，明明知道下井采矿是很危险的事情，但仍然愿意下井采矿，用马斯洛的需求层次理论来解释这个事情，就是那时的矿工仍停留在第一阶段——生理需求阶段，为了温饱而努力；一旦这一阶段的需求得到满足，人们才会有新的需求，比如安全需求，要求生命得到保障；同时，人类又是群居物种，当安全需求得到满足以后，就会有社交方面的需求；社交需求得到满足后，就会期望社交中得到人们的尊重，即自尊需求；最终就是"留取丹心照汗青"，希望能够实现自我价值，即自我实现需求。马斯洛的人类需求层次理论具有十分重要的价值，它的影响是十分广泛的，涉及金融、教育、管理，乃至刑侦等多个领域，而不单单是心理学领域。

影响较大的行为科学理论还有弗鲁姆的期望值理论。弗鲁姆的期望理论，别称"效价期望理论"，是北美著名心理学家和行为科学家维克托·弗鲁姆（Victor H. Vroom）于1964年在《工作与激励》中提出来的激励理论。弗鲁姆认为，人总是渴求满足一定的需要并设法达到一定的目标。这个目标在尚未实现时，表现为一种期望，这时目标反过来对个人的动机又是一种激发的力量，而这个激发力量的大小，取决于目标价值（效价）和期望概率（期望值）的乘积。即激励（motivation）等于行动结果的价值评价，即效价（valence）和其对应的期望值（expectancy）的乘积：

$$M = V \times E$$

上式中，M 表示激发力量，是指调动一个人的积极性，激发人内部潜力的强度。V 表示目标价值（效价），这是一个心理学概念，是指达到目标对于满足个人需要的价值。同一目标，由于各个人所处的环境不同，需求不同，其需要的目标价值也就不同。同一个目标对每一个人可能有三种效价：正、零、负。效价越高，激励力量就越大。某一客体如金钱、地位、汽车等，如果个体不喜欢，不愿意获取，目标效价就低，对人的行为的拉动力量就小。举个简单的例子，幼儿对糖果的目标效价就要大于对金钱的目标效价。E 表示期望值，是人们根据过去经验判断自己达到某种目标的可能性是大还是小，即能够达到目标的概率。目标价值大小直接反映人的需要动机强弱，期望概率反映人实现需要和动机的信心强弱。如果个体相信通过努力肯定会取得优秀成绩，期望值就高。

这个公式说明：假如一个人把某种目标的价值看得很大，估计能实现的概率也很高，那么这个目标激发动机的力量越强烈。经发展后，期望公式表示为：动机=效价×期望值×工具性。其中：工具性是指能帮助个人实现的非个人因素，如环境、快捷方式、任务工具等。例如：战争环境下，效价和期望值再高，也无法正常提高人的动机性；再比如外资企业良好的办公环境、设备、文化制度，都是吸引人才的重要因素。

行为科学理论体系后期研究的重要成果是"成就需要理论"，其代表人物是美国的麦克利兰（David G. Meclelland）。这种理论把人的基本需要分为成就需要、权力需要和情谊需要三种，其中成就需要对于个人、团体和社会的发展起着至关重要的作用。成就需要高的人一般都具有关心事业成败，愿意承担责任，有明确奋斗目标，喜欢创造性工作，不怕疲劳等特点。这种类型的人越多，企业成功的可能性就越大。成就需要可以通过行之有效的教育手段来培养和提高。

麦克利兰有一个著名的冰山模型。在这个模型中，他把人的素质描绘成一座冰山，这座冰山分为水面之上的和水面之下两个部分。水上的部分是表象特征，指的是人的知识和技能，通常容易被感知和测量。水下的部分是潜在特征，主要指的是社会角色、自我概念、潜在特质、动机等，这部分特征越到下面越不容易被挖掘与感知。经过深入研究，麦克利兰领导的研究小组发现，从根本上影响个人绩效的是素质（competency），具体来说就是类似"成就动机""人际理解""团队影响力"等因素，如图 2-3 所示。

布莱克-莫顿的管理方格理论是行为科学理论的另外一个重要分支。管理方格理论（management grid theory）是由美国得克萨斯大学的行为科学家罗伯特·布莱克（Robert R. Blake）和简·莫顿（Jane S. Mouton）在 1964 年出版的《管理方格》（1978 年修订再版，改名为《新管理方格》）一书中提出的，如图 2-4

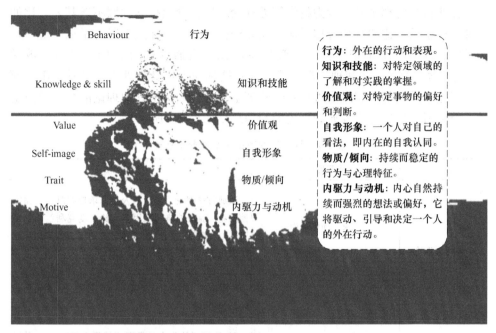

图 2-3　麦克利兰成就需要理论——冰山模型

所示。管理方格图的提出改变了以往各种理论中"非此即彼"式（要么以生产为中心，要么以人为中心）的绝对化观点，指出在对生产关心和对人关心的两种领导方式之间，可以进行不同程度的互相结合。

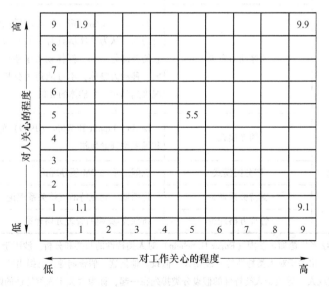

图 2-4　布莱克-莫顿的管理方格理论

古典科学管理主义、行为科学管理理论之后，管理科学领域不乏其才，比如管理过程学派，比如社会合作学派，比如经验学派、人际关系行为学派、群体行为学派、社会技术系统学派、决策理论学派、沟通（信息）中心学派、数学（管理科学）学派、权变理论学派等，这些被称为现代管理理论的丛林，不一而足，但是本质上都没有跳出古典科学管理主义与行为科学管理理论的核心思想范畴。行为科学理论分类及典型理论的归纳总结如表 2-1 所示。

表 2-1　行为科学理论分类及典型理论

分类	典型理论	主要观点
个体行为理论	需求、动机理论	激励内容理论：马斯洛人类需求层次理论、弗雷德里克·赫茨伯格的双因素理论、麦克利兰成就需要理论；激励过程理论：弗鲁姆的期望值理论；激励强化理论：行为修正理论
	人的特性的研究理论	X 理论—Y 理论、不成熟—成熟理论、人类特性的四种假设[①]
群体行为理论	结群本能	W. 麦独孤认为人类具有"结群本能"——一种寻找伙伴并与他人结群的先天倾向
	事象结构论	F. H. 奥尔波特认为，人类的群体都是个体通过一系列的社会活动、相互发生关系而形成的。时过事移，群体则随着社会环境的变化而改组其结构
	团体动力学说	库尔特·勒温把格式塔心理学的原理搬用于群体行为上，认为群体所具有的某些心理特征并不等于它的各部分之和。群体动力学主张，应当把群体看成一种动力整体，不可能通过分析群体中的个体情况来达到对一个群体的分析
领导行为理论	领导模式	Lewin，Lippitt 和 White（1939）的专制型领导风格和民主型领导风格
	四分图模式	三隅二不二 PM 领导理论
	支持关系理论	伦西斯·利克特的支持关系理论
	管理方格理论	布莱克-莫顿的管理方格理论

①美国著名学者埃德加·沙因（Edgar H. Schein）对人类特性的归类和分析。沙因于 1965 年在《组织心理学》一书中提出关于对人类特性的"复杂人"假设。他把这一假设同他人已提出的"经济人""社会人"和"自我实现人"等关于人类特性的假设分类排列在一起，称为"关于人类特性的四种假设"。

第二节　安全科学理论

一、安全科学理论基本脉络

我国传统史书的体裁分为编年体、纪传体、国别体、纪事本末体。编年体是以时间为中心，按年、月、日顺序记述史事。因为它以时间为经，以史事为纬，所以比较容易反映出同一时期各个历史事件的联系。其优点是便于考查历史事件发生的具体时间，了解历史事件之间的联系，并可避免叙事重复。其缺点是记事按年月分列杂陈，不能集中叙述每一历史事件的全过程，难以记载不能按年月编排的事件，往往详于政治事件而忽略经济文化；纪传体是以本纪、列传人物为纲，时间为纬，反映历史事件的一种史书编纂体例。纪传体史书的突出特点是以大量人物传记为中心内容，是记言、记事的进一步结合。从体裁的形式上看，纪传体是本纪、世家、列传、书志、史表和史论的综合。其中本纪，基本上是编年体，兼述帝王本人事迹。世家，主要是记载诸侯和贵族的历史。列传，是各方面代表人物的传记。书志，是关于典章制度和有关自然、社会各方面的历史。表，是用来表示错综复杂的社会情况和无法一一写入列传的众多人物；国别体是以国家为单位，分别记叙历史事件；纪事本末体是以历史事件为主的史书体例，又分两种情况：一是"一书备诸事之本末"，二是"一书具一事之本末"。创始于南宋袁枢的《通鉴纪事本末》，属于前者。将重要史事分别列目，独立成篇，各篇又按年月的顺序编写，可补编年、纪传体之不足。继其之后有明陈邦瞻的《宋史纪事本末》《元史纪事本末》，清谷应泰的《明史纪事本末》等。"具一事之本末"者，宋元以后不断涌现，至明清多为各种"纪略""方略"，所说的"纪略"就是以历史事件为中心叙述史实，"方略"即为某一方法之荟萃，比如兵书等。

为什么要在这里夹杂这样一段文字呢？因为自然科学、社会科学研究，走到一定阶段就会殊途同归，比如综述安全科学理论的发展历史也绕不开叙述体例的选择问题。按时间维度叙述，会使前后脉络清晰，但是不利于因果利弊比较，反之亦然。鉴于此，本节先按时间维度进行综述，当论述出现困难时，再转为按分类方式进行。理解这些，有助于我们读懂本节的内容。

1919 年，格林伍德（M. Greenwood）和伍兹（H. H. Woods）提出了"事故倾向性格论"，后来纽伯尔德（Newboid）在 1926 年以及法默（Farmer）等人在 1939 年分别对其进行了补充。1931 年，海因里希（Herbert William Heinrich）提出了事故因果连锁理论，认为事故的发生类似于多米诺骨牌垮落的过程。1949年，葛登（Gorden）利用流行病传染机理来论述事故的发生机理，提出了"用于事故的流行病学方法"理论。1953 年，巴内尔（Barer）将事故因果链发展为

"事件链"，认为事故诸多致因的因素是一系列事件的链锁。1961年，由吉布森（Gibson）提出并在1966年由哈顿（Hadden）引申的"能量异常转移论"或"能量意外释放论"。1969年，瑟利（J. Surry）提出了瑟利模型，是以人对信息的处理过程为基础描述事故发生因果关系的一种事故模型。与此类似的理论还有1970年海尔（Hale）提出的海尔模型。1970年，帝内逊（Driessen）明确将事件链理论发展为分支事件过程逻辑理论，类似于事故树分析逻辑方法。1972年，威格尔斯·沃思（Wiggles worth）提出了"人失误的一般模型"，对海因里希事故致因链进行了一些改进。1972年，贝纳（Benner）提出了在处于动态平衡的生产系统中，由于"扰动"导致事故的理论，即P理论。1974年，劳伦斯（Lawrence）根据Goeller和Wiggles worth两人提出的原理，发展成了"矿山以人失误为主的事故模型"。1975年，约翰逊（W. G. Johnson）提出了管理失误和危险树（MORT）系统安全逻辑树；发表了"变化-失误"模型。斯奇巴（R. Skiba）提出生产操作人员与机械设备两种因素都对事故的发生有影响。1976年，博德（Bird）和洛夫图斯（Loftus）也都对Heinrich事故致因链进行了一些改进。1978年，安德森（Anderson）等人发表了对瑟利模型的修正。1980年，泰勒斯（Talanch）在《安全测定》一书中介绍了变化论模型。1980年，海因里希在书中提及了用"人-机-环境"的理论分析事故的系统安全方法。1990年，里森（J. Reason）提出了新的事故致因链"瑞士奶酪模型"（Swiss cheese），彻底改善了Heinrich的事故致因链的不足，建立了事故原因中个人行为、不安全物态和组织行为之间的关系，且把事故的根本原因归结为事故发生组织的管理行为。1997年，拉斯姆森（J. Rasmussen）提出了社会技术系统事故致因模型。2000年，夏普乐（Scott A. Shappell）和魏格曼（Douglas A. Wiegmann）在为美国联邦航空局写的报告中对Reason的模型进行了具体化。2000年，斯特瓦特（J. M. Stewart）提出了另一种链式事故致因模型。2004年和2011年，勒弗森（Leveson）分别发表文章，提出和推广其系统论事故致因STAMP模型。之后还有研究者陆续发表一些相关的文章。

二、事故频发倾向理论

1919年，格林伍德（M. Greenwood）和伍慈（H. H. Woods）对许多工厂里伤害事故发生次数资料按如下三种统计分布进行分布统计检验。

（1）泊松分布（Poisson distribution）。当员工发生事故的概率不存在个体差异时，即不存在事故频发倾向者时，一定时间内事故发生次数服从泊松分布。在这种情况下，事故的发生是由于工厂里的生产条件、机械设备方面的问题，以及一些其他偶然因素。

（2）偏倚分布（blased distribution）。一些工人由于存在着精神或心理方面的毛病，如果在生产操作过程中发生过一次事故，则会造成其胆怯或神经过敏，当再继续操作时，就有重复发生第二次、第三次事故的倾向。造成这种统计分布的原因是人员中存在少数有精神或心理缺陷的人。

（3）非均等分布（distribution of unequal liability）。当工厂中存在许多特别容易发生事故的人时，发生不同次数事故的人数服从非均等分布，即每个人发生事故的概率不相同。在这种情况下，事故的发生主要是由于人的因素引起的。为了检验事故频发倾向的稳定性，他们还计算了被调查工厂中同一个人在前三个月和后三个月里发生事故次数的相关系数，结果发现，工厂中存在着事故频发倾向者，并且前、后三个月事故次数的相关系数变化在 $0.37\pm0.12\sim0.72\pm0.07$，皆为正相关。

1926 年，纽伯尔德（Newboid）研究大量工厂中事故发生次数分布，证明事故发生次数服从发生概率极小，且每个人发生事故概率不等的统计分布。他计算了一些工厂中前五个月和后五个月事故次数的相关系数，其结果为 $0.04\pm0.009\sim0.71\pm0.06$。这也充分证明了存在着事故频发倾向者。1939 年，法默（Farmer）和查姆勃（Chamber）明确提出了事故频发倾向的概念，认为事故频发倾向者的存在是工业事故发生的主要原因。在此基础上，1939 年，法默和查姆勃等人提出了事故频发倾向（accident proneness）理论。事故频发倾向论是阐述企业工人中存在着个别人容易发生事故的、稳定的、个人的内在倾向的一种理论。即少数具有事故频发倾向的人是事故频发倾向者，他们的存在是工业事故发生的原因。如果企业中减少了事故频发倾向者，就可以减少工业事故。

可以通过一系列的心理学测试来判别事故频发倾向者。例如，日本曾采用内田-克雷贝林测验测试人员大脑工作状态曲线，采用 Y-G 测验测试工人的性格来判别事故频发倾向者。另外，也可以通过对工人日常行为的观察来发现事故频发倾向者。一般来说，具有事故频发倾向的人在进行生产操作时往往精神动摇，注意力不能经常集中在操作上，因而不能适应迅速变化的外界条件。

据国外文献介绍，事故频发倾向者往往有如下的性格特征：（1）感情冲动，容易兴奋；（2）脾气暴躁；（3）厌倦工作，没有耐心；（4）慌慌张张，不沉着；（5）动作生硬而工作效率低；（6）喜怒无常，感情多变；（7）理解能力低，判断和思考能力差；（8）极度喜悦和悲伤；（9）缺乏自制力；（10）处理问题轻率、冒失；（11）运动神经迟钝，动作不灵活。日本的丰原恒男发现容易冲动的人，不协调的人，不守规矩的人，缺乏同情心的人和心理不平衡的人发生事故次数较多。如表 2-2 所示。

表 2-2　事故频发者的特征表　　　　　　　　　　%

性格特征	容易冲动	不协调	不守规矩	缺乏同情心	心理不平衡
事故频发者	38.9	42.0	34.6	30.7	52.5
其他人	21.9	26.0	26.8	0	25.7

三、海因里希因果连锁理论

1931 年，美国的海因里希（H. W. Heinrich）在《工业事故预防》（*Industrial Accident Prevention*）一书中，阐述了根据当时工业安全实践总结出来的工业安全理论，提出了所谓的"工业安全公理"（axioms of industrial safety）。该公理包括 10 项内容，又称为"海因里希 10 条"：

（1）工业生产过程中人员伤亡的发生，往往是处于一系列因果连锁之末端的事故的结果；而事故常常起因于人的不安全行为或（和）机械、物质（统称为物）的不安全状态。

（2）人的不安全行为是大多数工业事故的原因。

（3）由于不安全行为而受到了伤害的人，几乎重复了 300 次以上没有造成伤害的同样事故。换言之，人员在受到伤害之前，已经数百次面临来自物方面的危险。

（4）在工业事故中，人员受到伤害的严重程度具有随机性质。大多数情况下，人员在事故发生时可以免遭伤害。

（5）人员产生不安全行为的主要原因有：不正确的态度；缺乏知识或操作不熟练；身体状况不佳；物的不安全状态及不良的物理环境。这些原因是采取措施预防不安全行为的依据。

（6）防止工业事故的四种有效的方法是：工程技术方面的改进；对人员进行说服、教育；人员调整；惩戒。

（7）防止事故的方法与企业生产管理、成本管理及质量管理的方法类似。

（8）企业领导者有进行事故预防工作的能力，并且能把握进行事故预防工作的时机，因而应该承担预防事故工作的责任。

（9）专业安全人员及车间干部、班组长是预防事故的关键，他们工作的好坏对能否做好事故预防工作有影响。

（10）除了人道主义动机之外，下面两种强有力的经济因素也是促进企业事故预防工作的动力：安全的企业生产效率越高，不安全的企业生产效率越低；事故后用于赔偿及医疗费用的直接经济损失，只不过占事故总经济损失的五分之一。

海因里希安全公理主要阐述了如下几方面的内容：（1）事故发生的因果连

锁论；（2）作为事故发生原因的人的因素与物的因素之间的关系问题；（3）事故发生频率与伤害严重度之间的关系问题；（4）不安全行为的产生原因及预防措施；（5）事故预防工作与企业其他管理机能之间的关系；（6）进行事故预防工作的基本责任；（7）安全与生产之间的关系等。这些都是工业安全中最重要、最基本的问题。

海因里希安全公理中最重要的理论是事故因果连锁论。海因里希因果连锁论又称海因里希模型或多米诺骨牌理论，该理论是由海因里希首先提出，用以阐明导致伤亡事故的各种原因及与事故间的关系。该理论认为，伤亡事故的发生不是一个孤立的事件，尽管伤害可能在某瞬间突然发生，却是一系列事件相继发生的结果。

（1）伤害事故连锁构成。

海因里希把工业伤害事故的发生、发展过程描述为具有一定因果关系的事件的连锁：①人员伤亡的发生是事故的结果；②事故的发生是由于：人的不安全行为；物的不安全状态；③人的不安全行为或物的不安全状态是由于人的缺点造成的；④人的缺点是由于不良环境诱发的，或者是由先天的遗传因素造成的。

（2）事故连锁过程影响。

海因里希将因果连锁过程概括为五方面的因素：①遗传及社会环境（M）。遗传及社会环境是造成人的缺点的原因。遗传因素可能使人具有鲁莽、固执、粗心等不良性格；社会环境可能妨碍教育，助长不良性格的发展。这是事故因果链上最基本的因素。②人的缺点（P）。人的缺点是由遗传和社会环境因素所造成的，是使人产生不安全行为或使物产生不安全状态的主要原因。这些缺点既包括各类不良性格，也包括缺乏安全生产知识和技能等后天的不足。③人的不安全行为和物的不安全状态（H）。所谓人的不安全行为或物的不安全状态是指那些曾经引起过事故，或可能引起事故的人的行为，或机械、物质的状态，它们是造成事故的直接原因。例如，在起重机的吊荷下停留，不发信号就启动机器，工作时间打闹或拆除安全防护装置等都属于人的不安全行为；没有防护的传动齿轮、裸露的带电体或照明不良等属于物的不安全状态。④事故（D）。即由物体、物质或放射线等对人体发生作用受到伤害的、出乎意料的、失去控制的事件。例如，坠落、物体打击等使人员受到伤害的事件是典型的事故。⑤伤害（A）。直接由于事故而产生的人身伤害。

海因里希用多米诺骨牌来形象地描述这种事故因果连锁关系。在多米诺骨牌系列中，一颗骨牌被碰倒了，则将发生连锁反应，其余的几颗骨牌相继被碰倒。如果移去连锁中的一颗骨牌，则连锁被破坏，事故过程被中止，如图2-5所示。

该理论的积极意义在于，如果移去因果连锁中的任一块骨牌，则连锁被破坏，事故过程即被中止，达到控制事故的目的。海因里希还强调，企业安全工作

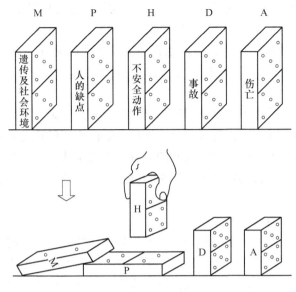

图 2-5　海因里希因果连锁理论

的中心就是要移去中间的骨牌，即防止人的不安全行为和物的不安全状态，从而中断事故的进程，避免伤害的发生。当然，通过改善社会环境，使人具有更为良好的安全意识；加强培训，使人具有较好的安全技能；或者加强应急抢救措施，也都能在不同程度上移去事故连锁中的某一骨牌来增加该骨牌的稳定性，使事故得到预防和控制。

当然，海因里希理论也有明显的不足，它对事故致因连锁关系描述过于简单化、绝对化，也过多地考虑了人的因素。但尽管如此，由于其形象化和其在事故致因研究中的先导作用，该理论有着重要的历史地位。后来，博德（Frank Bird）、亚当斯（Edward Adams）、北川彻三等人都在此基础上进行了进一步的修改和完善，使之更有利于实际应用，收到了较好的效果。北川彻三事故因果连锁理论见表 2-3。

表 2-3　北川彻三事故因果连锁理论

基本原因	间接原因	直接原因		
学校教育的原因 社会的原因 历史的原因	技术的原因 教育的原因 身体的原因 精神的原因 管理的原因	不安全行为 不安全状态	事故	伤害

海因里希另一伟大发现是海因里希法则。这个法则是海因里希于 1941 年在对许多灾害进行统计的过程中得出的。当时，海因里希统计了 55 万件机械事故，其中死亡、重伤事故 1666 件，轻伤 48334 件，其余则为无伤害事故。从而得出一个重要结论，即在机械事故中，死亡、重伤、轻伤和无伤害事故的比例为 1：29：300，国际上把这一法则叫事故法则。这个法则说明，在机械生产过程中，每发生 330 起意外事件，有 300 件未产生人员伤害，29 件造成人员轻伤，1 件导致重伤或死亡。

海因里希事故法则告诉我们，要消除一次死亡事故以及 29 次轻伤事故，必须首先消除 300 次无伤害事故。也就是说，防止灾害的关键，不在于防止灾害，而是要从根本上防止事故。所以，安全生产工作必须从基础抓起，如果基础安全工作做不好，小事故不断，就很难避免大事故的发生。

四、能量意外释放理论

（一）能量意外释放理论概述

就如同巴颜喀拉山同为黄河、长江的源头一样，早期的事故致因理论也分为两大分支，一是因果连锁理论，二是能量意外释放理论。前者倾向于事故的原因是人，后者倾向于事故的原因是物。

近代工业的发展起源于将燃料的化学能转变为热能，并以水为介质转变为蒸汽，然后将蒸汽的热能转变为机械能输送到生产现场，这就是蒸汽机动力系统的能量转换情况。电气时代是将水的势能或蒸汽的动能转换为电能，在生产现场再将电能转变为机械能进行产品的制造加工。总之，能量是具有做功本领的物理元，它是由物质和场构成的系统中最基本的物理量。

1961 年，吉布森（Gibson）提出了事故是一种不正常或不希望的能量释放，意外释放的各种形式的能量是构成伤害的直接原因。因此，应通过控制能量，或者控制作为能量达及人体的媒介（能量载体）来预防伤害事故。

在吉布森研究的基础上，1966 年美国交通运输部国家安全局局长哈登（Haddon）完善了能量意外释放理论，认为"人受伤害的原因只能是某种能量的转移"。并提出了能量逆流于人体造成伤害的分类方法，将伤害分为两类：

（1）伤害是由于施加了超过局部或全身性的损伤阈值的能量而产生的。当施加于人体的能量超过该阈值时，就会对人体造成损伤。大多数伤害都属于此类。如当人体接触 36V 电压时，由于在人体可以承受的阈值之内，所以人体就不会遭到伤害或伤害极其轻微；当人体接触到 220V 电压时，由于超过了人体可承受的阈值，人体就会遭到伤害，轻则灼伤，重则死亡。

（2）伤害是由于影响局部或全身性能量交换引起的。如因机械原因溺水或化学原因引起的窒息（CO中毒）等。

　　哈登认为，在一定的条件下，某种形式的能量能否造成伤害及事故，主要取决于人所接触的能量大小，接触的时间长短和频率的集中程度，受到伤害的部位及屏障设置的早晚等。

　　用能量意外释放论的观点分析事故致因的基本方法为：首先，确认某个系统内的所有能量源；然后，确定可能遭受该能量伤害的人员及伤害的可能严重程度；最后，确定控制该类能量不正常或不期望转移的方法。

　　该方法可应用于各种类型的包含、利用、储存任何形式能量的系统，也可以与其他的分析方法综合使用，用来分析、控制系统中能量的利用、贮存或流动。但该方法不适用于研究、发现和分析与能量不相关的事故致因，如人的失误或有意违章等。

　　能量意外释放论与其他的事故致因理论或模型相比，有两个主要优点：

　　（1）把各种能量对人体的伤害归结为伤亡事故的直接原因，从而决定了以控制能量源及能量输送装置作为防止或减少伤害事故发生的最佳抵抗手段。

　　（2）依照该理论建立的对伤害事故的统计分类，是一种可以全面概括、阐明伤害事故类型和性质的统计分类方法。比如《企业职工伤亡事故分类标准》（GB 6441—1986）。

　　能量意外释放论的不足之处是：由于机械能（动能和势能）是工业伤害的主要能量形式，因而使得按能量转移的观点对伤害事故进行统计分类的方法在实际应用中存在一定的困难。

　　能量按其形式可分为机械能、电能、热能、化学能、辐射能（包括离子辐射和非离子辐射）、声能、原子能和生物能等。人受到伤害都可归结为上述一种或若干种能量的不正常或不期望的转移。其中前四种形式能量引起的伤害最为常见。

（二）防止能量逆流于人体的措施

　　防止能量逆流于人体的措施，按能量大小可研究建立单一屏障还是多重屏障（冗余屏障）。防止能量逆流于人体的典型系统可大致分为12个类型：

　　（1）限制能量的系统。如限制能量的速度和大小，规定极限量和使用低压测量仪表，通讯电话电压限制为36V，煤矿井下空气中的瓦斯不得超过1%，高速公路限速120km/h等。

　　（2）用较安全的能源代替危险性大的能源。如用水力采煤代替放炮，煤与瓦斯突出矿井用蓄电瓶电机车代替架线式电机车，用CO_2灭火剂代替CCl_4灭火剂等。

　　（3）防止能量蓄积。如加强通风控制爆炸性气体CH_4的浓度，及时冲洗和清扫煤尘控制煤尘含量防止爆炸，应用低高度的位能，应用尖状工具（防止钝器积聚热能），控制能量增加的限度等。

（4）控制能量释放。如在煤矿及时封闭后的回采面防止瓦斯的溢出，煤矿井下注浆加固底板或堵水，在贮存能源和实验时，采用保护性容器（如耐压氧气罐、盛装放射性同位素的专用容器）以及生活区远离污染源等。

（5）延缓能量释放。如采用安全阀、逸出阀，以及应用某些器件吸收振动等。

（6）开辟释放能量的渠道。如设备接地电线，抽放煤体中的瓦斯，煤矿井下疏水降压措施等。

（7）在能源上设置屏障。如防冲击波的消波室，除尖过滤或氢子体的滤清器，消声器以及原子辐射防护屏，煤矿掘进巷道防止煤与瓦斯突出设置减压栅栏等。

（8）在人、物与能源之间设屏障。如防护罩、防火门、密闭门、防水闸墙，安全躲避硐室等。

（9）在人与物之间设屏蔽。如安全帽、安全鞋、手套、口罩等个体防护用具等。

（10）提高防护标准。如采用双重绝缘工具、低电压回路、连续安全监测系统和远距遥控等，增强对伤害的抵抗能力（人的选拔，耐高温高寒、高强度材料）。

（11）改善效果及防止损失扩大。如改变工艺流程，变不安全流程为安全流程，煤矿井下扩大回风巷道断面减小回风阻力使瓦斯事故的灾区尽量减小，搞好应急救援等。

（12）修复或恢复。治疗、矫正以减轻伤害程度或恢复原有功能。

从系统安全观点研究能量转移的另一概念是，一定量的能量集中于一点要比它大而铺开所造成的伤害程度更大。因此，可以通过延长能量释放时间或使能量在大面积内消散的方法来降低其危害的程度。对于需要保护的人和物应远离释放能量的地点，以此来控制由于能量转移而造成的事故伤害。

降低人体伤害事故概率最理想的方法是：在能量控制系统中优先采用自动化装置，而不需要操作者再考虑采取什么措施。安全工程技术人员应充分利用能量转移的理论在系统设计中克服不足之处，并且对能量加以控制，使其保持在容许限度之内。

五、轨迹交叉理论

（一）背景及提出

随着生产技术的提高以及事故致因理论的发展完善，人们对人和物两种因素在事故致因中地位的认识发生了很大变化。一方面是由于生产技术进步的同时，生产装置、生产条件不安全的问题越来越引起了人们的重视；另一方面是人们对人的因素研究的深入，能够正确地区分人的不安全行为和物的不安全状态。

约翰逊（W. G. Jonson）认为，判断到底是不安全行为还是不安全状态，受研究者主观因素的影响，取决于他认识问题的深刻程度。许多人因为缺乏有关失误方面的知识，把由于人失误造成的不安全状态看作是不安全行为。一起伤亡事故的发生，除了人的不安全行为之外，一定存在着某种不安全状态，并且不安全状态对事故发生作用更大些。

斯奇巴（R. Skiba）提出，生产操作人员与机械设备两种因素都对事故的发生有影响，并且机械设备的危险状态对事故的发生作用更大些，只有当两种因素同时出现，才能发生事故。

上述理论被称为轨迹交叉理论，该理论主要观点是，在事故发展进程中，人的因素运动轨迹与物的因素运动轨迹的交点就是事故发生的时间和空间，即人的不安全行为和物的不安全状态发生于同一时间、同一空间，或者说人的不安全行为与物的不安全状态相通，则将在此时间、此空间发生事故。

轨迹交叉理论作为一种事故致因理论，强调人的因素和物的因素在事故致因中占有同样重要的地位。按照该理论，可以通过避免人与物两种因素运动轨迹交叉，即避免人的不安全行为和物的不安全状态同时、同地出现，来预防事故的发生。

（二）轨迹交叉论作用原理

轨迹交叉理论将事故的发生发展过程描述为：基本原因→间接原因→直接原因→事故→伤害。从事故发展运动的角度，这样的过程被形容为事故致因因素导致事故的运动轨迹，具体包括人的因素运动轨迹和物的因素运动轨迹，如图2-6所示。

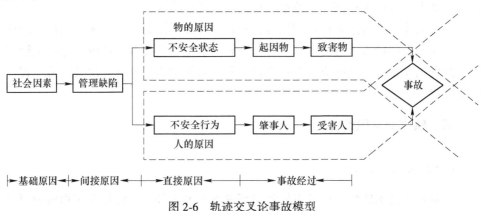

图 2-6　轨迹交叉论事故模型

人的不安全行为基于生理、心理、环境、行为几个方面而产生：

（1）生理、先天身心缺陷；

（2）社会环境、企业管理上的缺陷；

（3）后天的心理缺陷；

（4）视、听、嗅、味、触等感官能量分配上的差异；

（5）行为失误。

在物的因素运动轨迹中，在生产过程各阶段都可能产生不安全状态：

（1）设计上的缺陷，如用材不当，强度计算错误，结构完整性差，采矿方法不适应矿床围岩性质等；

（2）制造、工艺流程上的缺陷；

（3）维修保养上的缺陷，降低了可靠性；

（4）使用上的缺陷；

（5）作业场所环境上的缺陷。

在生产过程中，人的因素运动轨迹按其（1）→（2）→（3）→（4）→（5）的方向顺序进行，物的因素运动轨迹按其（1）→（2）→（3）→（4）→（5）的方向进行。人、物两轨迹相交的时间与地点，就是发生伤亡事故"时空"，也就导致了事故的发生。

值得注意的是，许多情况下人与物又互为因果。例如，有时物的不安全状态诱发了人的不安全行为，而人的不安全行为又促进了物的不安全状态的发展或导致新的不安全状态出现。因而，实际的事故并非简单地按照上述的人、物两条轨迹进行，而是呈现非常复杂的因果关系。

若设法排除机械设备或处理危险物质过程中的隐患，或者消除人为失误和不安全行为，使两事件链连锁中断，则两系列运动轨迹不能相交，危险就不能出现，就可避免事故发生。

对人的因素而言，强调工种考核，加强安全教育和技术培训，进行科学的安全管理，从生理、心理和操作管理上控制人的不安全行为的产生，就等于砍断了事故产生的人的因素轨迹。但是，对自由度很大且身心性格气质差异较大的人是难以控制的，偶然失误很难避免。

在多数情况下，由于企业管理不善，使工人缺乏教育和训练，或者机械设备缺乏维护检修以及安全装置不完备，导致了人的不安全行为或物的不安全状态。

轨迹交叉理论突出强调的是砍断物的事件链，提倡采用可靠性高、结构完整性强的系统和设备，大力推广保险系统、防护系统和信号系统及高度自动化和遥控装置。这样，即使人为失误，构成人的因素（1）→（5）系列，也会因安全闭锁等可靠性高的安全系统的作用，控制住物的因素（1）→（5）系列的发展，可完全避免伤亡事故的发生。

一些领导和管理人员总是错误地把一切伤亡事故归咎于操作人员"违章作业"。实际上，人的不安全行为也是由于教育培训不足等管理欠缺造成的。管理的重点应放在控制物的不安全状态上，即消除"起因物"，当然就不会出现"施害物"，"砍断"物的因素运动轨迹，使人与物的轨迹不相交叉，事故即可避免。

实践证明，消除生产作业中物的不安全状态，可以大幅度地减少伤亡事故的发生。

六、系统安全理论

（一）系统安全产生背景

20 世纪 50 年代以后，科学技术进步的一个显著特征是设备、工艺及产品越来越复杂。战略武器研制、宇宙开发及核电站建设等使得作为现代科学技术标志的大规模复杂系统相继问世。这些复杂的系统往往由数以千万计的元素组成，元素之间以非常复杂的关系相连接，在被研究制造或使用过程中往往涉及高能量，系统中微小的差错就会导致灾难性的事故。大规模复杂系统安全性问题受到了人们的关注，于是，出现了系统安全理论和方法。

人们在研制、开发、使用及维护这些大规模复杂系统的过程中，逐渐萌发了系统安全的基本思想。于是，美国在 20 世纪 50 年代到 60 年代研制洲际导弹的过程中，系统安全理论应运而生。导弹的推进剂是由气体加压到 $420kg/cm^2$（约 41.16MPa），温度低达 $-196℃$ 的低温液体，这种推进剂的化学性质非常活泼且有剧毒，其毒性远远超过第二次世界大战中使用的毒气的毒性，其爆炸性比烈性炸药更强烈，并且比工业中使用的腐蚀性化学物质更具腐蚀性。当时负责该项目的美国空军的官员们并没有认识到他们着手建造的导弹系统潜伏着巨大的危险性。在洲际导弹试验开始的前一年半里就发生了四次爆炸，造成了惨重的损失。在此以前，美国空军曾发生过大量的飞行事故，空军官员们一般都把飞机失事归咎于飞行员们的操作失误。由于导弹上没有飞行员，现在不能再把造成导弹爆炸的责任推到驾驶员身上，这些事故纯粹是由于物的故障造成的，很明显，爆炸的原因应归咎到导弹投入试验、发射构思、设计、制造及维护等方面的问题，于是，美国开始了系统安全理论的研究。起初，没有可以用来解决这些复杂系统安全性的方法。为此，人们做了许多工作，研究开发防止系统事故的新概念和新方法，在保留工业安全原有的概念和方法中正确成分的前提下，并且吸收其他领域科学技术和管理方法，形成了系统安全理论。

所谓系统安全（system safety），是指在系统寿命周期内，应用系统安全管理及系统安全工程原理，识别危险源并使其危险性减至最小，从而使系统在规定的性能、时间和成本范围内达到最佳的安全程度。系统安全的基本原则是在一个新系统的构思阶段就必须考虑其安全性的问题，制定并开始执行安全工作规划——系统安全活动，并且把系统安全活动贯穿于系统寿命周期，直到系统报废为止。

（二）系统安全理论的主要观点

（1）在事故致因理论方面，改变了人们只注重操作人员的不安全行为而忽略硬件的故障在事故致因中作用的传统观念，开始考虑如何通过改善系统的可靠性来提高复杂系统的安全性，从而避免事故。

（2）没有任何一种事物是绝对安全的，任何事物中都潜伏着危险因素。通常所说的安全或危险只不过是一种主观的判断。能够造成事故的潜在危险因素称作危险源，来自某种危险源的造成人员伤害或物质损失的可能性称作危险。危险源是一些可能出问题的事物或环境因素，而危险表征潜在的危险源造成伤害或损失的机会，可以用概率来衡量。

（3）不可能根除一切危险源和危险，可以减少来自现有危险源的危险性，应减少总的危险性而不是只消除几种选定的危险。

（4）由于人的认识能力有限，有时不能完全认识危险源和危险，即使认识了现有的危险源，随着生产技术的发展，新技术、新工艺、新材料和新能源的出现，又会产生新的危险源。由于受技术、资金、劳动力等因素的限制，对于认识了的危险源也不可能完全根除。由于不能全部根除危险源，只能把危险降低到可接受的程度，即可接受的危险。安全工作的目标就是控制危险源，努力把事故发生概率降到最低，万一发生事故，把伤害和损失控制在较轻的程度上。

（三）系统安全中人失误

作为系统安全应用对象的导弹系统、武器系统是一些由机械、电子零部件组成的硬件系统，当把系统安全推广到核电站等包括人在内的系统时，就又遇到了人的因素问题。人作为一种系统元素，发挥功能时可能会发生失误。与以往工业安全的术语"人的不安全行为"不同，系统安全中采用术语"人失误"（Human Error）。

里格比认为，人失误是人的行为的结果超出了系统的某种可接受的限度。换言之，人失误是人在生产操作过程中实际实现的功能与被要求的功能之间的偏差，其结果是可能以某种形式给系统带来不良影响。

人失误产生的原因包括两方面：（1）由于工作条件设计不当，即可接受的限度不合理引起人失误；（2）由于人员的不恰当行为造成人失误。除了生产过程中的人失误之外，还要考虑设计失误、制造失误、维修失误以及运输保管失误等，因而较以往工业安全中的"不安全行为"，人失误对人的因素涉及的内容更广泛、更深入。

20 世纪以来发生的一些巨大的复杂系统的意外事故给人类带来了惨重的灾难。对这些事故的调查表明，人失误、管理失误是造成事故的罪魁祸首。因而，当今世界范围内系统安全理论研究的一个重大课题，就是关于人失误的研究。

（四）系统安全理论的推广及应用

由美国空军开发研究的系统安全理论在空军应用后，又推广到美国陆军和海军。

美国国防部从 1969 年 7 月发布第一个系统安全军用标准 MIL-STD-882，到 2012 年 5 月颁发最新的标准 MIL-STD-882E 的 42 年中，该标准先后进行了 6 次重大修订，平均每 7 年修订一次，充分体现了美军重视跟踪标准的应用情况并及时进行修订，以保持标准的先进性和适用性。随着美国国防战略计划和目标的改变与科学技术的发展，该标准的目标从保障武器装备和军事人员的安全向保持环境安全和人员职业健康延伸，标准的技术内容从设备硬件向系统软件扩展，实现系统安全目标的方法也从单项技术向系统集成演变。

MIL-STD-882E 标准强调："系统安全标准实践"是系统工程的一个关键要素，它为危险识别、分类和消减提供通用的标准方法；是在执行军事任务过程中，保护美军人员免受意外死亡、受伤或职业病，而且防止国防系统、基础设施和财产免遭意外毁坏、损坏的基石。

新修订的标准强调系统安全标准实践与现行的美国国防政策相协调，支持国防战略计划和目标；调整标准结构和内容编排，阐明系统安全过程的基本要素，定义工作项目说明；而且加强系统安全标准实践和其他工程专业统一集成到系统工程学科，以保证整个采办项目的危险管理协调一致。

MIL-STD-882 颁发后，系统安全进入到航空、航天及核电站等领域。拉氏姆逊（J. Rasmussen）等人在没有核电站事故先例的情况下，应用概率危险评价（probabilistic risk asessment）技术对核电站作了定量的安全性评价。1975 年美国原子能委员会发表了 WASH-1400 报告，轰动世界。

系统安全理论主要用于新开发的系统，对于即将建设的系统进行危害分析（hazard analysis）、概率危险评价等一系列的系统安全工作。对于已经建成并正在运行的生产系统，管理方面的疏忽和失误是事故的主要原因。约翰逊（W. G. Johnson）等人很早就注意了这个问题，并创建了管理疏忽和危险树理论（management oversight and risk tree，MORT）。

约翰逊把美国工业安全中许多行之有效的管理方法，如事故判定技术、标准化作业、职业安全分析（job safety analysis）以及人的因素分析等纳入管理疏忽与危险树理论中，同时又提出了许多新的安全概念。

约翰逊发展了吉布森等人提倡的能量意外释放论，把变化的观点引进到安全管理中，认为任何事物都在变化之中，管理者应及时发现已经发生的变化并采取相应的措施以适应这些变化。如果不能及时地适应这些变化，则将发生管理失误。企业中各阶层的人员都有可能因不能适应变化而失误。因而，事故是不希望的能量意外释放，其结果是造成人员的伤亡及财产的损失。事故的发生是由于计划错误，操作失误，没有适应生产过程中人或物的因素的变化而导致不安全行为或不安全状态，使得对能量的屏蔽或控制不足。因此，人们要注意追踪能量流动，注意能量间的相互作用，建立能量屏蔽及控制能量。

七、人为因素及组织缺陷理论

20世纪50年代诞生了系统安全理论，系统安全理论至今仍然指导并规范着人们的安全管理行为。随着运行环境的不断变化，系统安全理论在应用的过程中又产生了不同的阶段。如图2-7所示。

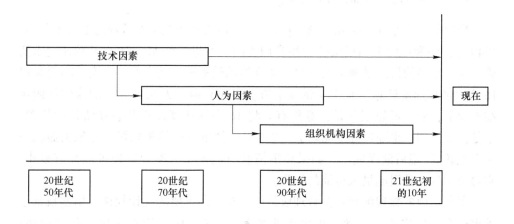

图 2-7 系统安全理论的各个阶段

（1）技术时代。从20世纪初到60年代末是技术时代。航空运输作为一种大规模的交通运输形式应运而生，其中被确定的安全缺陷，最初与技术因素和技术失效或失误相关。因此，在安全方面努力的焦点，集中在技术调查和技术改进上。到20世纪50年代末，随着技术改进，事故率逐渐降低，安全工作逐步扩展到遵守规章与监督方面。

（2）人的因素时代。从20世纪70年代初到90年代中期是人的因素时代。在70年代初，由于主要技术的不断进步和安全规章的逐步完善，事故率大大降低。航空运输成为一种更安全的交通运输方式。在安全方面努力的焦点，扩展到了包括人与机器互动界面在内的人的因素的问题上。这促使安全信息的进一步获取，超出了早期事故调查所产生的信息。尽管在减少差错方面投入了资源，但人的表现依旧是事故中的常见因素。当时，人的因素科学的应用，趋向于关注个人，并没有完全考虑运行着组织机构的背景。直到 90 年代初，才首次承认个人是在复杂环境中运作的，其中包括了有可能影响人的行为的多重潜在因素。

（3）组织机构时代。从 20 世纪 90 年代中期到现在是组织机构时代。在组织机构时代，人们开始从系统的视角审视安全，除了人的因素和技术因素之外，还包含了组织机构的因素。因此，考虑到一个组织机构的文化和政策对于安全风险控制的影响，采用了"组织机构性事故"的观念。另外，传统的数据收集与分析工作局限于对事故和严重事故征候调查中所收集到的数据的应用，组织机构时代就要对安全有一种全新的、积极主动的做法来加以补充。这种新做法基于日常信息的收集和分析，使用主动和被动的方法，监控已知的安全风险并探测新出现的安全问题。

（一）墨菲定律（Murphy's law）

爱德华·墨菲（Edward A. Murphy）是美国爱德华兹空军基地的上尉工程师。1949 年，他和他的上司斯塔普少校参加美国空军进行的 MX981 火箭减速超重实验。这个实验的目的是测定人类对加速度的承受极限。其中有一个实验项目是将 16 个火箭加速度计悬空置于受试者上方，当时有两种方法可以将加速度计固定在支架上，而不可思议的是，竟然有人将 16 个加速度计全部装在错误的位置。于是他和他的同事随口开了句玩笑："如果一件事有可能被做坏，让他去做就一定会更坏。"最后演绎成："如果坏事情有可能发生，不管这种可能性有多小，它总会发生，并引起最大可能的损失。"

墨菲定律的数理解释：在数理统计中，有一条重要的统计规律，即假设某意外事件在一次实验（活动）中发生的概率为 p（$p>0$），则在 n 次实验（活动）中至少有一次发生的概率为 $p_n = 1 - (1 - p)^n$。由此可见，无论概率 p 多么小（即小概率事件），当 n 越来越大时，p_n 会越来越接近 1。

后来爱德华·墨菲把这一定律应用于安全管理，他指出：做任何一件事情，如果客观上存在着一种错误的做法，或者存在着发生某种事故的可能性，不管发生的可能性有多小，当重复去做这件事时，事故总会在某一时刻发生。也就是说，只要发生事故的可能性存在，不管可能性多么小，这个事故迟早会发生的。

墨菲定律（Murphy's law）主要揭示了四个方面的内容：

（1）任何事都没有表面看起来那么简单；

（2）所有的事都会比你预计的时间长；

（3）会出错的事总会出错；

（4）如果你担心某种情况发生，那么它就更有可能发生。

（二）瑟利模型

瑟利模型是在 1969 年由美国人瑟利（J. Surry）提出的，是一个典型的根据人的认知过程分析事故致因的理论。该模型把事故的发生过程分为危险出现和危险释放两个阶段，这两个阶段各自包括一组类似的人的信息处理过程，即感觉、认识和行为响应。瑟利模型不仅分析了危险出现、释放直至导致事故的原因，而且还为事故预防提供了一个良好的思路。

由图 2-8 中可以看出，两个阶段具有相类似的信息处理过程，即 3 个部分，6 个问题则分别是对这 3 个部分的进一步阐述，他们分别是：

（1）危险的出现（或释放）有警告吗？这里警告的意思是工作环境中对安全状态与危险状态之间的差异的指示。任何危险的出现或释放都伴随着某种变化，只是有些变化易于察觉，有些则不然。而只有使人感觉到这种变化或差异，才有避免或控制事故发生的可能。

（2）感觉到了这个警告吗？这包括两个方面：一是人的感觉能力问题，包括操作者本身感觉能力，如视力、听力等较差，或过度集中注意力于工作或其他方面；二是工作环境对人的感觉能力的影响问题。

（3）认识到了这个警告吗？这主要是指操作者在感觉到警告信息之后，是否正确理解了该警告所包含的意义，进而较为准确地判断出危险的可能的后果及其发生的可能性。

（4）知道如何避免危险吗？主要指操作者是否具备为避免危险或控制危险，做出正确的行为响应所需要的知识和技能。

（5）决定要采取行动吗？无论是危险的出现或释放，其是否会对人或系统造成伤害或破坏是不确定的。而且在某些情况下，采取行动固然可以消除危险，却要付出相当大的代价。特别是对于冶金、化工等企业中连续运转的系统更是如此。究竟是否采取立即的行动，应主要考虑两个方面的问题：一是该危险立即造成损失的可能性，二是现有的措施和条件控制该危险的可能性，包括操作者本人避免和控制危险的技能。当然，这种决策也与经济效益、工作效率紧密相关。

（6）能够避免危险吗？在操作者决定采取行动的情况下，能否避免危险则取决于人采取行动的迅速、正确、敏捷与否，以及是否有足够的时间等其他条件使人能做出行为响应。

上述 6 个问题中，前两个问题都是与人对信息的感觉有关的，第 3~5 个问题是与人的认识有关的，最后一个问题与人的行为响应有关。这 6 个问题涵盖了人的信息处理全过程，并且反映了在此过程中有很多发生失误进而导致事故的状况。

瑟利模型不仅分析了危险出现、释放直至导致事故的原因，而且还为事故预

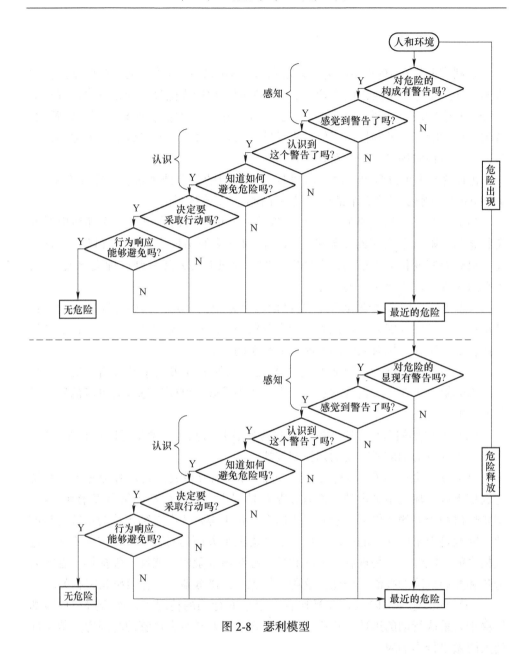

图 2-8　瑟利模型

防提供了一个良好的思路。即要想预防和控制事故，首先应采用技术的手段使危险状态充分地显现出来，使操作者能够有更好的机会感觉到危险的出现或释放，这样才有预防或控制事故的条件和可能；其次应通过培训和教育的手段，提高人感觉危险信号的敏感性，包括抗干扰能力等，同时也应采用相应的技术手段帮助操作者正确地感觉危险状态信息，如采用能避开干扰的警告方式或加大警告信号的强度等；第三应通过教育和培训的手段使操作者在感觉到警告之后，准确地理解其含义，并知道应采取何种措施避免危险发生或控制其后果。同时，在此基础上，结合各方面的因素做出正确的决策；最后，则应通过系统及其辅助设施的设计使人在做出正确的决策后，有足够的时间和条件做出行为响应，并通过培训的手段使人能够迅速、敏捷、正确地做出行为响应。这样，事故就会在相当大的程度上得到控制，取得良好的预防效果。

后来，安德森等人在此基础上对瑟利模型进行了进一步的扩展，增加了危险的来源及其可觉察性，运行系统内波动以控制或减少这些波动使之与人的行为的波动相一致等部分内容，在一定程度上提高了瑟利模型的理论性和实用性。

（三）实际偏离理论

当航空组织机构的流程和程序，无法预料日常运行中可能发生的诸多情况时，斯科特·斯努克（Scott A. Snook）的实际偏离理论（图2-9），就可以作为一个基础来理解，在航空方面，任何系统的基线性能是如何"偏离"其最初设计的。

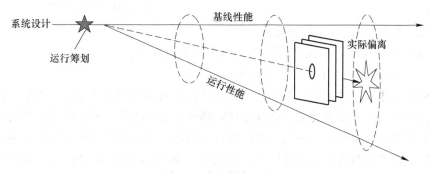

图 2-9　实际偏离理论

在系统设计的早期，例如：空中交通管制空域、特殊设备的采用、飞行运行计划的扩充等，已经考虑到了人与技术之间的互动性以及相关的运行环境，以确定预期绩效的局限性及潜在的危险。系统的初始设计基于三个基本假设：（1）有达到系统生产目标所需的技术；（2）人员得到培训且可以正确地运用技术；（3）规章和程序将规定系统及人的行为。这些假设构成了基础的（或理想的）系统性能，它可以用从运行部署之日，直到系统退役的一条直线来描述。

一旦在运行方面部署妥当，系统多数时候会按照设计以基线性能运行。然而，在现实中，由于真实运行情况及监管环境变化的结果，实际运行情况与设计的基线性能会有所差距。由于偏离是日常操作的结果，所以称为"实际偏离"。

在任何系统中，不论设计计划的制订多么仔细，考虑多么周全，从基线性能实际偏离到运行性能，都是可预见的。实际偏离的一些原因可以包括：技术并不总是像预测的那样可行；程序在某些特定的运行条件下，并不能按计划执行；规章由于某些特定背景的限制而不适用；对系统引入的变化，包括新组件的添加、与其他系统的互动等。

（四）SHELL 模型

著名的 SHELL 模型的概念首先由 Elwyn Edwards 教授于 1972 年提出，Frank Hawkins 于 1975 年用图表描述了该模型。该模型有助于形象地描述航空系统中各因素间的相互关系，是根据传统的"人-机-环境"系统发展而来的。如图 2-10 所示，软件-硬件-环境-人件模型，包括以下四个部分：

图 2-10　SHELL 模型

（1）软件（S）。程序、培训、支持性等；

（2）硬件（H）。机器与设备；

（3）环境（E）。SHELL 系统其余部分的运行环境；

（4）人件（L）。工作场所中的人员。

SHELL 模型的中心是一线运行人员。虽然人具有很强的适应性，但是人的表现变化很大。人的表现无法具有像硬件同样程度的标准化，所以代表人件的方框边界不是简单的直线。人在与其工作环境中的各个组成部分相互作用时，不会完美匹配。要避免系统中的各种压力，系统的其他各组成部分就必须与人有周密的匹配。SHELL 模型有助于直观地表现出航空系统各种组成部分之间的界面：

（1）人件-硬件（L-H）界面，指的是人与设备、机器和设施的物理属性之间的关系。

（2）人件-软件（L-S）界面，是人与工作场所中各种支持系统之间的关系，例如：规章、手册、检查单、出版物、标准操作程序（standard operating procedure，SOPs）以及计算机软件等。它还包括诸如最新的经验、准确性、格式和描述方式、用语、清晰度和符号表示等问题。

（3）人件-人件（L-L）界面，是工作环境中人与人之间的关系。因为飞行机组、管制员、航空器维修工程师，以及其他的操作人员，都是以团队的方式工作。所以，提倡良好的沟通和人际技巧、团队活力对于决定人的表现十分重要。

（4）人件-环境（L-E）界面，涉及人与内外环境的关系。内部工作场所的环境包括诸如温度、周围光线、噪音、振动和空气质量之类对身体方面的考虑。外部环境包括诸如天气因素、航空基础设施和地形之类的运行上的方方面面。这个界面还涉及人的内部环境与外部环境的关系。

（五）Reason 模型

每次不安全事件发生后，我们都会认真调查事件发生的原因，也会用相当大的精力来思考相同的事件、事故为什么会重复地发生。

目前，人们广泛接受的观点是：绝大部分事故是由人为差错造成，人为差错是与粗心或工作技能差有关等。随着安全管理的系统化，即引入了安全管理体系后，我们可以发现，这种观点并不完全准确。如果我们只关注导致事故发生环节中的最后一环，只通过改变人的方法来预防事故以及事故的重复发生是不可能的。只有在关注"人"的同时更去关注"系统"，真正找到系统的隐患后才能预防事故。Reason 模型为我们关注系统提供了一个有效的方法。

Reason 模型是曼彻斯特大学教授 James Reason 在其著名的心理学专著《人为因素》（*Human Error*）一书中提出的概念模型，其内在逻辑是：事故的发生不仅有一个事件本身的反应链，还同时存在一个被穿透的组织缺陷集，事故促发因素和组织各层次的缺陷（或安全风险）是长期存在并不断自行演化的。但是这些事故促因和组织缺陷并不一定造成不安全事件，当多个层次的组织缺陷在一个事故促发因子上同时或次第出现缺陷时，不安全事件就会失去多层次的阻断屏障而发生。最直观的就是"乳酪图"。任何单一的乳酪都无法让光线穿透，只有所有乳酪上的孔都在同一直线上，光线才会穿透。每一个奶酪片上的孔洞代表了该层面上的漏洞或缺陷，与事故发生直接相关的不安全行为层面上的孔洞表示了系统的显性差错，而其他三个层面上的孔洞则更多代表了隐性差错。Reason 模型的奶酪片一共有四片，代表在一个组织中事故中的四个层面因素，即组织影响、不安全的监督、不安全行为的前提和不安全的行为，如图 2-11 所示。

航空运行由多系统、多方面复杂操作环境组成。它们的功能和表现包括了各种组成部分的复杂关系。各系统有序地结合、运转，从而达到运行生产的目标，多系统问题的一个很大的特点就是过程与结果之间并不一定存在必然的一一对应的关系，航空安全事件往往是以事故链的方式发生的。

从图 2-11 可以看出，一个事故的发生一定存在着系统的缺陷，揭示了事故的发展过程；突出了组织过程在事故中的责任。

Reason 模型的核心点在于其系统观的视野，在对不安全行为的直接分析之外，更深层次地剖析出影响行为人的潜在的团队、场所、组织因素，以一个逻辑统一的事故反应链将所有相关因素进行了理论串联。

例如，某日凌晨 2 时 40 分左右，一架 A330 飞机在从虹桥国际机场 15 号桥

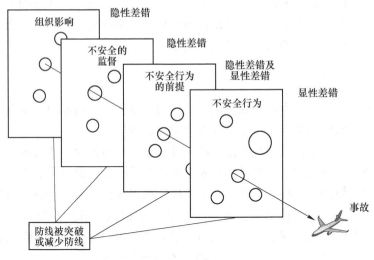

图 2-11　瑞士奶酪模型

位拖往跑道上进行发动机试车的过程中，飞机在 K4 道口的滑行道上偏离滑行线，导致飞机 5、6、7、8 号主轮进入滑行道边草地之中，构成一起人为原因的严重不安全事件。

如果按照结果导向、事后查处的思维，事件的直接原因是指挥员和拖车司机的失误，假如指挥员正确指挥、驾驶员认真操作，事件就不会发生。

但应用 Reason 模型进一步分析，就会发现：那天因为整修跑道，原计划滑行的滑行道入口关闭，改由 K4 道口进入；因机场已关闭，滑行道边灯也被关闭。由此可见，行进线路的变化、夜间灯光不足等环境因素也是构成事件发生的工作场所条件。

同时，驾驶员、指挥员对滑行路线状况不熟，指挥交流方式存在缺陷等也是造成事件的隐患条件。再进一步分析，可以发现，在拖行飞机的相关程序、人员资质管理、制度程序落实方面存在着不足，而这正是组织系统的缺陷。这就不难发现，如果我们仅把着眼点放在最后的结果——操作人员身上，那么相类似的事件还会再次发生。

James Reason 教授将安全管理比喻为"打一场没有最终胜利的游击战"，是一场为了发现事故隐患、消除或控制该隐患的永不停息的奋争。为了使系统更加安全，我们可做的事情是无止境的。

在安全管理体系中有效的运用 Reason 模型可以帮助我们去发现系统的安全隐患，减少不安全事件发生的可能，避免不安全事件的重复发生。进而，风险管理可以帮助我们发现系统中的风险所在，并确定相关的优先等级，进而采取措施消除它们或减缓其后果，真正实现安全关口前移，确保持续的安全、可靠的安全。

第三节 一个示例——Y-G 性格测验

Y-G 性格测验是由日本京都大学教授矢田部达郎于 1957 年根据美国心理学家吉尔福特（J. P. Guilford）的个性量表修订而成的，Y-G 是"矢田部-吉尔福特"的英文缩写。Y-G 性格测验曾被用于日本的公务员考试。其由 130 个测题，13 个分量表（每个分量表 10 题）组成。其中有 12 个性格特征量表和 1 个效度量表。我国于 1983 年对其进行了修订，制成了中文版，与原版在测验结构、评分及解释方法上基本相同。不同的是，该修订本只有 120 题，12 个性格特征量表，每个性格特征量表有 10 个问题，每一个问项后面有三个备选答案，分别为"是""否""不能确定（？）"，不设效度量表。受测者对于每一道题可以在"是""否""？"三者之间选择一项。凡选"是"的为 0 分，选"否"的为 2 分，选"？"的为 1 分。每种性格特征量表有 10 题，满分为 20 分。

"Y-G 性格测验"能够对受测者人格的类型和特质两个方面进行测定。结果解释见表 2-4 和表 2-5。

表 2-4　12 个人格特质的高分和低分

特质	高　　分	低　　分
抑郁质 D	忧郁、悲观、有罪恶感、对什么都不感兴趣、常常感到疲劳、无精神	乐观满足、感到充实、什么也不担心、有精神
循环性 C	情绪多变、常易激动、气量小、常把小事放在心上、经常担心	心情平静安定、不担心事
自卑感 I	缺乏自信、过低评价自己、不适应感强烈、畏首畏尾、优柔寡断	充满自信、心情开朗积极
神经质 N	常担心事、神经过敏、易不满、容易焦虑	不担心事、开朗、乐观爽快
主观性 O	好幻想、过敏、主观、不能冷静地客观地判断事物	现实主义、能冷静地客观地判断事物、乐观、安定、充实、稳健
非合作性 Co	牢骚家、不信任别人、不适应社会环境	设法与别人合作、善与人合作、有时对此过费心机
攻击性 Ag	攻击性强、具有社会活动性、不听从别人意见	有自卑感、无斗争性、处事采取保守态度
一般活动性 G	活泼、喜欢身体活动、动作敏捷、干事爽快效率高、乐观、人际关系好	认为自己无能、工作效率低、行动不活泼、比较忧郁
乐天性 R	开明、活泼、快乐、冲动随便、粗心大意	过于慎重、优柔寡断、不易下决心、稳重、不开朗

特质	高　分	低　分
思维外向性 T	不爱沉思默想、无忧无虑、漫不经心、乐观、随和、爱交际、思维深度不够	常把小事放在心上、悲观、爱思考、行动不活泼
支配性 A	具有社会指导性、能领导他人、自信	不想指导别人、缺乏自信、爱沉思
社会外向性 S	外向、喜欢社会交往、社交活动多	不爱交际、喜欢独处、缺乏自信心

表 2-5　典型性格类型的一般特征

类型	情绪性	社会适应性	向性	一般特征
A （平均型）	一般	一般	一般	不引人注意的平均类型。主导性弱。在智力低的情况下，往往表现为平凡，没有精力
B （不稳定积极型）	不稳定	不适应	外向	在人际关系方面易产生问题，在智力低的情况下特别如此
C （稳定消极型）	稳定	适应	内向	平稳、被动。如果是领导者，则缺乏对别人的吸引力
D （稳定积极型）	稳定	适应或一般	外向	人际关系方面较少产生问题，行动积极，有领导者的性格
E （不稳定消极型）	不稳定	不适应或一般	内向	退缩、消极、孤独，但不少人充满了内在的修养和高雅兴趣

采用 Y-G 性格测验量表的结果表明：D 型性格类型的领导者占 54.2%，C 型占 20.8%，A 型占 17.7%，混合型占 7.3%，B、E 型数量为 0。可见，企业领导者的主要性格是 D 型，不宜选 B、E 型性格者担任领导。

该量表较多应用在青少年心理咨询、就业指导、人才选拔与培训、司法诊断等方面。

一、Y-G 性格测验的题目

（1）以结识各种各样的人为乐事吗？是□　否□

（2）在人群中总是退缩在后面吗？是□　否□

（3）喜欢思考困难的问题吗？是□　否□

（4）不喜欢老是做一种固定的工作吗？是□　否□

（5）和周围的人合得来吗？是□　否□

（6）一刻也不能清闲，总是不干点什么就觉得不舒服吗？是□　否□

（7）认为世界上的人都是不关心别人的事情的吗？是□　否□

（8）常常无缘无故地高兴或悲伤吗？是□ 否□

（9）只要有人在旁观看就不能工作下去了吗？是□ 否□

（10）经常担心会不会失败吗？是□ 否□

（11）心情经常流露在脸上吗？是□ 否□

（12）常常对什么都不感兴趣吗？是□ 否□

（13）同不相识的人谈话紧张吗？是□ 否□

（14）常在集体活动中出头露面、帮忙办事吗？是□ 否□

（15）总想自己一个人待着吗？是□ 否□

（16）遇事不愿多想，认为还是赶快行动为好吗？是□ 否□

（17）自信能在短期内做很多事吗？是□ 否□

（18）只要自己认为是正确的，就不管别人怎样说也要去做吗？是□ 否□

（19）认为像密探那样的人是很多的吗？是□ 否□

（20）常因担心事而睡不着觉吗？是□ 否□

（21）经常觉得合得来的人很少吗？是□ 否□

（22）常因优柔寡断而失去机会吗？是□ 否□

（23）经常兴奋得流泪吗？是□ 否□

（24）同别人在一起时也会感到寂寞吗？是□ 否□

（25）很少主动交朋友吗？是□ 否□

（26）经常以为集体办事而引以为乐吗？是□ 否□

（27）经常想别人行动的真正企图是什么吗？是□ 否□

（28）最不喜欢老是待着吗？是□ 否□

（29）总是爽快地答复别人吗？是□ 否□

（30）即使对于上级也能毫无顾虑地与之争论吗？是□ 否□

（31）认为即使是亲友之间也不会完全相信对方吗？是□ 否□

（32）在路上碰到不喜欢的人就避开吗？是□ 否□

（33）与人相处常为一点点小事而伤感情吗？是□ 否□

（34）常担心被别人打扰吗？是□ 否□

（35）经常后悔没有早下决心吗？是□ 否□

（36）经常认为自己是没有用的人吗？是□ 否□

（37）不喜欢引人注目吗？是□ 否□

（38）和大家在一起时，不喜欢多说，而总是听别人的吗？是□ 否□

（39）常常在即将行动时又修改自己的计划吗？是□ 否□

（40）经常寻求刺激吗？是□ 否□

（41）遇到困难仍然开朗乐观吗？是□ 否□

（42）容易冲动（不能控制自己）吗？是□ 否□

（43）认为人只要不监督都要偷懒吗？是□　否□

（44）常幻想一些不现实的事情吗？是□　否□

（45）经常注意别人的品行吗？是□　否□

（46）常因在别人面前脸红而苦恼吗？是□　否□

（47）情绪多变吗？是□　否□

（48）经常无缘无故地焦虑吗？是□　否□

（49）基本上没有异性朋友吗？是□　否□

（50）不愿意做集体活动的组织者吗？是□　否□

（51）有在同别人谈话时突然沉思起来的习惯吗？是□　否□

（52）常常不加思考就去行动吗？是□　否□

（53）做事效率高吗？是□　否□

（54）不能容忍别人无礼对待吗？是□　否□

（55）担心别人的关怀与心不符吗？是□　否□

（56）脑筋有时好使，有时不灵而没有定规吗？是□　否□

（57）总觉得被人注视着而感到不安吗？是□　否□

（58）因自卑（感到不如别人）而烦恼吗？是□　否□

（59）即使对于一点点小事也会大吃一惊吗？是□　否□

（60）经常担心事而忧虑吗？是□　否□

（61）喜欢与人交往吗？是□　否□

（62）一到上级面前就感到紧张吗？是□　否□

（63）对什么事都要好好想一想，否则就不放心吗？是□　否□

（64）经常与人一起欢闹吗？是□　否□

（65）做事比别人快吗？是□　否□

（66）不愿意过平凡生活而总想干一些不寻常的事情吗？是□　否□

（67）认为人都是为了自己的利益而行事的吗？是□　否□

（68）常为睡不着觉而苦恼吗？是□　否□

（69）常因点点小事而妨碍工作吗？是□　否□

（70）常因怕难为情而不敢与众不同吗？是□　否□

（71）常因精力分散而思想不能集中吗？是□　否□

（72）经常详细地回想过去的失败吗？是□　否□

（73）同谁都谈得来吗？是□　否□

（74）遇事总是首先自己一个人反复思考吗？是□　否□

（75）处事小心谨慎吗？是□　否□

（76）爱说话吗？是□　否□

（77）性情活泼吗？是□　否□

(78) 气量比较小吗？是□　否□

(79) 经常有不满情绪吗？是□　否□

(80) 常想对人谈谈心里话吗？是□　否□

(81) 神经过敏吗？是□　否□

(82) 遇事会马上惊慌失措吗？是□　否□

(83) 经常见异思迁吗？是□　否□

(84) 经常觉得疲劳吗？是□　否□

(85) 难以结交新朋友吗？是□　否□

(86) 善于待人接物和应酬吗？是□　否□

(87) 经常陷于沉思吗？是□　否□

(88) 喜欢节日的热闹吗？是□　否□

(89) 能很快地适应新的环境吗？是□　否□

(90) 遇到别人轻视自己就气得不得了吗？是□　否□

(91) 常想知道别人的心情吗？是□　否□

(92) 经常发呆吗？是□　否□

(93) 经常担心事吗？是□　否□

(94) 经常在碰到困难时就垂头丧气吗？是□　否□

(95) 情绪经常激动吗？是□　否□

(96) 经常忧郁而闷闷不乐吗？是□　否□

(97) 说话很少吗？是□　否□

(98) 是容易害羞的人吗？是□　否□

(99) 有马虎粗心的习惯吗？是□　否□

(100) 有武断的倾向吗？是□　否□

(101) 心情基本上总是好的吗？是□　否□

(102) 总想参加社会上的各种活动吗？是□　否□

(103) 总认为自己的运气不好吗 是□　否□

(104) 认为幻想是种乐趣吗？是□　否□

(105) 总觉得大家难以使你感到称心满意吗？是□　否□

(106) 对做什么事都不大有信心吗？是□　否□

(107) 常常会一下子就不开心吗？是□　否□

(108) 有沉思默想的习惯吗？是□　否□

(109) 在人多的场合下也不慌张吗？是□　否□

(110) 怕在人前说话吗？是□　否□

(111) 有深思问题的倾向吗？是□　否□

(112) 脾气直爽吗？是□　否□

（113）动作敏捷吗？是□　否□

（114）无聊时寻求强烈刺激吗？是□　否□

（115）总是感到别人没有充分地认识自己，没有给自己以足够的评价吗？是□　否□

（116）心神不定，坐立不安吗？是□　否□

（117）常将琐碎小事放在心上吗？是□　否□

（118）能不受干扰而当机立断吗？是□　否□

（119）容易动感情吗？是□　否□

（120）经常感到精力不足吗？是□　否□

二、性格的评定方法

根据实施的结果，按下面的步骤和方法评定被测试的性格类型。

（一）A、B、C、D、E系统值的计算方法

把各特征的原始分记入部面图后，即已将各特征的原始分转化成了量表的标准分（标准分分为1、2、3、4、5分），由标准分可计算出A、B、C、D、E系统值，系统值的不同组合情况就确定了被测试的性格类型。为了说明A、B、C、D、E系统值的求法，将部面图分成左上部、左下部、中部、右上部、右下部五个区域，如表2-6所示。

表2-6　部面图

1 2	3	4 5
D		D
C		C
N 左上半		N 右上半
O		O
Co		Co
Ag	中部	Ag
Cr		Cr
R 左下半		R 右下半
T		T
A		A
S		S

它们的值按下面的方法确定：

A系统值等于落在标准分为3分即中央区域内的得分次数（中央区域边界上的次数）；

B系统值等于落在标准分为4分和5分即右上半和右下半区域内的得分

次数；

C 系统值等于落在标准分为 1 分和 2 分即左上半和左下半区域内的得分次数；

D 系统值等于落在左上半和右下半区域内的得分次数；

E 系统值等于落在右上半和左下半区域内的得分次数。

A、B、C、D、E 系统值的计算是否正确，可以根据下面的式子来检验：

A 系统值+B 系统值+C 系统值 = 12；B 系统值+C 系统值 = D 系统值+E 系统值。

(二) 量表的性格类型

根据求得的 A、B、C、D、E 五种系统值，量表可测出 A、B、C、D、E 五类不同性格，每类又分典型、准型、混合型等十五种性格类型，如表 2-7 所示。

表 2-7 的十五种性格类型是由 A、B、C、D、E 系统值不同的组合确定的，判定方法，如表 2-8 所示。

表 2-7 性格类型

类型	A 类	B 类	C 类	D 类	E 类
典型	A 型	B 型	C 型	D 型	E 型
准型	A′型	B′型	C′型	D′型	E′型
混合型	A″型	AB 型	AC 型	AD 型	AE 型

表 2-8 性格类型判定方法

类型	A 类	B 类	C 类	D 类	E 类	A 型 典型 XX9XX	B 型 XXX8X	C 型 X7XXX	D 型 XXXX9	E 型 9XXXX
准型	A′型 XX8XX	B′型 (B 型以外的 B 系统) 8XX8X 7XX7X 6XX6X XX66X	C′型 (C 型以外的 C 系统) 88XXX 77XXX 66XXX X66XX	D′型 (D 型以外的 D 系统) XXXX8 XXXX7 XXXX6	E′型 (E 型以外的 E 系统) 8XXXX 7XXXX 6XXXX	A″型 XX7XX XX6XX XX5XX X444X (它系统值均在 4 位以下) 混合型	AB 型 XX75X XX755 XX65X XX655 XXX77 XXX66	AC 型 X57XX X57X5 X56XX X56X5 X7XX7 X6XX6	AD 型 XX7X5 XX6X6 XX6X5 XX5X5	AE 型 5X7XX 6X6XX 5X6XX 5X5XX

说明：

(1) 典型性格的判定。×××××表示系统值，它的顺序是 E、C、A、B、D。

××9××表示只有 A 系统值在 9 以上，其他系统值低于 9 的都为典型的 A 型性格。其他类的典型性格照此类推。

（2）准型性格的判定。A 型只有一种情况，即××8××，表示 A 系统值为 8，其他系统值低于 8。

在决定 B、C 型时，如表 2-9 所示，以 B、C 系统值为主，如 8××8×定为 B 型而不定为 E 型。在 D、E 型栏中，X 所表示的值均分别低于 8、7、6。

表 2-9　五种典型性格与特性间的关系

类型	特　性		
	情绪稳定性 D C I N	社会适应性 O Co Ag	向性（冲动型、活动性、主动性）G R T A S
A（平均型）	平衡	平衡	平衡
B（偏右型）	不稳定	不适应	外向
C（偏左型）	稳定	适应	内向
D（右斜型）	稳定	适应与平衡	外向
E（左斜型）	不稳定	不适应或不平衡	内向

（3）混合型性格的评定。A 型中的 X 值小于或等于 4。

B 型和 C 型的性格特点是相反的，所以没有 BC 型的混合型性格。同样，也没有 DE 型的混合型性格。将 BE 的混合型归于 B 型；CE 的混合型归于 C 型，BD 混合型归于 AB 型；CD 混合型归于 AC 型。这是因为在 B、C 系统值与 D、E 系统值相同时，要以 B、C 系统值为主来考虑。如×××77 叫 AB 型，88×××叫 C 型。同样，不设三种系统值的混合型。如××655 不叫 ABD 混合型性格，将它与××65×等向看待，叫 AB 型。

选用本量表确定一个人的性格特征时，应注意下面几点，以保证其准确性和科学性：

（1）各类型的性格特点要结合每个人各特性的得分情况来考虑。在剖面图上，要注意被试得高分（特别是 5 分）和得低分（特别是 1 分）的那些特性。同是一种类型性格的人，可以因为他们特性得分的情况不同而使得性格特点也不同，如同是 B 类性格的人，有的可能有较强的攻击性，有的可能有较强的支配性。

（2）要注意被试各特性得分之间的内在联系。如表 2-9 所示：（D、C、I、N）为情绪稳定性指标，（O、Co、Ag）为社会适应性指标，（Ag、G）为活动性指标，（G、R）为冲动性指标，（A、S）为主导性指标，还可把（R、T）看成内省性指标。一般来说，每一特性中的指标得分应具有统一性和可解释性，特别是情绪稳定性和主导性更为突出。如果发现被试的特性得分有矛盾现象应加以分析。如被试 D 特性得 1 分，而 N 特性得 5 分，就要考虑人的性格中是否会有这种矛盾的现象，或者是被试在胡乱答题。

另外，各特性得分高低的不同组合有不同的意义和解释。如被试 Ag 特性得分较高，而情绪稳定性的指标得分较低，则说明他敢作敢为，活动力强，有较好的社会活动性；如被试 Ag 特性得分较高，社会适应性、情绪稳定性的得分也较高，则说明他容易寻衅闹事。同样，在 Ag 特性得分较低时也有好或不好的两种情况。

（3）心理学的研究表明，一个人的性格会随着他的成长过程、环境变化、职业改变等而发展或改变，青少年尤其如此。因此，我们要抓住部面图曲线的整个趋势来评价被试性格特征，不要根据一次测试结果就作出一些绝对化的断言。

第三讲　系统安全的横空出世

本章导读： 无论安全管理规章制度有多严格，人的安全素质有多高，都不可避免地存在人为失误的可能性。随着系统或产品的复杂化、大型化，这一问题将越来越严峻，而且通过严格的管理和制度束缚人的行为，也不是现代安全管理追求的目标。系统安全管理通过在系统设计阶段对系统的安全问题进行系统、全面、深入的分析和研究，并合理地采取相应措施，既提高了系统的安全性，也降低了对人行为的约束和限制，用较低的代价取得了较好的安全效果，这就是系统安全。系统安全是安全管理思想之集大成者，对于安全生产管理，无论我们如何推陈出新，实际上都没有跳出系统安全的范畴，比如本书后面提到的安全管理系统、安全生产标准化、安全文化等。虽然系统安全是为产品设计及制造而生，但是它的思想适用于安全生产的全过程，它涵盖了生产过程的方方面面。本章阐述了引入系统安全的理由、系统安全的定义及特点、系统安全管理与传统安全管理之间的联系与区别、系统安全管理实施细则及要点、全寿命周期各阶段的系统安全工作内容。学习完本章当更有助于你理解什么是系统安全以及如何更为有效地开展实施系统安全管理。

第一节　什么是系统安全

一、引入系统安全的理由

任何一个企业，其经营的主要目标就是经济效益，而经济效益是靠为市场提供高质量的产品及服务获得的。安全性作为产品质量的主要性能指标之一，其重要性是不言而喻的。没有人愿意冒着危险去购买使用一个不安全的产品。一个企业，如果因产品不可靠而对消费者造成了伤害，对其市场开发、社会信誉乃至经济效益的影响都是相当巨大的，甚至是不可挽回的。可见，无论对消费者（或使用者）还是制造者，安全问题都是不容忽视的重要问题。

从产品的研制、设计、试验、生产、销售、投入使用直至报废这一纵向来看，整个寿命周期中都可能存在潜在的危险，导致事故的发生。而且，一般而言，产品作为一个系统是由不同的子系统组成的，每一产品又都涉及不同的学科，如光、电、机械、化学等，这些都增加了产品（或系统）的复杂性，给产品（或系统）安全性带来了不同程度的影响。如雷管和炸药组成的系统就比单独的雷管或炸药危险得多。

因此，为了提高产品（或系统）的安全性，就需要对其寿命周期和子系统之间关联进行研究分析，识别潜在危险并作出定性和定量评价，提出控制或消除潜在危险的措施，使产品或系统风险降低到可接受的程度，达到保证产品或系统安全的目的。

系统安全是从根本上提高产品或系统安全水平的有效技术工作方法，它是在传统安全技术工作基础上发展起来的，也是人们对安全问题深化认识的产物。事故的经验教训促使人们去控制预防事故，也就是查找事故原因，采取措施，防止事故重复发生。措施的内容通常包括：在生产和使用部门设立专职机构，如技术安全处、科；颁布安全法规；设置安全防护设备及用具；安全生产宣传和教育等。这种工作方式虽然在防止事故中起到重大作用，但总是事故后的管理，很难做到防患于未然。特别是事故预防的方法，很难跟上产品系统技术的迅猛发展。面对日益复杂化大型化的产品和系统及其伴生的事故隐患，传统的技术安全显得力不从心，很难适应现代生产和现代化产品系统发展的需要。而且只有发生一次甚至多次事故后才能找出防止事故的措施和方法，绝大多数情况下，在经济上付出的代价也是企业难以承受的。

系统安全与传统的技术安全的目的虽然都是实现系统的安全，但它们的工作范围和实施方法却有较大区别，具体体现在以下五个方面：

（1）技术安全的工作范围主要是在生产和使用场所，其目的是保证操作人员和设备不受到伤害和损坏，它并不直接涉及产品或系统的设计。而系统安全主要研究产品的全寿命过程，包括方案论证、设计、试验、制造、使用直至报废处理等各方面的安全问题，并且把重点放在研制阶段。

（2）传统的技术安全工作大多凭经验和直觉来处理安全问题，而且较少由表及里深入分析，因而难以彻底改善安全状态。而系统安全正是利用系统工程的方法，从系统、子系统和环境影响以及它们之间的相互关系来研究安全问题。从而能比较深入、全面地找到潜在危险，预防事故的发生。

（3）传统的技术安全主要从定性方面进行研究，一般只提出"安全"或"不安全"的概念，对安全性没有定量的描述，因而难以作出准确的判断和评价，也不利于控制和管理。而系统安全利用危险严重性、可能性等参数和指标来定量评价安全的程度，从而使预防事故的措施有了客观的度量，安全程度更加明确。

（4）传统的技术安全是从局部，或处于被动状态来解决安全问题的，因而不能从根本上提高系统的安全水平。而系统安全从产品（或系统）论证设计起就开始进行系统的安全分析，它考虑到产品全系统中所有可能的危险，如危险源、各子系统接口、软件对安全的影响等，并随着研制工作的进展，逐步细化安全分析的内容，使安全主动而全面地得以实现。

（5）传统的技术安全目标值不明确、不具体。究竟到什么程度才算安全问题解决得好，才能控制重大事故的发生。目标值不明确，则工作盲目性较大。而系统安全通过安全分析、试验、评价和优化技术的应用，可以找出最佳的减少和控制危险的措施，使产品或系统的各子系统之间，设计、制造和使用之间达到最佳配合，用最少投资获得最佳的安全效果，从而在最大程度上提高产品的安全水平。

二、系统安全的定义与特点

（一）系统安全的定义

系统安全是指在系统全寿命周期的所有阶段，以使用效能、时间为条件，应用工程和管理的原理、准则、技术，使系统获得最佳的安全性。上述定义包括以下三点含义：

（1）提高系统的安全性，并不是不计代价。在考虑产品成本、性能及应用时，还应尽可能通过设计提高系统的安全性，才能使产品或系统获得最大收益。

（2）追求产品的安全性，应当考虑产品全寿命周期的安全性，即力争产品在其寿命周期的各个阶段，保持最佳的安全性能。

（3）实现产品的最佳安全性能，不但要尽可能提高其子系统的安全可靠性，关键是要保证各个子系统的最佳耦合。

（二）系统安全的主要特点

（1）早。系统安全问题在系统的设计和构思阶段就应该予以分析考虑。

（2）快。在系统寿命周期的早期阶段，发现安全问题要比在试验甚至使用阶段发现问题后再采取措施快得多。

（3）省。如果在构思、设计阶段发现问题，只需对设计方案或设计图加以修改，这要比在试验、生产甚至使用阶段发现问题后再进行弥补节约得多。

（4）好。尽量提高产品或系统自身的本质安全性，安全效果要比在产品（或系统）投入使用后再因安全问题而增加安全装置更好。

（5）接口。产品的构成元件或系统各要素（子系统）之间是分工协作的关系。单一元件或子系统的最佳安全并不一定能保证整个产品或系统达到最佳的安全性。只有所有元件或子系统实现最佳耦合，才会使系统的总体安全性能达到最佳，因此，产品（或系统）内的接口（也称界面）是实现系统安全的关键。

第二节 由系统安全到系统安全管理

系统安全由系统安全管理和系统安全工程两部分组成。系统安全管理是确定系统安全大纲要求，保证系统安全工作项目和活动的计划和完成，与整个项目的要求相一致的一门管理学科。系统安全工程是应用科学和工程的原理、准则和技术，识别并消除危险，以减少有关风险所需的专门业务知识和技能的一门工程学科。

从系统安全工程和系统安全管理各自的定义可以看出，系统安全工程与系统安全管理是系统安全的两个组成部分。它们一个是工程学科，一个是管理学科，两者相辅相成：前者为后者提供各类危险分析、风险评价的理论与方法及消除或减少风险的专门知识和技能，而后者则选择合适的危险分析与风险评价的方法，确定分析的对象和分析深入的程度，并根据前者分析评价的结果作出决策，要求前者对危险进行相应的消除或控制。因而要想使系统达到全寿命周期最佳的安全性，两者缺一不可，而且还应有机地结合在一起。

任何管理工作都是由计划、组织、协调、控制四部分工作组成。而系统安全管理，实际上就是对产品全寿命周期的安全问题的计划、组织、协调与管理。也就是说，通过管理的手段，合理选择风险控制方法，合理分配风险到产品寿命周期的各个阶段，使产品在满足性能、成本、时间等约束条件的前提下，取得最佳的安全性。因此可以说，系统安全管理是产品（或系统）寿命周期工程管理的组成部分，其主要任务是在系统寿命周期内规划、组织、协调和控制应进行的全部系统安全工作。系统安全管理的核心是建立并实施系统安全大纲。

传统安全管理方法基本上是纵向分科，单向业务保安，事后追查处理，侧重操作者责任安全，凭经验和感觉处理安全问题，从宏观方面查找危险因素，其特点主要是依靠方针、政策、法规、制度；凭经验；靠人治；以"事后"为主。这种管理方法虽然能总结事故教训防止同类事故重复发生，促进安全生产，但有局限性、事后性和表面性缺陷。

系统安全管理方法是把系统科学和系统工程理论引入安全工作领域，从性能、费用、时间等整体出发，针对系统生命周期的所有阶段，实施综合性安全分析、评价、预测可能性的事故，并采取措施，以获得最佳的安全性。其主要特点是注重系列化、整体化、横向综合化；运用新科技和系统工程原理、方法进行安全管理工作；以"事前"为主。系统安全管理是从风险识别入手，通过对系统风险的分析、预测、评价去认识问题，从而采取相应措施，消除、控制危险因素，使系统优化，达到最佳安全程度。

区别系统安全管理和传统安全管理可以从以下几点入手：

（1）从安全的属性看。一些传统的管理思想认为"安全附属于生产"，这就导致在无安全保障下进行生产的情况经常发生。产量、质量为主，安全为辅的思想普遍存在，而对安全规定、作业规程要求知之甚少或一无所知。系统安全管理则特别强调"安全指导生产，安全第一"，它要求一切经济部门必须高度重视安全，把"安全第一"作为一切工作的指导思想和每个人的行为准则，并要求将安全贯穿于生产全过程。

（2）从管理类型看。传统安全管理方法的主要类型是事后追查型——事故分析型。等到事故发生之后，才对事故加以分析，找出原因，采取措施防止类似事故再次发生，属于被动管理型。而系统安全管理方法是事先预测型——安全评价型。从系统工程的观点分析，再找事故影响因素，并通过对风险评估、分析，制定消除或控制风险的管理措施。

（3）从管理实质看。传统安全管理方法的实质是"强制安全—被动的事故管理—治标之策"。在这种管理方式下，事故没有从根本上得到遏制，属于典型的"头痛医头，脚痛医脚"做法。而现代系统安全管理方法则追求"本质安全化—主动的条件管理—治本之道"。通过实施全员、全方位、全过程的风险预控管理，形成有机协调、自我控制、自我完善的安全管理运行模式，有效控制危险源，消除人的不安全行为、物和环境的不安全状态，保证系统的安全运行。

（4）从工作重点看。传统安全管理重点是对已发生事故的统计分析，及同类事故的预防。系统安全管理的主要内容是风险因素的分析、评价、预测，并采取预防措施，杜绝事故的发生或尽可能把事故损失降到最低限度。

第三节　系统安全管理的实施

系统安全管理的实施过程，实际上就是通过管理的手段，将系统安全要求结合到系统全寿命周期的过程。系统安全要求一般来说分为两类，一类为一般要求，即产品设计应满足的基本系统安全要求，也就是必须满足的必要条件；另一类则为详细要求，即产品的承制方和订购方经讨论协商认为有必要满足的条件或要求。这类条件或要求随产品的复杂性、危险性、成本、使用环境等多种因素的变化而变化，是可选择的要求。但当双方经协商达成一致，形成系统安全要求后，两类要求同样都必须得以满足，才有可能保证产品的安全性达到订购方期望的水平。

一、系统安全一般要求

（一）系统安全大纲

为了保证及时、有效地达到系统安全的目标，产品承制方必须建立并实施一个系统安全大纲。该大纲的主要内容应包括管理系统和关键的系统安全人员两个部分。

（1）管理系统。产品承制方应建立一个系统安全管理系统，旨在保证产品的安全性能符合有关要求。在该管理系统中，应由承制方主要负责建立、控制、结合、指导和实施系统安全大纲，并应保证将事故风险消除或控制在已建立的可接受风险范围内。此外，该系统中还应设有事故及与安全有关的事件，包括尚未发生事故或与安全相关事件潜在的危险条件的报告、调查、处理程序。

（2）关键的系统安全人员。为保证所建立的系统安全大纲达到上述目标，在管理系统中应选择合适的人员负责系统安全大纲的建立及实施管理过程，并在产品安全性方面直接对承制方主要负责人负责。该人选即为关键的系统安全人员，通常限制为对系统安全工作有管理职责和技术认可权的人员。为保证该类关键人员能够胜任这一重要角色，根据产品（或系统）复杂性的高低，对该产品安全负责人的资质要求也有所差异。关键的系统安全人员的资质要求如表 3-1所示。

表 3-1　关键系统安全人员的最低资格要求

项目复杂性	教育	经历	证书
高	工程、自然科学或其他学科理工类学士①	系统安全或相关学科 4 年以上	要求 CSP② 或专业工程师
中	学士加系统安全训练	系统安全或相关学科 2 年以上	最好为 CSP② 或专业工程师
低	高中证书加系统安全训练	系统安全 1 年以上	无

①管理部门可能在工作说明中规定其他学位或证书。
②通过美国全国性的专业资格认证的安全专业人员。

（二）系统安全大纲目标

（1）及时、经济地将符合任务要求的安全性设计到系统中。

（2）在系统全寿命周期内识别、跟踪、评价和消除系统中的危险，减少不安全性设计到可接受的水平。

（3）考虑并应用以往的安全资料，包括其他系统的经验、教训。

（4）在采纳和使用新的工艺、材料、设计和新的生产、试验和操作技术时，寻求最小风险。

（5）将消除危险或将风险减少到管理部门可接受水平所采取的措施记录成文。

（6）在系统的研究、研制和订购中及时地考虑安全特性，以尽量减少为改善安全性而进行的改装。

（7）在设计、建造中或任务要求发生更改时，所采用的方法应使风险保持在管理部门可接受的水平。

（8）在寿命周期内尽早考虑与系统有关的任何有害材料的安全性，并使之易于报废和退役处理。应采取措施尽可能少地使用有害材料，将与使用有害材料有关的风险和寿命周期费用减到最小。

（9）把重要的安全数据作为经验记录下来，并记入数据库，或用作更改设计手册和说明书的建议。

（三）系统安全设计要求

为实现系统安全大纲目标，产品承制方必须在设计过程中满足系统安全设计要求，即满足核心目标需要的一般设计要求。这类要求是在具备了系统设计所采用的有关标准、规范、条例、设计手册、安全设计检查表和其他设计指南等资料后确定的。产品承制方应依据所有可使用的资料，包括根据初步危险分析（preliminary hazard analysis，PHA）建立安全设计准则，并以该准则作为编制系统规范中安全要求的基础，同时在其后的研制阶段、研制规范中继续扩充该准则和要求。

一般的系统安全设计要求如下：

（1）通过设计，包括原材料的选择和代用，消除已识别的危险或减少相关的风险。若必须使用有潜在危险的原材料时，应选择那些在系统寿命周期内风险最小的原材料。

（2）将有害物质、零部件和操作与其他活动、区域、人员及不相容的原材料相隔离。

（3）设备的位置安排应使工作人员在使用、保养、维护、修理和调整过程中较少地暴露于危险环境中，如危险的化学药品、高压电、电磁辐射、切削刃口或尖锐部位等。

（4）将因为恶劣的环境条件所导致的风险最小化，如温度、压力、噪声、毒性、加速度和振动等。

（5）系统设计应使在系统使用和保障中由于人的差错所导致的风险最小。

（6）考虑采取补偿措施，把不能消除的危险所导致的风险降到最低程度。这类措施包括联锁、冗余、故障安全设计、系统防护、灭火设备和防护服装、设备、装置和规程等。

（7）用物理隔离、屏蔽等方法，保护冗余子系统的电源、控制装置和关键零部件。

（8）当各种补偿设计措施都不能消除危险时，应提供安全和报警装置，并在装配、使用、维护和修理说明书中给出适当的警告和注意事项，在危险零部件、原材料、设备和设施上标出醒目标记，以确保人员和设备得到保护。对于已有的标准尚未顾及的问题，通常应按照为生产方和订购方所共同接受的方式或按照管理部门要求的条件予以标准化，并应向管理部门提供全部警告、注意和提示标志的复印件，供检查、评审使用。

（9）使意外事故中人员伤害或设备损坏的严重程度最小。

（10）软件控制或监测的功能，使危险事件或事故的发生可能性降到最小。

（11）评审设计准则中对安全不足或过分限制的要求。根据研究、分析或实验数据推荐新的设计准则。

（四）系统安全优先次序

系统安全大纲的目标就是让系统的风险控制在可接受的范围内。考虑到大多数系统的复杂性，将其设计成完全没有风险是不可能的。系统安全优先次序是指满足系统安全要求和减少风险所要采取措施的先后次序。满足系统安全要求和处理已识别危险的优先次序如下：

（1）最小风险设计。首先在设计上消除危险。若不能消除已识别的危险，应通过设计方案的选择将其风险减少到可接受的水平。

（2）应用安全装置。若不能消除已识别的危险或不能通过设计方案的选择充分降低相应的风险，应通过使用固定的、自动的其他安全防护设计或装置，使风险减少到管理部门可接受的水平。可能时应规定对安全装置作定期的功能检查。

（3）提供报警装置。若设计和安全装置都不能有效地消除已识别的危险或充分降低相关的风险，则应采用报警装置检测危险状况，并向有关人员发出适当的报警信号。报警信号及其使用应设计成使人对信号作出错误反应的可能性最小，并在同类系统中标准化。

（4）制定专用规程并进行培训。若通过设计方案的选择不能消除危险，或采用安全装置和报警装置也不能充分降低有关风险，则应制定规程并进行培训。除非管理部门放弃要求，对于Ⅰ级和Ⅱ级危险决不能仅仅使用报警、注意事项或其他形式的书面提醒作为减少风险的唯一的方法。规程可以包括个人防护装备的使用。警告标志应按管理部门的规定标准化。若管理部门认为是安全关键的工作和活动，则应要求考核人员的熟练程度。

当然，在遵循系统安全优先次序的过程中，在选择某类方法后仍不能降低风险到可接受的水平时，也可以同时选择两类以上方法以尽可能减少风险，但前提是必须遵循优先次序的基本原则。

（五）风险评价

为了明确系统危险发生的可能性及后果的严重程度，以寻求最低的事故发生率和最低损失，必须建立系统的风险评价模型。一个好的风险评价模型应能使决策者正确了解风险的大小及为把该风险降低到可接受水平所要采取的措施和付出的代价。

在风险评价方法中，应用最为广泛的方法为风险分析矩阵（risk assessment matrix，RAM）法，即用危险的可能性和严重性来表征危险的特性，进而建立起相应的评价矩阵。

按系统安全优先次序，首先应通过设计消除危险。在设计阶段初期，通常在风险评价中只考虑危险的严重性；若在设计初期未能消除相应危险，则应综合考虑危险严重性和可能性，以及风险影响的风险评价方法，来确定纠正措施和处理已识别危险的优先次序。

危险可能性是指危险事件发生的概率。危险可能性可用单位时间事件、人数、项目或活动中可能产生危险的次数来表示。危险严重性是描述某种危险可能引起事故的损失程度。危险严重性等级给出了由人的失误、环境条件、设计缺陷、规程缺陷或系统、子系统或部件故障或失效引起的最严重事故的定性度量。

RAM方法将危险的严重性划分为四级，可能性划分成五级，如表3-2和表3-3所示。按可能性与严重性两个因素建立一个二维的矩阵，矩阵的每一个元素都对应一个可能性和严重性等级，并用一个数值或代码表示，称为"风险评价指数"，用来表示风险的大小。最为常见的两种风险评价矩阵如表3-4和表3-5所示。在两种评价矩阵中，均将风险评价指数按风险的大小分为四类，并建议采取不同的控制原则。

表 3-2　危险严重性分类

说明	等级	定　义
灾害性	I	死亡、系统报废、严重环境破坏
严重性	II	严重伤害、严重职业病、系统或环境的较严重破坏
轻度性	III	轻度伤害、轻度职业病、系统或环境的轻度破坏
可忽略性	IV	轻于轻度伤害及轻度职业病、轻于系统或环境的轻度破坏

表 3-3　危险可能性等级

说明[①]	等级	单个项目	总体[②]
频繁	A	可能经常发生	连续发生
很可能	B	在寿命期内出现若干次	频繁发生

说明[①]	等级	单个项目	总体[②]
偶然	C	在寿命周期内可能有时发生	发生若干次
很少	D	在寿命周期内不易发生，但可能发生	不易发生，但有理由可能预期发生
不可能	E	不易发生，可认为不会发生	不易发生，但可能发生

①说明词的定义可根据有关数值进行修成。

②应定义总体的大小。

表3-4　风险评价矩阵示例一

危险等级	Ⅰ/灾难性的	Ⅱ/严重性的	Ⅲ/轻度的	Ⅳ/可忽略的
（A）频繁（$x>10^{-1}$）	1A	2A	3A	4A
（B）很可能（$10^{-1}>x>10^{-2}$）	1B	2B	3B	4B
（C）偶然（$10^{-2}>x>10^{-3}$）	1C	2C	3C	4C
（D）很少（$10^{-3}>x>10^{-6}$）	1D	2D	3D	4D
（E）不可能（$10^{-6}>x$）	1E	2E	3E	4E

定量准则举例：

危险风险指数　　　　建议准则

1A 1B 1C 2A 2B 3A　　不可能接受

1D 2C 2D 3B 3C　　不希望（需要由 MA 评审）

1E 2E 3D 3E 4A 4B　　可接受，但需要量由 MA 评审

4C 4D 4E　　不需评审即可接受

表3-5　风险评价矩阵示例二

危险类别	灾难性的	严重的	轻度的	可忽略的
频繁	1	4	7	13
很可能	2	5	9	16
偶然	3	6	11	18
很少	8	10	14	19
不可能	12	15	17	20

危险风险指数　　　　建议准则

1~5　　不可接受

6~9　　不希望（需要由 MA 评审）

10~17　　可接受，但需要量由 MA 评审

18~20　　不需评审即可接受

此外，为了评价所选择的危险控制措施，还可采用控制程度指数（control

rating code，CRC）。按能量控制优先顺序构成一个 6×4 的二维矩阵，如表 3-6 所示。

表 3-6　CRC 矩阵

	设计 I	被动安全设施 II	主动安全设施 III	警告设施 IV
A 消除能量源	1	1	2	3
B 限制能量源	1	1	2	3
C 防止逸散	1	2	2	3
D 提供屏障	2	2	3	4
E 收变逸散方式	2	3	4	4
F 使伤害最小化	3	3	4	4

在进行产品或系统的风险评价时，可将采用 RAM 与 CRC 结合一起使用。RAM 采用的形式如表 3-7 所示。

表 3-7　系统危险风险评价矩阵示例

控制类型	危险类别			
	灾难性的	严重的	轻度的	可忽略的
I	1	1	3	5
II	1	2	4	5
III	2	3	5	5
IV	3	4	5	5

危险风险指数	建议准则
1	高度风险——重点分析和测试
2	中度风险——进行要求与设计分析及进一步测试
3~4	适度风险——进行 MA 认可可打接受的高层次分析与测试
5	低度风险——可接受

采用 RAM 或 CRC 结合在一起进行风险评价时，应遵循以下规则：

（1）CRC 值≤RAM 值。

（2）单点故障的严重性不允许达到 I 级或 II 级。

（3）RAM＝1 或 2 的危险不能只采用"注意""报警"或个体防护设备来进行控制。

采用 RAM 和 CRC 进行危险风险评价的过程如图 3-1 所示。

另一种风险评价方法是总风险暴露指数（TREC）法，它是将 RAM 评价矩阵加以改进得到的。该方法将严重性等级扩充为 10 级，用指数 1~10 表示，并且给出了每级对应的损失费用。同时用暴露指数（exposure codes）代替了危险的可能

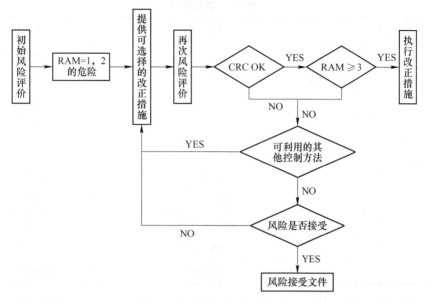

图 3-1　CRC、RAM 评价过程

性等级。这里危险的暴露是指在系统寿命周期中暴露了该危险的总时数内导致相
应严重性指数所表示的可能次数。

严重指数及暴露指数分别如表 3-8 和表 3-9 所示。

表 3-8　严重性指数

指数	平均值/元	范围/美元
10	50000000000	$>10^{10}$
9	5000000000	$10^9 \sim 10^{10}$
8	500000000	$10^8 \sim 10^9$
7	50000000	$10^7 \sim 10^8$
6	5000000	$10^6 \sim 10^7$
5	500000	$10^5 \sim 10^6$
4	50000	$10^4 \sim 10^5$
3	5000	$10^3 \sim 10^4$
2	500	$10^2 \sim 10^3$
1	50	$<10^2$

表 3-9　暴露指数

指数	范围/次	平均值/次
10	>1000	5000
9	100～1000	500
8	10～100	50
7	1～10	5
6	0.1～1	0.5
5	0.01～0.1	0.05
4	0.001～0.01	0.005
3	0.0001～0.001	0.0005
2	0.00001～0.0001	0.00005
1	<0.00001	0.000005

按严重性指数及暴露指数构成一个二维矩阵，阵中每一元素即为 TREC 值，如表 3-10 所示。

表 3-10　TREC 值

		可能性指数								
		10	9	8	7	6	5	4	3	2	1
严重性指数	10	20	19	18	17	16	15	14	13	12	11
	9	19	18	17	16	15	14	13	12	11	10
	8	18	17	16	15	14	13	12	11	10	9
	7	17	16	15	14	13	12	11	10	9	8
	6	16	15	14	13	12	11	10	9	8	7
	5	15	14	13	12	11	10	9	8	7	6
	4	14	13	12	11	10	9	8	7	6	5
	3	13	12	11	10	9	8	7	6	5	4
	2	12	11	10	9	8	7	6	5	4	3
	1	11	10	9	8	7	6	5	4	3	2

全采用 TREC 进行风险评价时，可求出以下数据：

总风险暴露 TRE（total risk exposure）：$TRE = 5 \times 10^{(TREC-5)}$；

年风险暴露 ARE（annual risk exposure）：$ARE = \dfrac{TRE}{项目寿命(a)}$；

单位风险暴露 URE（unit risk exposure）：$URE = \dfrac{TRE}{装置总数}$；

风险暴露率 RER（risk exposure rate）：$RER = \dfrac{TRE}{总投资}$。

（六）已识别危险的处理

对已识别的危险，应采取措施将其消除或把相应的风险减少到可接受的水平。对灾难性的、严重性的和产品订购方指定的风险，不能仅依赖警告、提示和规程、培训的手段。如果难以实现上述目标，则应向主管部门推荐替代的方法。

在采取了上述措施后，仍存在一些危险，包括无合适控制措施的危险、不打算采取控制措施的危险和控制措施尚不完善的危险，这三类危险的风险称为剩余风险。产品承制方应将每个剩余风险的现状和解决方法不完善的原因及时告知产品订购方或有关主管部门。如剩余风险仍不能满足订购方的要求，则承制方必须选择是进一步采取措施，还是放弃对该产品或系统的投标或承制。

二、系统安全详细要求

系统安全详细要求是由产品订购方和承制方经协商选择所确定的系统安全要求。这主要是双方在考虑了资金、进度及技术水平限制等因素的基础上所确定的。而且一旦确定以后，就与一般要求具有同样的约束力。

系统安全详细要求可分为四大类，即大纲的管理与控制、设计与综合、设计评估、符合与验证，各类的主要内容见表3-11。

表3-11　系统安全详细要求明细

项目	主要内容
管理与控制	（1）系统安全大纲；（2）系统安全大纲计划；（3）对转承制方、供应方和建筑工程单位协调和管理；（4）系统安全大纲评审；（5）对系统安全工作组的保障；（6）危险跟踪和风险处理；（7）系统安全进展报告
设计与综合	（1）初步危险表；（2）初步危险分析；（3）安全要求/准则分析；（4）子系统危险分析；（5）系统危险分析；（6）使用和保障危险分析；（7）健康危害分析
设计评估	（1）安全评价；（2）试验和评估安全；（3）工程更改、规范更改、软件问题和偏离/废弃申请的安全审查
符合与验证	（1）安全验证；（2）安全符合评价；（3）爆炸物危险分类和特性资料

系统安全详细要求的选择，取决于被研制的产品（或系统）的复杂程度，资金投入和产品（或系统）所处的研制阶段。制定系统项目的应用矩阵（表3-12）和设施采办应用矩阵（表3-13）是通用的详细要求选择指南，它们可以用来初步确定在一某特定的阶段，系统安全大纲应包括的典型内容。在使用该表时，可根据该详细要求的描述，确定是否将该详细要求列入大纲之中。

表 3-12　制定系统项目的应用矩阵

工作项目	题　目	类型	项目阶段				
			0	Ⅰ	Ⅱ	Ⅲ	Ⅳ
101	系统安全大纲	MGT	G	G	G	G	G
102	系统安全大纲计划	MGT	G	G	G	G	G
103	辅承包商、子承包商及建筑和工程单位的协调/管理	MGT	S	S	S	S	S
104	系统安全评审/审查	MGT	S	S	S	S	S
105	系统安全组/系统安全工作组织的保障	MGT	G	G	G	G	G
106	危险跟踪和风险消除	MGT	S	G	G	G	G
107	系统安全进展报告	MGT	S	G	G	G	G
201	初步危险表	ENG	G	S	S	S	N/A
202	初步危险分析	ENG	G	G	G	G	G
203	安全要求/准则分析	ENG	G	S	S	S	G
204	子系统危险分析	ENG	N/A	GC	GC	GC	GC
205	系统危险分析	ENG	N/A	GC	GC	GC	GC
206	使用与保障危险分析	ENG	S	GC	GC	GC	GC
207	健康危险分析	ENG	G	GC	GC	GC	GC
301	安全评价	ENG	S	GC	GC	GC	GC
302	测试和评估安全	ENG	G	G	G	G	G
303	工程更改建议,规范修改通知,软件问题报告和偏离/废弃申请的安全审查	ENG	N/A	G	G	G	G
401	安全验证	ENG	S	G	S	S	S
402	安全符合评价	ENG	S	G	S	S	S
403	爆炸物危险分类和特性数据	MGT	S	S	S	S	S
404	爆炸性武器处理的原始数据	MGT	S	S	S	S	S

注：1. 工作项目类型：ENG 表示系统安全工程；MGT 表示系统安全管理。

　　2. 项目阶段：0 表示方案探索；Ⅰ 表示论证和批准；Ⅱ 表示工程/研制；Ⅲ 表示生产/部署；Ⅳ 表示使用/保障。

　　3. 适用性代码：S 表示可选用；G 表示一般适用；GC 表示一般仅适用于设计更改；N/A 表示不适用。

表 3-13　设施采办应用矩阵

工作项目	题　目	类型	项目阶段			
			Ⅰ	Ⅱ	Ⅲ	Ⅳ
101	系统安全大纲	MGT	G	G	G	G
102	系统安全大纲计划	MGT	S	G	G	S
103	辅承包商、子承包商及建筑和工程单位的协调/管理	MGT	S	S	S	S

工作项目	题　目	类型	项目阶段			
			I	II	III	IV
104	系统安全评审/审查	MGT	G	G	G	G
105	系统安全组/系统安全工作组织的保障	MGT	G	G	G	G
106	危险跟踪和风险消除	MGT	G	G	G	G
107	系统安全进展报告	MGT	S	S	S	S
201	初步危险表	ENG	G	N/A	N/A	S
202	初步危险分析	ENG	G	S	N/A	S
203	安全要求/准则分析	ENG	G	S	S	GC
204	子系统危险分析	ENG	N/A	S	G	GC
205	系统危险分析	ENG	N/A	S	G	GC
206	使用与保障危险分析	ENG	S	G	G	GC
207	健康危险分析	ENG	G	S	N/A	N/A
301	安全评价	ENG	N/A	S	G	S
302	测试和评估安全	ENG	G	G	G	G
303	工程更改建议，规范修改通知，软件问题报告和偏离/废弃申请的安全审查	ENG	S	S	S	S
401	安全验证	ENG	N/A	S	S	S
402	安全符合评价	ENG	N/A	S	S	S
403	爆炸物危险分类和特性数据	MGT	N/A	S	S	S
404	爆炸性武器处理的原始数据	MGT	N/A	S	S	S

注：项目阶段中，I表示制订计划与要求；II表示初步设计；III表示最终设计；IV表示建造。

此外，在详细要求选择中，还应考虑资金等方面的限制，根据规模和资金选择系统安全详细要求的典型模式，如表3-14所示。当然，上述各表仅是一种参考，具体制定系统安全大纲时，还应考虑订购方需要、有关法规标准及技术水平等具体情况。

表3-14 基于资金或风险程度的典型项目的工作项目选择示例

低资金或低风险项目		中等资金或中等风险项目		高资金或高风险项目	
工作项目	题目	工作项目	题目	工作项目	题目
101	系统安全大纲	101	系统安全大纲	101	系统安全大纲
102	系统安全大纲计划	102	系统安全大纲计划	102	系统安全大纲计划

续表 3-14

工作项目	题目	工作项目	题目	工作项目	题目
201	初步危险表	104	系统安全评审/审查	103	辅承包商、子承包商及建筑和工程单位的协调/管理
202	初步危险分析	105	系统安全组/系统安全工作组织的保障	104	系统安全评审/审查
203	安全要求/准则分析	106	危险跟踪和风险消除	105	系统安全组/系统安全工作组织的保障
205	系统危险分析	201	初步危险表	106	危险跟踪和风险消除
301	安全评价	202	初步危险分析	107	系统安全进展报告
		204	子系统危险分析	201	初步危险表
		205	系统危险分析	202	初步危险分析
		206	使用与保障危险分析	203	安全要求/准则分析
		207	健康危险分析	204	子系统危险分析
		402	安全符合评价	205	系统危险分析
				206	使用与保障危险分析
				207	健康危险分析
				301	安全评价
				302	测试和评估安全
				303	工程更改建议，规范修改通知，软件问题报告和偏离/废弃申请的安全审查
				401	安全验证
				403	爆炸物危险分类和特性数据

三、系统安全大纲计划

在实施系统安全大纲过程中，最主要的工作包括制订、完成工作计划，提出执行工作计划的合格人选，赋予各级管理人员应有的权力及合理地分配人力、物力资源。特别是系统安全大纲计划的制订，为使整个系统寿命周期内识别、评价及消除或控制危险，或将相应的风险减少到管理部门可以接受的水平，对于系统安全管理和系统安全工程各部门应进行的工作等进行了详尽的描述，这也为产品订购方与承制方之间在怎样执行系统安全大纲以满足各项系统安全要求方面，建立了相互理解沟通的基础。

系统安全大纲计划（SSPP）应包括11方面的内容，如表3-15所示。

表3-15　系统安全大纲（SSPP）内容

项　目	内　　容
大纲的范围和目标	（1）整个大纲及相关的系统大纲的范围； （2）系统安全管理和系统安全工程的工作内容； （3）所有合同中要求的工作和责任
系统安全组织	（1）阐明在整个系统组织机构中的系统安全组织及职能； （2）阐明系统安全人员，其他涉及系统安全工作部门及系统安全部门的责任和权利； （3）阐明系统安全机构的人员构成，包括人力分配、资源控制及主要负责人； （4）阐明产品承制方综合和协调系统安全工作的过程； （5）阐明产品承制方制定管理决策的过程； （6）阐明有关主管部门采取与系统安全相关的决策和措施的详情
系统安全大纲关键点	（1）确定系统安全大纲的关键点，并将它们与整个项目的关键点相联系； （2）提供整个系统安全工作的日程安排； （3）为避免重复性工作，确定在其他产品研究和开发工作中进行的各项与系统安全大纲执行的相关工作； （4）提出完成各项系统安全工作的人力需求
一般系统安全要求和准则	（1）阐明对安全的一般工程要求和设计准则； （2）阐明对保障设备的安全要求和系统寿命周期各阶段，包括报废阶段的安全要求； （3）列出应服从的安全标准和含有安全要求的系统规范； （4）描述风险评价过程，确定危险严重性和可能性水平及为满足产品的安全要求所应遵循的系统安全优先次序； （5）阐述在风险评价中应用的定性或定量评价方法及可接受的安全水平； （6）阐述采取措施解决已确定的不可接受风险的过程
危险分析	（1）阐明为确定危险及其原因与后果，确定危险消除方法或危险降低措施而进行的定性或定量分析中所采用的分析技术； （2）阐明每项分析技术在分析应用的深度和广度； （3）阐明转承制方所做的危险分析与整个系统危险分析的结合； （4）阐明识别和控制方在系统全寿命周期内使用的材料相关的危险的工作
系统安全资料	（1）阐明应收集和处理的与以往有关的危险、事故的资料和已有的安全方面的经验教训等； （2）确定资料的交付方式； （3）确定资料的获取方式及保存方法

项　目	内　　容
安全验证	（1）阐明通过试验、分析、检查等手段进行安全验证的要求，以保证所有安全问题都经过适当的验证； （2）确定对软件、安全装置或其他特殊的安全性能（如应急处理过程）的鉴定要求； （3）阐明保证将与安全相关的验证信息发送到有关部门以供评审和分析所用的规程； （4）阐明保证所有试验安全进行的规程
大纲审查	阐明产品承制方采用的方法和程序以保证能达到系统安全大纲的目标和要求
培训	阐明对工程、技术、维修人员应进行的安全培训
事故报告	阐明事故和事故征兆的通知和调查、报告过程
系统安全接口	（1）系统安全与所有其他应用安全学科之间的接口，包括电气安全、核安全、爆炸物安全，化学和生物安全等安全学科； （2）系统安全与系统工程及其支持学科，如可维修性、质量控制、可靠性、软件开发、人机工程、医疗保障等之间的接口； （3）系统安全与所有其他系统综合及试验学科之间的接口

第四节　全寿命周期各阶段的系统安全工作

无论是产品还是工程项目，全寿命周期内总的系统安全目标都是一致的。但是在全寿命周期的各个阶段，其具体的系统安全工作还是各有不同。深入了解这一点，对于搞好系统安全管理工作是十分有必要的，尤其是在产品研制阶段。

一、技术指标论证阶段

技术指标论证阶段的大部分工作集中在设计方案的评价。在评价每个备选的设计方案时，系统安全是一个很重要的因素。在该阶段，系统安全工作有两个主要作用：一是对于系统的设计，即确定各备选方案的安全状态和安全要求，以作为选择设计方案的基础；二是对于大纲的管理，主要为使系统安全工作贯穿于系统的寿命周期，而制订总体的特别是本阶段的系统安全工作计划。本阶段具体的系统安全工作包括以下十方面的内容：

（1）制订SSPP，以阐明本阶段要进行的系统安全工作。

（2）评价考虑采用的并且在寿命周期内会影响系统安全性的材料、设计特性、维修、保养、使用方案和环境。考虑在整个的系统、部件或专用保障设备的最终处理时因其含有有害材料与物质而可能遇到的危险。

（3）运用预先危险因素列表（preliminany hazard list，PHL）或预先危险性分析法（preliminary hazard analysis，PHA）确定各备选方案相关的危险。

（4）确定可能的安全接口问题，包括与软件控制的系统功能相关的问题。

（5）强调特殊的安全问题，如系统限制条件，风险与人员等级要求等。

（6）考查与备选方案类似的安全方面获得成功的系统。

（7）根据类似系统的经验确定系统安全要求。

（8）确定所有对安全设计的分析、测试、论证与批准的要求。

（9）将有希望的备选方案的系统安全分析及其结果和建议记录成文。

（10）制定下一阶段的系统安全大纲，分析包括合同文件中的详细要求。

二、方案论证及初步设计阶段

在方案论证及初步设计阶段，系统研制的重点转向初始的硬件设计。本阶段系统安全工作的目标是论证并确认系统的设计方案能达到并维持在满意的安全水平。本阶段的系统安全工作包括危险分析、危险控制措施的选取等。

（1）制订或修改 SSPP，阐明本阶段要进行的系统安全工作。

（2）参与与系统安全要求和风险影响有关的综合权衡研究，并根据研究结果提出系统设计改进意见，以确定获得符合性能和系统要求的最佳安全水平。

（3）采用或修改 PHL（或 PHA）报告评估要被测试的系统结构，并根据计划的测试环境和测试方法进行结构测试的系统危险分析（SHA）。

（4）建立系统设计的系统安全要求及验证的原则，并确定这些要求已被纳入相应规范之中。

（5）对设计进行详细的危险分析（分系统危险分析 SSHA 或系统危险分析 SHA）以评价在系统硬件和软件试验中的风险。获取在系统论证试验中要采用的其他承制方提供的设备以及所有接口和辅助设备的风险评价结果。确定论证、评估安全性所需的特殊试验要求。

（6）确定可能影响安全性的关键零件、组件、生产技术、组装程序、设施、试验和检查要求，确保：1）在生产线的规划和布局设计中已包括了适当的安全保障措施，以建立在生产过程和使用中系统的安全控制方法；2）在为所生产的设备实施质量控制所作的检查、测试、规程和检查表中包括充分的安全保障措施，以使设计中的安全考虑在生产中得以保证；3）生产技术手册或制造规程中包含了所需的警告、提示及专门的安全规程；4）尽早地运用试验和评价手段检测和矫正安全方面的缺陷；5）在采用新设计、新材料及新的生产和试验技术中，涉及的风险最小化。

（7）确定对订购方或其他承制方提供的设备的分析、检查与试验要求，以确认在使用前系统已满足相关的系统安全要求。

（8）对每项试验进行使用和保障危险分析，并评审所有的试验计划和规程。在试验系统的装配、调试、使用、出现可预见的紧急情况，或拆卸、拆除时，评估试验系统与人员、保障设备、专用试验设备、试验设施及测试环境之间的接口，确保通过分析和测试识别出的危险被消除或使相关的风险最低，确定论证和评估试验功能安全性所需的特殊试验。

（9）评审培训大纲和培训计划以确保充分考虑了安全性问题。

（10）评审系统在使用和维护方面的规程、规范是否充分考虑了安全问题，并确保其符合职业安全卫生方面的法规要求。

（11）评审后勤保障方面的规程、规范，以确保其符合国家有关环保、职业安全卫生方面的要求。

（12）评估在本阶段所作的安全测试、故障分析和事故调查的结果，并提出设计更改或其他矫正措施。

（13）确保已将系统安全要求纳入最新的系统安全研究、分析及试验的系统规范与设计文件之中。

（14）编写在本阶段所进行的系统安全工作的总结报告，以保障决策过程。

（15）继续完善系统安全大纲，并制订和修订下阶段的 SSPP。

（16）进行初步的使用和保障危险分析，以识别所有与环境、人员、规程及设备相关的主要风险。

（17）确定系统寿命周期中可能需要废弃或偏离的安全要求。

三、工程研制阶段

工程研制阶段的系统安全工作大多是前阶段的延续。本阶段的重点工作是使用和维修的安全性，具体的系统安全工作包括以下内容：

（1）制订或修订本阶段具体的系统安全工作计划，在设施的最后设计阶段继续及时、有效地实施 SSPP。

（2）评审初步工程设计，以确保充分考虑了安全设计要求，并且前两个阶段识别出的危险已被消除或降低到了可接受水平。

（3）修改系统规范及设计文件中的系统安全要求。

（4）应用或修改系统危险分析、子系统的系统危险分析、使用和保障危险分析及与设计、试验工作同时进行的安全研究，以确定设计和使用与保障危险，并提出必要的设计更改和控制措施。

（5）进行每项试验的使用和保障危险分析并评审所有的试验计划和规程。在试验系统结构的装配、调试、出现可预见的紧急状况及拆卸和拆除过程中，评估试验系统与人员、保障设备、专用试验设备、试验设施及测试环境之间的接口，确保消除经过分析和试验识别出的危险或控制其相关的危险。确定论证或评估系统安全功能所需的专门试验。确定对其他承制方或订购方提供的设备的分析、检查和试验要求，确定在使用前这类设备已满足了相应的安全要求。

（6）参与技术设计和项目评审，并提交子系统危险分析、系统危险分析、使用和保障危险分析的结果。

（7）确定和评估储存、包装、运输、装卸、试验、使用和维护等各项工作对系统及其部件安全性的影响。

（8）评估安全性试验、其他系统试验、失效分析和事故调查的结果，并提出设计更改方案或其他矫正措施。

（9）确定、评估并提出对安全性的考虑或权衡研究。

（10）评审有关工程文件，如工程设计图、规范等，确保其充分考虑了安全问题。

（11）确定系统寿命周期内可能需要废弃或偏离的安全要求。

（12）评审后勤保障方面的规程、规范、确保其充分考虑了安全性问题，并保证它们符合国家有关环境保护、职业安全卫生方面的要求。

（13）验证安全和报警装置、生命保障设备和人员防护设备是否完备。

（14）确定安全培训需求，并且为培训提供安全资料。

（15）为使生产和全面投产规划提供系统安全监督和保障，确定可能影响安全的关键零部件、生产技术、装配规程、设施、试验及检查的要求，确保：1）在生产线的规划和布局中充分考虑了安全要求，以确认在生产过程或运行中实施了安全控制；2）对制造中的设备进行质量控制的检查、试验、规程及检查表中充分考虑了安全要求，使在生产过程中充分实现了设计中对安全性的考虑；3）生产和制造过程控制的手册和规范中含有所需的告警、提示及专门的安全规程；4）尽早地采用试验和评估方法检测和矫正安全缺陷；5）在采用新设计、新材料及新的生产和试验技术时应使风险最小。

（16）确保为系统试验、维修、使用和保养制定的规程中考虑了对有害材料的安全处理方法；在计划的使用、拆除或维修工作中，或在有理由预见到的由操作引起的意外事件中，人员可能接近的所有含有有害物质的材料或部件。在子系统危险分析、系统危险分析和职业健康危险分析，以及在安全评价报告中汇总安全资料的过程中，也必须考虑到系统或其部件在最终退役或清除时可能涉及的所有危险。

（17）编写在本阶段实施的系统安全工作的总结报告。

（18）完善系统安全大纲，制定或修改下阶段的系统安全大纲要求。

四、生产阶段

（一）产品（或系统）的生产阶段

生产阶段系统安全工作的主要目的是确保按批准的规范和设计进行产品或系统的生产。本阶段的系统安全工作包括以下内容：

（1）制订或修改 SSPP，以反映对本阶段系统安全大纲的要求。

（2）确定可能影响安全性的关键部件、生产技术、装配规程、设施、试验和检查要求，并确保：1）在生产线的规划和布局中采取了合适的安全措施，建立了对在生产和使用中的系统的安全控制；2）在对所生产的设备实施质量控制而进行的检查、试验及设定规程和检查表中，充分考虑了安全问题，使设计中的安全考虑得以实现；3）在生产技术手册和制造规程中包括了必要的告警、提示及专门的安全规程；4）在采用新设计、新材料及新的生产和试验技术时，涉及的风险最小。

（3）保证在生产初期完成相关的试验和评价工作，以尽早检测和矫正安全方面的缺陷。

（4）对各次试验进行操作和保障危险分析，并评审所有的试验和规程。评估在试验系统的装配、调试、运行、可能发生的紧急情况及拆卸或拆除期间，试验系统与人员、保障设备、专用试验设备、试验设施及试验环境之间的接口，确保经分析和试验识别出的危险被消除或将相应风险降低到可接受水平。

（5）评审在操作与保障危险分析中为保证安全地操作、维护、服务、储存、包装、装卸、运输和处理所采用的技术资料，主要有告警、注意事项和特殊规程三个方面的内容。

（6）实施安装过程的操作与保障危险分析，评审安装方案和规程。在运输、储存、装卸、装配、安装、调试以及演示/试验运行期间，评估正在安装的系统与人员、保障设备、包装材料、设施和安装环境之间的接口，确保经分析识别出的危险已被消除或将相应风险降低到可接受的水平。

（7）评审各项规范并监控现场定期检查和测试的结果，以确保其达到安全的可接爱水平，并确定关键的安全部件随时间、环境条件或其他因素而降低的主要或关键特性。

（8）实施或修改危险分析，确定所有可能由设计更改引起的新的危险，并确保在所有的状态控制措施中考虑了更改对安全性的影响。

（9）评价失效分析和事故调查的结果，提出矫正措施。

（10）对系统进行监测以确定设计的适用性及使用、维护和应急措施。对已有的安全资料进行分析评估，并向主管部门推荐更改或矫正措施。

（11）对新提出的操作、维修规程或更改措施进行安全评审，确保这些规程、告警和注意事项适当，并不降低原有的安全水平。同时应将评审结果记录成文，作为操作和保障危险分析的补救和修改。

（12）记录系统的危险状况和安全缺陷，并据此确定对新系统或改型系统的安全要求。

（13）对诸如设计手册、标准和规范等安全文件予以适当修订，以及时反映安全方面的经验教训。

（14）评价安全与报警装置、生产保障设备和人员防护设备的完备程度。

（二）工程项目或设施建设的施工阶段

上述内容适用于产品的生产阶段，但对于工程项目或设施建设的施工阶段，系统安全工作则应包括以下内容：

（1）确保符合所有相关的建筑安全法规的要求以及设施有关的其他安全要求。

（2）进行危险分析以确定对设施和计划安装的系统之间的所有接口的安全要求。

（3）评审设备安装、使用及维护方案，确保其满足所有设计和规程的安全要求。

（4）继续改进从设计阶段就开始的危险矫正、跟踪工作。

（5）评估事故及其他损失，以确定它们是否因安全缺陷或疏忽造成的。

（6）修改危险分析，以识别所有由更改订单而导致的新的危险。

五、使用和保障阶段

使用和保障阶段的系统安全工作主要是保证系统的安全使用并收集处理使用中存在的危险与事故信息。本阶段的主要工作包括以下内容：

（1）评估失效分析和事故调查的结果，并提出改进措施。

（2）根据对系统或设施的实际经验，修改危险分析以反映风险评价中的变化及识别所有新的危险，确保在所有系统状态控制措施中都考虑了变化对安全性的影响。

（3）对诸如设计手册、标准和规则等安全文件进行修改，以反映安全方面的新的经验教训。

（4）评审有关规程，并监测定期的现场检查或试验的结果，以确保系统保持在可接受的安全水平。确定安全关键的部件随时间、环境条件或其他因素而降低的主要或关键特征。

（5）在全寿命期内监测该系统以确定设计、使用、维护及应急等措施的适合程度。

（6）记录系统的危险状况和安全缺陷，并据此确定对新系统或改型系统应遵循的安全要求。

（7）评审和修改报废处理方案及分析结论。

六、报废或退役处理阶段

报废或退役处理是系统寿命周期的最后一个阶段。SSPP 中包括系统及其有潜在危险的部件的安全处理措施。

系统报废或退役处理需要重点考虑的是安全和环境污染的问题，如含有爆炸物、毒性或腐蚀性化学物质或放射性物质等的系统在处理时会产生特殊的安全和环境问题，带有强力弹簧、液压装置、高压容器、封闭容器的系统在处理时也会产生危险。因此，本阶段的系统安全工作主要应包括以下内容：

（1）确定子系统、部件或组件的危险及其相关风险。

（2）确定需制定的针对上述设备危险部分报废和退役处理的专用规程。

（3）确定危险部分的特性和数量。

（4）确定在处理中应采取的安全措施。

（5）确定在处理时可能产生的社会影响。

（6）确定是否有危险部分的处理场所。

第五节　实施系统安全管理的要点

系统安全管理是实现系统安全的必要手段。系统安全管理的成功与否，关键在于如何解决下列五个问题：

（1）建立健全的系统安全组织机构。一方面，系统安全组织机构的健全决定了能否有效实施系统安全管理。安全问题是产品（或系统）设计、生产过程中必须关注的问题。因此，需要赋予系统安全组织机构适当的职权。有一点是应明确的，即无论单位的系统安全机构大小，在管理上，应能直通本单位的最高管理机构。

另一方面，无论是订购方或承制方都应建立健全系统安全机构，只有这样，订购方才能提出科学合理的系统安全要求，并监督和控制承制方实现这些要求；承制方也才能应用科学的方法去实现订购方的要求，使产品（或系统）获得所需的安全性。这是开展系统安全工作最基本的条件。

（2）强调系统安全设计的重要性。安全性是种设计特性，必须在设计中充分考虑全寿命周期的安全问题，才能获得安全的系统。产品（或系统）的安全性不应在事故发生后或危险已十分明显时才去研究、分析。这样的的损失十分巨大，而且有时是无法弥补的。如果在生产和使用中才考虑安全措施，则会付出比设计阶段大得多的代价，有时甚至是不能弥补的。因此，在产品（或系统）研制的早期就应该进行系统安全分析，充分考虑安全问题，确定系统中存在的危险，采取适当的矫正措施控制危险，这是最有效、最经济的解决安全问题的方法。

（3）风险分析是系统安全大纲的核心。进行系统安全设计，首先要确定系统中存在的危险。只有这样，才能找出事故发生的原因并采取有效的矫正措施。这就要依赖于各类危险分析的方法与手段，如初步风险分析（PHA）、子系统风险分析（SSHA）、系统风险分析（SHA）、操作和保障风险分析（O&SHA）等。危险分析是系统安全工程师的主要工具。将危险分析得出的结论，即产品（或系统）中存在的安全问题及解决的方法提供给设计师，就能获得符合安全要求的设计方案。此外，危险分析还可以作为验证设计更改后系统安全效果的一种方法。

（4）系统安全大纲计划是实施大纲的关键。系统安全大纲的有效实施，必须依靠良好的大纲计划予以保障。系统安全大纲计划（SSPP）是系统安全工作中最重要的文件，它决定了系统安全工作的广度和深度，周密的大纲计划能协调好系统安全与其他工程的关系，及时获取有效的信息，有效且经济地实现系统安全目标。

（5）信息是系统安全工作的基础。从系统安全要求的提出到实现这个目标的整个过程中，安全信息是必不可少的。只有拥有了相似系统的信息，才有可能准确地提出安全要求；没有信息，危险分析工作就无法进行。安全准则的确定同样也需要足够的信息。可以说，没有信息，系统安全工作就无法进行。所需的安全信息，可以从以往相似系统的历史资料和经验教训中获得，也可从系统的研制与生产中获得。因此必须建立安全信息管理系统，收集和处理故障、事故、职业健康、危险源以及应急措施等方面的信息，并与其他专业工程有信息交换的渠道；否则，系统安全工作难以做到深入细化。

第四讲　安全管理体系对安全的持续改进

本章导读： 如果人类生产规模不断扩大，而现有事故率保持不变，那么未来的事故总量将是社会无法承受的。霍金斯-阿什比模型（Hawkins-Ashby）建议，系统中任何一个组件发生变化时，其他组件必须协调一致及时地做出相应改变，否则系统的风险将增加。那么如何应对人类生产规模不断扩大带来的风险，做到安全生产管理水平的持续改进与提高呢？安全管理体系（safety management system, SMS）是在活用系统安全思想的精髓上，引入了体系的思想，对系统安全的可操作性、实用性进行了系统化、标准化及体系化整合，从而实现持续改进安全管理水平的目的。体系是由要素组成的，并可以根据自己的需要进行适当地增删、改进，这就是体系的核心思想，其原理好比搭积木。只有明白了这些，才能在构建并实施安全管理体系时做到活学活用、得其意而忘其形。本章介绍了安全管理体系的产生及发展，石化行业及民航领域安全管理体系的关键要素与内容，安全管理体系建设步骤及注意事项。

第一节　安全管理体系的前世今生

一、安全管理体系的起源与背景

早在200多年前，为了应对工业革命带来的种种社会问题以及弥补当时《贫穷法》（Poor Law）的不足，英国就开始了有关健康和安全方面的立法。英国下议院在1802年通过了虽然未能执行但却是世界上最早的安全健康法律——《学徒工的健康与道德法》（Health and Morals of Apprentices），该法也被称为第一部《工厂法》。针对棉花纺织厂的恶劣环境，这项法律提出了雇主必须改善工作条件的要求及相应违法罚款的规定。虽然为加强法律效力，该法律后来曾进行过3次修订，但仍不能达到应有的效果。1832年《重大改革法》（Great Reform Act）出台后，皇家专业调查委员会促使议会通过了著名的1833年《工厂法》（Factory Act of 1833）。与1802年《工厂法》不同的是，1833年《工厂法》第17款特别提出了需要指定适当的人员或官员来推进法律条款的执行以保证该法的实施效果。基于此款，国王威廉四世任命了 4 名工厂监察员，作为最初的安全监察人员，他们负责近 3000 个纺织厂的安全监察工作，他们有权利进入工厂，向工人提问以行使司法和行政权利；他们也被授权起草新的规章制度以确保《工厂法》的适宜实施。自此英国工厂监察员和工厂健康安全法律的发展、工业发展的历程紧紧地缠绕在一起，工厂安全通过监察员的监察得以保证。

自 1840 年蒸汽机出现后，工业化进程不断加快，英国的健康安全法律法规越来越多，越来越细。1833 年之后的 100 多年间，英国每隔一段时间就会制定一项法律法规，从设备防护到粉尘控制，从矿业到铁路运输，每一项法律法规只保障一个特定领域或特定集团的利益，内容和适用范围并不相同。安全监察员队伍也随着法律法规的增多而逐渐壮大，他们所监察的内容随着法律法规要求的细化而趋向于专业化，这对安全监察人员的专业技术要求也越来越高，他们不仅是法律法规的执行者、教育者，也是企业进行安全咨询的技术专家。到了 20 世纪 60 年代，尽管安全监察员已经由最初的 4 名发展成 500 多人的队伍，《工厂法》也几经修改，行业安全法规日益增加，但这些都未能遏制住不断恶化的安全形势。那些描述性的、适用范围狭窄的《工厂法》及工厂安全监察员有限的权利越来越不能为现代工业提供有效的监管。鉴于已有安全健康法律各有各的适用范围，且数量繁多、交叉重复，执行困难，实用效果不佳，不适应新技术发展，英国政府于 1970 年 5 月 29 日组成以罗本斯（Alfred Robens）为主席的工作场所安全与卫生委员会（Committee on Safety and Health at Work）对已有安全健康法规和条款予以审查。

基于"谁制造了风险，谁就该承担主要责任以采取适当的方法控制风险"的观点，罗本斯委员会在 1972 年的《罗本斯报告》（Robens Report）中提出改变过去职业安全与卫生立法零敲碎打的做法，废除行业部门单项安全与健康立法，由覆盖所有行业和所有工人框架法案取而代之。该报告还建议，为消除企业主对职业安全与健康管理法律要求的反感情绪，应提高雇主和工人参与政策制订和实施的程度。《罗本斯报告》中最为重要的一条是强调职业安全健康（occupational health and safety，OSH）管理应该通过雇主的自主管理替代过去依靠安全监察员"严管"与法庭诉讼的管理方式。要实现 OSH 自主管理，就必须建立系统化的健康安全管理体系；要使自主管理能真正实施，则雇主与员工必须积极参与到这个体系中。自主管理、管理体系的潜在需求及员工参与的思想融入了 1974 年现代化的《工作安全健康法》（Health and Safety at Work Act 1974，HSW ACT 1974）中。与自 1833 年以来有着 140 年历史的《工厂法》不同，这部法律第一次引入基于风险和目标设定的概念，企业的安全管理由被动的接受检查转向自主安全管理；监察方法也得以彻底改变，由审查企业健康安全管理体系代替了之前传统的详细的安全监察。基于 1974 年的《工作安全健康法》要求，为了实现风险控制，企业通过设定安全目标初步建立了各自的安全管理体系。

二、安全管理体系的发展

（一）第一个健康安全管理体系指南——HSG 65

组织中安全管理的发展一方面依赖于监管机构的推动，另一方面也在于对事故灾难的反思。1988 年对英国北海 Piper Alpha 石油钻井平台火灾爆炸事故的调查进一步触发了海油行业建立和保持完善的安全管理体系的要求；1987 年伦敦十字勋章地铁站火灾也激发了铁路行业相似的要求。为了改善组织职业安全与健康状况，英国健康安全执行局（Health and Safety Executive，HSE）基于一些企业的优秀做法于 1991 年出版了《成功的健康安全管理》（HSG 65），它不仅对组织进行 OSH 管理实践提供了很好的框架性指导，也被 HSE 监察员用来作为审核组织安全管理绩效的工具，是最早的系统化职业健康安全管理体系。

HSG 65 采用方针-组织-计划-测量-审核检查（policy-organising-planning-measuring performance-auditing and review，POPMAR）运行模式，该指南要求组织的安全管理体系是由清晰的健康安全方针、明确定义的健康安全组织结构、清楚的健康安全计划方案、健康安全绩效的测量绩效检查以及审核等组成的一整套方案。自出版以来，HSG 65 被多次印刷，成为 HSE 的畅销书，并于 1997 年修订再版，如图 4-1 所示。2013 年，为平衡管理体系和企业管理实践之间的关系，也为促进企业将健康安全管理融入其整个管理中，HSE 推出了第 3 版 HSG 65——《管理健康与安全》（Managing for Health and Safety）。尽管该版指南采用计划-执

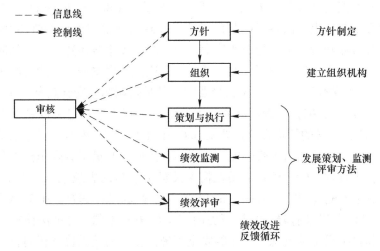

图 4-1　HSG 65 关键要素图（1997 版）

行-检查-审核（Plan-Do-Check-Act，PDCA）运行模式代替了前两版的 POPMAR 模式，但其核心要素并无改变，如图 4-2 所示。依据 HSG 65 框架，更多的组织结合自身特点逐渐形成了适合组织状况的管理体系以提升其安全管理绩效。

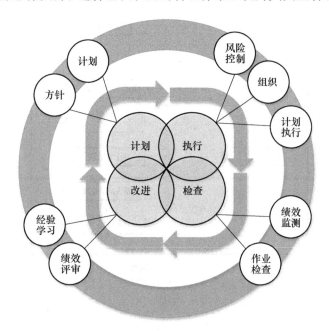

图 4-2 HSG 65 关键要素图（2013 版）

（二）健康安全管理体系标准的产生

HSG 65 是由健康安全执行局推出的。1994 年，为有助于组织建立管理健康与安全的体系，以及将健康安全管理整合在其他业务管理中，英国标准局（British Standard Institute，BSI）于 12 月拟定了《健康安全管理体系指南（草案）》（BS-8750）。

与此同时，由于现代企业管理的进步，特别是全面质量控制及环境领域的进步促进其标准化的发展，在形成及执行质量管理体系 ISO 9000 和环境管理体系 ISO 14000 系列标准时，专业人士认为这种思想与做法也可引入职业健康安全工作中。国际标准化组织（International Organization for Standardization，ISO）自 1995 年上半年始多次组织会议讨论是否将职业健康安全管理体系纳入 ISO 的发展标准中，然而始终未达成一致的意见。尽管如此，英国却从未停止发展这一标准。BS-8750 草案后经修改成为《职业健康安全管理体系指南》（BS 8800—1996），于 1996 年由 BSI 正式出版，成为国际上第一个有关健康安全管理体系的国家标准，其运行模式如图 4-3 所示。该标准为组织提供了两种方式来建立他们的健康安全管理体系，一是基于 1991 年 HSG 65 中所建议的管理体系构架，如图 4-3（a）所示；二是基于《环境管理体系》（BSEN ISO14001）环境体系标准的架构来建立安全体系，如图 4-3（b）所示。

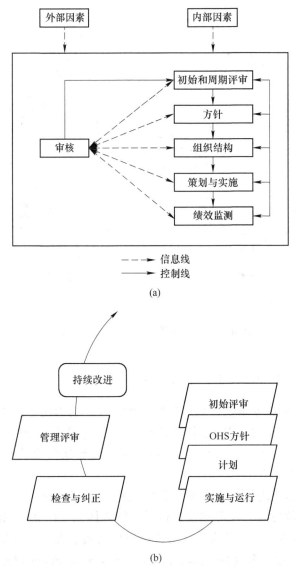

图 4-3　BS 8800—1996 职业健康安全管理体系要素图
（a）基于 HSG 65 管理体系机构；（b）基于环境体系标准架构

　　后来为适应英国本国及国际上建立的职业健康安全管理体系的要求，BS 8800—1996 于 2004 年进行了修改。修正版的 BS 8800—2004 仅采用该国出版的

HSG 65 指南，并纳入《职业安全健康管理体系指南》（ILO-OSH 2001）建议的管理要素。

（三）健康安全管理体系标准的发展

1972 年的《罗本斯报告》，不仅推动了英国在职业健康与安全管理上的重大变化，也成为欧洲其他国家和国际范围内进行 OSH 管理改革的动力，促进了职业安全卫生法规从详细的技术标准向强调雇主责任和工人的权利与义务方向的根本转变。英国、欧洲许多其他国家、加拿大、澳大利亚、新西兰等国在后来的职业健康与安全立法中都遵循了《罗本斯报告》的建议和精神，一方面简化行政监管系统，提高行政效益；另一方面也建立了一个更高效的治理系统以实行目标导向和自主管理导向。

澳大利亚于 1972 年由南澳大利亚州开始，后在其他各州相继开始实施自主管理模式的 OSH 立法，并于 1997 年与新西兰联合推出了《职业健康安全管理体系——原则、体系和支持技术通用指南》（AS/NZS 4804—1997），它不仅推动了澳、新地区的 OSH 绩效的提高，也对之后职业健康安全管理体系国际标准的建立起到了积极的推进作用。这项标准于 2001 年进行再版。

自英国标准局推出 BS 8800—1996 后，各国的实际情况使得他们对职业安全与健康管理体系都非常重视。一些国际认证机构开始对照体系标准积极进行管理体系认证工作。为了保持认证标准的一致性，7 个国际认证公司与数个国家标准组织共同组成了国际安全健康咨询服务项目组，BSI 为项目组提供秘书服务，项目组很快推出了职业安全健康管理体系系列标准 OHSAS 18000，包括 1999 年的《职业健康安全管理体系-规范》（OHSAS 18001）和 2000 年的《职业健康安全管理体系实施指南》（OHSAS 18002）。该系列标准分别于 2007 年和 2008 年进行了再版。形成了 OHSAS 18001：2007，即 Occupational Health and Safety Management Systems-requirements 和 OHSAS 18002：2008，即 Occupational Health and Safety Management Systems-guidelines for the Implementation of OHSAS 18001：2007。

自职业健康安全管理体系出台以来，ISO 试图推出类似于 ISO 9000 与 ISO 14000 的 ISO 18000 职业健康与安全管理体系，但由于发达国家和发展中国家经济发展的差异，该标准一直未能推出。随着时间的推移，这项工作逐渐有了进展：2013 年 8 月，ISO 批准建立一个新的项目委员会以期基于 OHSAS 18001 开发职业健康安全管理体系国际化标准，该标准称为《职业健康与安全管理体系——要求》（ISO 45001），它将就提高全球工人的安全问题为政府机构、行业或相关方提供有效的指导。2013 年 10 月，委员会指定 BSI 为秘书处，在伦敦举行了第一次会议。该次会议对有关职业健康与安全要求的 ISO 45001 第一工作草案的出版达成一致的意见。

（四）国际劳工组织与安全管理体系

1972 年《罗本斯报告》引入了一个极为重要的思想就是职业安全与健康管理应采取以方针为基础的方法，这一方法促进国际劳工组织（International Labour Organization，ILO）在职业安全与健康管理上的改进，于 1975 年要求其成员国在国家和企业层面建立涉及雇主及员工参与的安全健康方针，也促成了 1981 年《职业安全与卫生公约》（第 155 号）及其建议书（第 164 号）（ILO Convention 155 & Recommendation 164〔Occupational Safety & Health〕）的颁布，其最具标志性的核心要素，是建立了由"政府、雇主、工人"三方共同管理的职业安全卫生工作原则。1996 年 ISO 所制定的职业健康安全管理体系虽未获通过，但 ISO 专家建议 ILO 因其所具有的三方性的特点，比 ISO 更适合开发、推广职业安全健康管理体系（occupational safety and health management system，OSHMS）标准与导则。

基于政府、雇主和工人的三方结构在国际上得到的普遍认可，ILO 认为对于组织而言，OSH 管理体系的引入无论对减少危险和风险，还是提高生产力都具有积极的正面意义。自 1998 年始，ILO 与国际职业安全卫生协会（International Occupational Hygiene Association，IOHA）合作，对世界各国主要的 OSHMS 和指导性文件进行广泛收集、比较和分析，找出了他们的共同要素和特点并提交了研究报告和指南草案。2001 年 4 月由三方代表组成的会议通过了 ILO 的《职业安全健康管理体系指南》（ILO-OSH 2001）。同年 6 月该标准经 ILO 第 281 次理事会议审议得以批准和发布。

ILO-OSH 2001 的适用对象包括国家层面和组织层面：针对国家层面，该指南要求国家应基于本国法律法规，制定国家职业安全健康管理体系构架，指导其通过加强合规性以达到持续改进职业安全健康绩效的目的，并根据组织的需求量体裁衣，建立适合国家及组织的管理体系。在此阶段，特别是 ILO-OSH 2001 公布之后，各国也结合各自情况，制定了相应的安全管理体系标准，如美国职业安全健康管理局（Occupational Safety and Health Administration，OSHA）于 1999 年 2 月拟定了《安全健康规划草案》，基于此，美国工业卫生协会（American Industrial Hygiene Association，AIHA）于 1996 年以 ISO 9001 为基本架构制定了《职业健康安全管理体系》的指导性文件，并于 1999 年开始与美国国家标准院（American National Standards Institute，ANSI）合作草拟职业安全健康管理体系标准，除考虑美国国内需求外，也参考 ILO 的国际标准 ILO-OSH 2001，以期使新的标准能将组织的职业健康与安全管理体系与其他管理体系相整合，并与国际标准相兼容。2004 年 AIHA 将新标草案建议给 ANSI，2005 年新的美国国家标准《职业安全健康管理体系标准》（ANSI/AIHA Z10—2005）正式公布。该标准于 2012 年再版。

另外，加拿大、新加坡、日本等国也结合自己的国情建立了相应的职业健康安全管理标准。与这些管理体系相比较，在全球范围内具有广泛意义的仍主要是 BS OHASA 18001：2007 和 ILO-OSH 2001 等 2 套标准。

（五）我国安全管理体系标准的发展

我国自 1996 年开始着手职业健康安全管理体系的研究，当时的工作一方面关注 ISO 及其他国家职业健康安全管理体系的发展动态，另一方面着手我国管理体系标准的起草。1997 年，为满足我国石油队伍在国际市场的要求，石油天然气公司率先制定了《石油天然气工业健康安全与环境管理体系》（SY/T 6276—1997）、《石油地震队健康安全与环境管理规范》（SY/T 6280—1997）和《石油天然气钻井健康安全与环境管理体系指南》（SY/T 6283—1997）等 3 个行业标准。1999 年，以中国劳动保护科学技术学会名义起草发布的《职业健康安全管理体系》（CSSTLP 1001）报批稿在学会试运行，与此同时学会成立了技术委员会以保证标准及认证工作的质量。之后，国家安全生产行政主管部门于 2000 年相继成立了职业健康安全管理体系指导委、认可委和审核员注册委 3 个机构，全面开展体系认证工作。2001 年，参照 OHSAS 18001/18002，国家质量监督检验检疫总局制定了《职业健康安全管理体系规范》（GB/T 28001—2001）。2011 年，国家质量监督检验检疫总局和国家标准化管理委员会等共同引进 OHSAS 18001—2007 和 OHSAS 18002—2008 系列标准，形成我国职业健康与安全管理推荐性国家标准，即《职业健康安全管理体系　要求》（GB/T 28001—2011）和《职业健康安全管理体系　实施指南》（GB/T 28002—2011），但在生产实践中，安全管理体系逐渐被安全生产标准化所代替。

第二节　安全管理体系的本质

安全管理体系，顾名思义就是基于安全管理的一整套体系，体系包括硬件和软件方面。软件方面涉及思想、制度、教育、组织、管理；硬件包括安全投入、设备、设备技术、运行维护等。构建安全管理体系的最终目的就是实现企业安全、高效运行。

安全管理体系从本质上讲是一种系统安全思维的具体应用，其关键的区别在于系统要素的选择以及持续改进理念的明确引入。在不同的行业及企业里，安全管理体系的关键要素存在不同。但是，大部分优秀企业的安全管理，都大致具有以下几个类别的要素：（1）安全文化及理念的树立；（2）管理层的承诺、支持与垂范；（3）安全专业组织的支持；（4）可实施性好的安全管理程序/制度；

（5）有效而具有针对性的安全培训；（6）员工的全员参与。

　　全球有许多知名的企业都建立了符合自己行业特征的安全管理体系，来实现安全管理运营。其中比较成熟的公司有杜邦公司，其安全管理分为风险控制（工艺风险）与文化建设（行为安全）两个大方面。只有将安全管理体系与企业综合管理体系融为一体，通过安全管理的提升，促进了企业综合管理水平的提高，才实现了设备可靠性、产品质量、运营效率、行业口碑、员工忠诚度等多方面的效益。

　　具体而言，行业里较为广泛使用的是杜邦安全管理体系，其可以细化为22个关键要素，每个要素都有细化的标准/规程与最佳实践，而且只有当22个要素有机互动，共同作用时，整个系统才能得以有效运作。

　　文化建设（行为安全）工作的要素包括：强有力的及可见的管理层承诺、切实可行的安全工作方针和政策、挑战性的安全目标和指标、直线组织的安全职责、综合性的安全组织、专业安全人员的支持、高标准的安全表现、持续性安全培训及改进、有效的双向沟通、有效的员工激励机制、有效的安全行为审核与再评估、全面的伤害和事故调查与报告。

　　风险控制（工艺风险）工作的要素包括：人员变更管理、承包商安全管理、紧急响应和应急计划、质量保证、启用前安全检查、机械完成性、设备变更管理、工艺安全信息、工艺风险分析、技术变更管理。

　　杜邦安全管理体系要素图如图4-4所示。

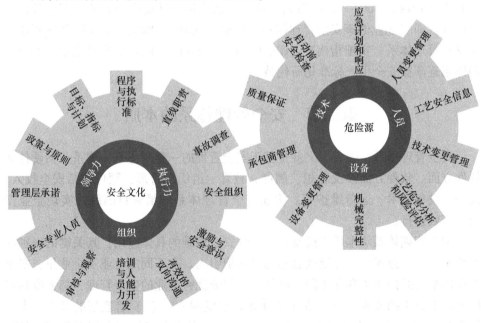

图4-4　杜邦安全管理体系要素图

如前文所言，国内许多行业的安全管理体系多为安全生产标准化所代替，但本质上还是安全管理体系。安全管理体系践行得比较好的行业有民用航空领域。《中国民用航空安全管理体系（SMS）建设总体实施方案》中，明确提出了中国民航安全管理体系的要求，该要求包括管理承诺与策划、风险管理、安全信息、实施与控制和监督、测评与改进五个部分共十八个要素。

管理承诺与策划部分包括安全政策与策划、组织与职责权限、安全策划和规章符合性四个要素。

风险管理部分包括危险源辨识、风险评价与风险缓解、内部事件调查三个要素。

安全信息部分包括信息管理和安全报告系统两个要素。

实施与控制和监督部分包括资源管理、能力和培训、应急响应、文件管理、安全宣传与教育五个要素。

监督、测评与改进部分包括安全监督、安全绩效监控、纠正措施程序和管理评审四个要素。

同时，在每个部分中，对每个要素都提出了具体明确的实施要求，并要求持续改进和有效运行。

民航安全管理体系要素图如图 4-5 所示。

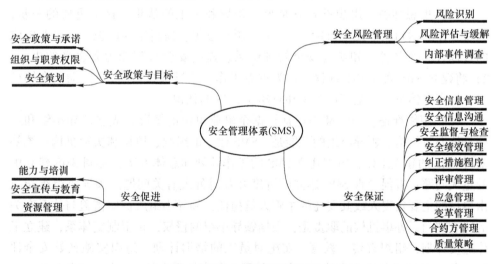

图 4-5　民航安全管理体系要素图

第三节　安全管理体系在我国民航领域的一枝独秀

根据国际民航组织有关文件及国际民航公约有关附件的要求，各缔约国应强制要求其公共航空运输企业、民航机场、空管单位和维修企业实施成员国已接受的安全管理体系（safety management systerm，SMS）。国际民航组织的《ICAO 安全管理手册》（2005 年 12 月）中要求："各国应规定航空器运营人、维修组织、空中交通服务组织和具有营运资格的机场运营人实施国家认可的安全管理系统。"

同时，在国际民航公约附件六（航空器的运行）、附件十一（空中交通服务）和附件十四（机场）中也分别对航空公司、空中交通服务单位和机场提出了相应的建立安全管理体系的要求。

中国民航的安全水平不断提升，安全管理正向科学化、规范化、系统化的管理方式转化。中国民航安全生产"十一五"规划规定，要建立符合国际民航组织要求并适合中国国情的中国民用航空安全管理体系（SMS）。围绕这一部署和规划，民航领域内的安全管理体系建设、宣传、培训和试点工作进行得如火如荼。

那么企业如何构建适合自身需要的安全管理体系呢？下面以民航领域为例加以说明。

一、准备阶段

这个阶段的主要工作包括思想准备、组织准备和初始安全评估。

（1）思想准备。思想准备就是统一领导和员工的认识，这是重要的一步，这项工作应达到以下几个目标：1）统一领导思想、提高领导认识，企事业单位的管理者应确立建立和实施安全管理体系、提高安全管理能力和水平的决心。2）将建立 SMS 列入议事日程，作为重点工作，领导亲自参与。3）动员全体员工，提高全体员工安全管理意识和对建立 SMS 的认识。

（2）组织准备。组织准备包括根据企事业单位的情况，成立领导小组和组建具体办事机构。领导小组的职能是：SMS 建立的组织、协调和决策机构；统筹安排 SMS 的建立工作；审查建立 SMS 的工作计划和总体方案；协调 SMS 建立中的重大问题；督促检查 SMS 建立的进度并及时处理有关问题。领导小组组长应由单位的主要负责人或其委托的主管人员担任，领导小组成员应覆盖与体系有关的所有部门。办事机构的职责是：根据领导小组的授权，负责制定体系，建立工作进度计划；组织宣传、教育，实施对员工的培训计划；组织实施初始安全评估；负责 SMS 总体方案和体系文件的编写；负责体系文件的宣传并组织实施。

（3）初始安全评估。初始安全评估是在建立安全管理体系之前，企事业单位要对自身的安全管理状况进行一次全面系统的评估，掌握必要的信息，评估现有系统与 SMS 要求之间的文件差异，并进行分析。为确定管理承诺、制定安全政策和安全目标提供依据。初始安全评估必须如实对企事业单位目前的安全管理状况进行全面客观的评价。

二、规划阶段

规划阶段主要包括两个任务：一是在管理承诺的基础上制定安全政策和安全目标；二是对政策和目标的实施进行策划。

（1）管理承诺和安全政策与安全目标的确定。管理承诺是企事业单位的最高管理层对提高和改进安全管理，建立安全管理体系的态度和保证。管理承诺是制定安全政策和安全目标的基础和依据；承诺要切合实际，承诺的内容要经过努力采取可行措施能够实现；管理承诺一旦做出就要严格执行和落实。

安全政策与安全目标为企事业单位确定了安全工作的指导方向和原则，它反映最高管理层就遵守有关法律法规和规章的承诺，是对管理承诺的具体化和文件化。安全政策和安全目标是体现管理承诺的公开文件，要以文件的形式发布，并传达到全体员工。安全政策和安全目标是引导企事业单位开展安全管理，建立SMS 的纲领。

（2）管理政策和目标实施的策划。安全政策和安全目标确定后，就要对如何保证政策和目标的实施进行策划，使政策和目标中体现的承诺得以落实。策划的具体内容就是依据安全政策和安全目标以及初始安全评估的结果，进一步拟定安全目标和指标以及为保证目标、指标的实现而必须实施的安全管理方案。

安全目标是安全政策的具体化，安全指标则是对安全目标的进一步量化，安全管理方案是为保证安全目标、指标的实现，对所采取的措施、有关部门的职责以及实施方法和时间做出的明确规定。这个拟定安全目标和指标，形成安全管理方案的过程就是 SMS 策划工作的核心内容。

三、实施阶段

实施阶段是安全管理体系建立和保持的关键阶段。这个阶段的工作应包括能力保障和保证措施两个方面。

（1）能力保障方面。能力保障包括资源保证、组织和职责权限保证、能力培训和协调统一保证四个方面。

1）资源保证。SMS 要求"民航企事业单位应确定、提供和有效管理安全管理体系所必需的资源，以确保安全目标的实现"。这就要求民航企事业单位要确保建立和实施 SMS 所必需的人力、物力和财力等资源的提供和保障，以确保体系建立能顺利进行。

2）组织和职责权限保证。SMS 要求"民航企事业单位应建立有利于安全管理及支持安全管理体系有效运行和持续改进的组织机构。应设立安全委员会和安全监督管理部门，并明确其职责权限"。在设立必要的组织机构的同时，还要对组织中的各类人员的安全管理职责和权限进行明确，做出规定。上述人员在其职责范围内对支撑整个 SMS 均应承担一定的职责。

3）能力培训。SMS 要求中指出"民航企事业单位应通过培训或其他有效手段确保与安全有关的各类人员符合国家和行业对从业人员的要求，并具备相应的能力"。为确保企事业单位的安全管理能力，提高全体员工的能力和意识尤为重要。民航企事业单位应通过各种有效的手段对员工进行满足岗位要求的培训，确保员工的能力符合要求。同时，进行 SMS 体系相关知识、体系文件和程序的培训，使员工熟悉并掌握 SMS 的具体内容和要求。此外，管理层还应通过阐明组织的安全政策、安全目标，传达有关文件和程序以及内部沟通等方式，提高员工的安全意识，激励员工的积极性。

4）协调统一保证。协调统一是指管理体系间的协调和统一。协调是指与内部现有的其他管理体系相协调、相结合，不应发生矛盾和冲突。统一是指与现行管理体系要求达成一体化，将 SMS 纳入企事业单位的整个管理体系并成为有机的组成部分。这是建立 SMS 过程中很重要的一个环节。

（2）保证措施方面。保证措施对 SMS 的建立和保持起着重要的支持作用。包括信息管理、体系文件的编制及管理、风险管理、运行控制和应急响应。

1）信息管理。信息管理是指对各类安全信息的收集、分析、传递、利用、处理和保护的过程。其目的是加强沟通，对安全运行中的各类信息能够及时准确地获得并进行分析和利用，为安全运行工作起到有力的支持和指导作用。为此，企事业单位应建立并保持对有关安全信息和体系的内外部信息的接收、文件的形成、答复和记录的程序，以确保与体系有关的信息的有效管理。

2）安全管理体系文件。SMS 是以文件形式表达的，文件的内容就是描述 SMS 核心要素及其相互关系。SMS 文件规定了企事业单位内部各有关部门和岗位安全工作和生产活动的程序与要求，使员工清楚地认识到为实现安全目标所需承担的职责，从而调动全体员工的积极性，为实现共同的安全目标而认真工作。对外则可以反映企事业单位 SMS 状况和安全管理水平。

在 SMS 要素中要求的文件缺一不可，都要严格编写满足要素要求的文件。在 SMS 要素中，没有要求企事业单位编制安全管理手册，当 SMS 要素与单位现行的管理体系结合时，SMS 文件可以纳入现行文件之中，与其他文件构成一个整体。为便于管理可以编写一份摘要索引，便于实施和保持 SMS 之用。

3）文件控制。对 SMS 文件实施有效的控制，是保证 SMS 有效运行的重要支撑，SMS 要素中对文件管理提出了具体的要求，企事业单位应建立文件系统，做好文件的管理，确保体系文件能充分适应 SMS 的需要。同时，企事业单位还应建立并保持识别现行有效法律法规和规章的机制，确保 SMS 与法律法规和规章的符合性。

4）风险管理。风险管理包括危险源识别、风险评价及风险缓释、内部事件调查。企事业单位应建立并保持程序，以持续地、系统地进行危险源识别，辨识并确认安全运行中潜在的危险源，并对识别和确认的危险进行分析并加以消除和控制。并对发生的不安全事件开展内部事件调查，进行风险分析，形成安全建议和措施。

5）运行控制。运行控制是指对与安全有关的各项运行活动的控制，确保按程序的规定运行。运行控制的重点是那些可能造成安全问题的各种作业和活动。

6）应急响应。应急响应是指针对潜在的事故或重大、突发性事件提前做好准备，一旦事件发生就做出相应的管理活动。在 SMS 要素中要求"民航企事业单位应建立针对重大或突发事件的应急响应计划管理程序，制定应急预案，并进行定期检验"。应急响应活动要达到目的，必须努力防止重大、突发事件发生或减少事件发生时可能伴随的安全影响。

四、评审和持续改进阶段

这是建立体系并保持有效运行的一个重要阶段，包括监督与纠正、评审与改进两个方面。

（1）监督与纠正。

1）监督检查。监督检查是保持 SMS 良好运行的关键活动。SMS 的运行结果是否有利于提高和改善企事业单位的安全状况，是评价 SMS 有效性的重要依据。通过监督检查，可以评价安全管理方案和程序的有效性，验证程序和方案的可行性，监控安全绩效，进行安全趋势分析，提供 SMS 改进的重点，获得满足法规和 SMS 要求的各种信息。监督检查应当由经过适当培训的专业人员来执行，监督检查范围应该覆盖与安全保证有关的所有部门。

2）纠正措施。SMS 要素中要求"建立并保持纠正措施程序，确定和实施旨在防止类似问题重复出现的纠正措施，并对纠正措施实施效果评审，实现闭环管理"。任何体系的建立都不是完美无缺的，都可能在运行中发现问题，尤其文件和程序的规定也会由于种种客观原因而得不到有效的执行。这就要求对在监督检查中发现的问题和不符合的原因进行认真的分析，在调查清楚的基础上，采取必要的纠正和预防措施，以实现持续改进。

（2）评审与改进。

1）管理评审。SMS 实施的最终目的是全面改善和提高企事业单位的安全水平和安全状况。这要通过 SMS 的不断循环和持续改进来达到。管理评审是 SMS 循环过程中的一个关键步骤，是根据监督检查获得的信息、不断变化的客观实际和持续改进的承诺，找出安全政策、安全目标以及 SMS 其他要素加以修正的内容，并采取有效措施加以改进。根据 SMS 要素的要求，管理评审应由企事业单位最高管理层定期组织，评价安全管理体系改进的机会和变更的需要。管理评审应全面，涉及与安全有关的所有活动，方能获得全面的必要的信息。

2）持续改进。持续改进是 SMS 的灵魂，持续改进思想应体现在 SMS 建立与保持的全过程中。持续改进的实现有赖于根据安全政策、安全目标，持续地对安全水平和状况进行评审，来确定改进的机会。持续改进应确定通过改进 SMS 从而使安全状况和安全水平改进的领域，确定造成不符合或不安全事件的根本原因并实施有关纠正和预防措施计划等，从而实现体系的持续改进。

以上是对 SMS 建立的基本阶段的简单阐述，具体的建立和保持工作中还会因为企事业单位的不同而涉及很多问题，这就要求相关企事业单位在建立体系过程中，结合实际情况，来具体解决，建立起符合和满足 SMS 基本要素要求的安全管理体系。

五、建立 SMS 过程中要注意的几个问题

建立安全管理体系是一个系统的、复杂的过程，在这个过程中，应注意以下几个方面的问题：

（1）做到认识到位。民航企事业单位建立 SMS 的目的是为了提高企事业单位的安全管理水平。如果认识不到位，就会单纯为建体系而建体系，达不到建立体系的真正目的。这不仅仅要领导层重视，更需要全体员工的重视和参与，才能真正达到建立体系的目的。

（2）做到筹备到位。要认真策划、认真编制体系建立计划，计划要切合实际、切实可行，不能急于求成也不能拖拉耗时，需要结合企事业单位的实际情况来进行筹备。

（3）做到培训到位。培训是掌握和理解 SMS 要求的基础，是编写体系文件的基础。如果对 SMS 的要素要求不理解，就会导致建立体系过程中难以决策和指挥，文件编写脱离实际难以操作；如果对员工培训不到位，就会导致在体系运行过程中员工不知如何操作和执行。

（4）观念转变到位。企事业单位的管理层必须要有创造性思维和积极的态度，正确理解安全管理体系思路和要求，以文件化的安全管理体系的规定和要求来管理，取代传统的安全管理思路和模式。

（5）具体工作到位。在建立体系的过程中，要明确相关人员的责任，确保每一个岗位的人员都能够围绕体系的建立尽职尽责按时完成相应的工作，使每项具体工作都能落到实处。

（6）资源投入到位。体系建立过程中，要确保涉及人力、物力、财力的需求能够及时得到满足，才能确保体系的顺利建立和有效运行。

（7）做到整改到位。体系运行过程中，针对存在的安全隐患或发生的不安全事件，要认真分析，制定切实可行的纠正措施。严格按照措施和标准进行认真

整改。

（8）做到领导到位。没有企事业单位最高领导层对建立体系工作的决策和坚决态度，就不会有各级人员的积极参与。认识到位来自领导的到位，领导到位是顺利开展体系建立的关键。

另外，企事业单位还要做好与其他体系的关系处理。目前有很多民航企事业单位都完成了质量、环境、职业安全健康管理体系的建立和认证工作。在建立SMS时，不能完全独立于其他运行体系之外，而是应该尽量做到一体化运行。同时在建立SMS时也不能简单地套用质量、环境、职业安全健康体系的标准和做法，要正确理解SMS要素的含义和要求，建立起符合要求和规范的安全管理体系。

第四节 国际民航组织普遍安全监督审计计划对安全的持续改进

普遍安全监督审计计划（universal safety oversight audit program，USOAP）是国际民用航空组织（International Civil Aviation Organization，ICAO）对各个签署了《国际民用航空公约》的国家和地区（以下简称缔约国）开展的安全监督审计项目，是联合国对一个缔约国的国家安全监督能力和整体航空活动安全水平进行检查和评估的官方行为，旨在通过检查各个缔约国遵守国际民航组织规定的标准与建议措施（international standard and recommended practices，ISRPS）的情况来推行该统一标准在全球范围内的实施。该计划的产生和发展，直接体现了国际民航组织为完成其根本使命而做出的努力。因此，谈及该计划的历史由来，先要追溯最初成立国际民航组织的设想。

19世纪40年代，各国民用航空经历了大发展，业务纷纷由本国扩展到其他国家。由于民用航空的国际化发展需要各国遵守统一的规则，因此52个国家于1944年在美国芝加哥召开了商讨合作事宜的会议，会后签署了《国际民用航空公约》（以下简称《公约》）。此后不久，根据《公约》规定，国际民航组织正式成立，开始致力于在各国推行统一的行业标准。

国际民航组织陆续出台了一系列标准与建议措施，作为国际航行的运行准则和技术标准。这些标准与建议措施按照内容被分类，以《公约》附件（以下简称附件）的形式被发布，对涉及民航运行的方方面面进行了具体的规定。

标准与建议措施并非一成不变。当其中某项规定不适应民航的发展时或需要新增规定时，国际民航组织将通过严格的公开程序修订或新增标准与建议措施。到目前为止，收录了标准与建议措施的附件已有18个，分别为：

（1）附件1《人员执照的颁发》。

（2）附件 2《空中规则》。

（3）附件 3《国际空中航行气象服务》。

（4）附件 4《航图》。

（5）附件 5《空中和地面运行所使用的计量单位》。

（6）附件 6《航空器的运行》。

（7）附件 7《航空器国籍和登记标志》。

（8）附件 8《航空器适航性》。

（9）附件 9《简化手续》。

（10）附件 10《航空电信》。

（11）附件 11《空中交通服务》。

（12）附件 12《搜寻与救援》。

（13）附件 13《航空器事故和事故征候调查》。

（14）附件 14《机场》。

（15）附件 15《航空情报服务》。

（16）附件 16《环境保护》。

（17）附件 17《保安》。

（18）附件 18《危险品的安全航空运输》。

由于各缔约国拥有独立的主权，在推行标准与建议措施的过程中，国际民航组织只能依靠各缔约国的"安全监督"来保证这些统一的行业标准在该国被执行。

安全监督被国际民航组织定义为各缔约国的一种职能，也是各缔约国的一项义务，它是指各缔约国应监督本国的民航局、航空公司、机场、空中交通管理部门、维修单位等行业监管者和从业者遵守附件的规定，以此促进标准与建议措施在本国被执行。

但是，一些缔约国由于财政、技术等方面的原因，未能很好地履行安全监督的职责。国际民航组织一方面向这些国家提供了财物和技术支持；一方面对其安全监督体系和能力进行了检查和评估，指出其体系漏洞，帮助其提高监督能力。这些活动即是"安全监督评估计划"的萌芽。

国际民航组织的努力取得了良好的效果，获得了各缔约国的认可。1995 年国际民航组织第 31 届大会批准通过了安全监督评估计划，并定于 1996 年 3 月开始执行。

安全监督评估计划是普遍安全监督审计计划的前身，是由缔约国根据自愿的原则提出申请，请求国际民航组织对本国的安全监督能力和附件规定的遵守情况进行评估。评估的依据是附件 1、附件 6、附件 8 中所载的标准与建议措施，采取逐个附件评估的方式。评估的结果不完全公开，载有详细描述的评估报告仅提供给被评估的缔约国，其他缔约国可以得到摘要性报告。

安全监督评估计划始于 1996 年 3 月，终于 1998 年 12 月，其间共有 88 个国家提出了申请，其中有 67 个得到了国际民航组织的评估（我国未参加该计划）。自该计划实施以来，国际民航组织通过此项活动发现各缔约国在制定有效的安全监督计划中存在许多缺陷，这引发了各方对安全问题的担心。基于此，1997 年召开的民航局长会议变成了完全讨论安全监督的专题会议。

1997 年民航局长会议广泛探讨了安全监督评估计划所查出的问题，认为迫切需要更多地关注全球航空安全，加强各国安全监督能力。与会各方达成共识，向国际民航组织理事会提出了大幅度改变安全监督评估计划的 38 项建议。理事会审议通过了这 38 项建议和国际民航组织秘书处针对这些建议制订的行动计划，一并提交国际民航组织第 32 届大会审议。第 32 届大会采纳了理事会建议，通过了名为《国际民航组织普遍安全监督审计计划的订立》的 A32-11 号决议。普遍安全监督审计计划正式确立。

普遍安全监督审计计划通过定期对各缔约国进行安全审计，检查其执行标准与建议措施以及和安全相关的程序的情况，查找体系漏洞，督促被审计国采取整改措施，从而提高各国的安全监督能力，推广统一行业标准，进而促进全球航空安全。

根据 A32-11 号决议规定，普遍安全监督审计由国际民航组织成立专门机构实施，所有缔约国必须与国际民航组织签署接受审计的双边谅解备忘录。审计结果将在整个国际民航组织范围内公布，公布必须透明、公开，但公布的信息仅可用于安全目的。

脱胎于安全监督评估计划的普遍安全监督审计计划改变了前者的自愿性质，转为强制性活动，审计结果的公开范围也扩展到了整个组织。但在其发展的第一阶段，它依然秉承了前者的审计范围和审计方式。

普遍安全监督审计计划的第一阶段始于 1999 年 3 月，终于 2004 年 7 月。此阶段的审计仍然以附件 1、附件 6、附件 8 中所载的标准与建议措施为依据，采取逐个附件审计的方式进行。其间国际民航组织对 184 个国家和地区实施了审计。但出于安全方面的考虑，国际民航组织未对伊拉克、阿富汗、索马里等 7 个缔约国进行审计。

这一阶段的审计取得了一定的成功，暴露了各国航空活动的安全缺陷，进一步推动了提高安全监督能力和推广标准与建议措施的工作。但是，国际民航组织和各缔约国逐渐认识到，安全是受到各方因素影响的，仅对执照颁发、航空器适航、运行三个领域进行审计是不够的，应当关注所有影响到安全的问题。

2004 年，国际民航组织第 35 届大会通过了 A35-6 号决议，规定自 2005 年起将普遍安全监督审计计划的审计范围拓展至所有与安全相关的附件（除附件 9 和附件 17 的所有附件），开始采用"全面的系统方法"（CSA），并提出了安全监督"关键要素"（CE）的概念。普遍安全监督审计计划进入了沿用至今的第二阶段。

现行安全监督审计体系涵盖全面（覆盖了除附件 9 和附件 17 的所有附件），采用全面的系统方法，注重考察安全监督关键要素，审计工具多样化。

全面的系统方法是指在所有与安全相关的领域，采用系统化的程序和方法对安全监督审计的实施进行计划、准备、执行、跟踪和评估。该方法从整体的角度看待国家的安全监督体系和航空活动，对监督体系的效能和航空活动的安全水平进行总体评估。

安全监督关键要素共有八个，分别是基本航空立法（CE-1），具体运行规章（CE-2），国家民航系统和安全监督职能（CE-3），技术人员的资格和培训（CE-4），技术指导、工具及资料（CE-5），颁发执照、合格审定、授权和批准的义务（CE-6），监察的义务（CE-7），安全问题的解决（CE-8）。国际民航组织认为这八个关键要素涵盖了民用航空活动的各个方面，是一个健康的国家安全监督体系的必要支撑，各缔约国在建立安全监督体系和履行安全监督职责时应考虑并落实这些关键要素。因此，国际民航组织将是否有效地实施了关键要素作为衡量一个国家安全监督能力的指标。

普遍安全监督审计计划有三项审计工具，分别是国家航空活动调查问卷（SAAQ）、符合性检查单（CC）、访谈大纲（PQ）。国家航空活动调查问卷是国际民航组织收集被审计国航空活动信息的问卷，共有综合行政、立法、组织机构、运行、空中航行服务、机场、事故和事故征候调查七部分。该问卷应由被审计国按照实际情况填写，在安全监督审计现场审计开始前提交国际民航组织，以配合现场审计的实施。符合性检查单的依据是附件中的标准与建议措施，每一份附件都有一份对应的符合性检查单（附件 9 和附件 17 除外）。附件中每出现一条标准或建议措施，检查单中就设立一项自评性质的检查条目，由被审计国填写是否执行了该条标准或建议措施。符合性检查单应由被审计国按照实际情况填写，在现场审计开始前提交国际民航组织，以配合现场审计的实施。访谈大纲是安全监督审计中最重要的审计工具，涵盖了一个国家建立和实施安全监督职能的所有内容。在现场审计中，国际民航组织是按照访谈大纲上的提问和验证程序对被审计国进行审计的。访谈大纲共有八份，分别是立法、组织机构、人员执照颁发、运行、适航、空中航行服务、机场、事故及事故征候调查，涉及了一个国家民航安全监督体系的各个方面。国际民航组织就是通过访谈大纲实现对被审计国安全监督能力的全面检查和评估的。

自 2005 年普遍安全监督审计计划的第二阶段启动以来，已有超过 160 个国家和地区接受了新一轮的安全审计（我国于2007年接受安全审计并取得了合格率为86.54%的优异成绩），并因此而发现和弥补了众多安全监督体系的漏洞。

　　普遍安全监督审计计划在提高全球安全水平方面做出的突出贡献得到了国际民航组织和各缔约国的广泛认可，被视为在全球范围内推广标准与建议措施的首选方法。国际民航组织准备将该计划确立为长效机制，为其配备更强大更先进的体系，使其发挥更重要的作用。

第五讲 安全管理的最高范畴——安全文化

本章导读：规章制度制定最完善的企业也会有事故发生，也就意味着企业制定完善的规章到真正的本质安全之间仍然有一段很长的路要走，有效地实施这些规章制度是实现系统本质安全的不二法门。严律重典可能是确保规章制度有效运行的一个手段，但是当安全管理水平达到一定程度之后，就会遇到管理瓶颈，此时就需要构建企业安全文化来提升现有的安全管理水平。企业的安全文化不是一蹴而就的，它是一个自发→规范→促进→再自发的一个循环往复过程。本章阐述了安全文化建立及完善这一过程中涉及的原则、要素术语、方法步骤以及评价标准。

第一节 不得不引入安全文化的理由

1991 年 9 月 11 日，一架 EMBRAER 120（巴西航空工业公司）（N33701）商用载客运输机在飞行过程中机体结构解体，在美国得克萨斯州的鹰湖附近坠毁。3 名机组人员与 11 名乘客全部受到致命伤。事故的直接原因是飞机在飞行中失去了尾翼上水平安定面左前缘只部分固定的防冰罩，从而导致了飞机的严重俯冲，随即解体。

美国国家安全委员会（National Transportation Safety Board，NTSB）对事件进行调查。发现在事故发生前夜该飞机曾接受过定检，维护人员在操作中拆卸并更换了水平安定面前侧的防冰罩。失事现场的调查人员却发现安定面左侧防冰罩的上部螺钉已不翼而飞。

当年 8 月份，该航空公司为冬季的运行进行过全机队的防冰罩检查。检查中一名质检人员注意到 N33701 飞机上两侧的防冰罩上有一整排的干腐小孔。计划中安排 9 月 10 日也就是事故的前一夜对其进行更换，并由两组轮班人员执行，即第二组（晚班）和第三组（夜班）。飞机在 21：30 左右即第二组当班时进入机库。

在检查者的帮助下，第二组的两名机械师通过液压升降台上升到离地面约 20 英尺的 T 形尾翼处（图 5-1）。第二组的一名检查员随后开展工作任务，他负责在 N33701 上的工作（第二组有两名检查员，一名负责 N33701，一名负责飞机上的 C 检）。两名机械师拆掉右前缘底部的大部分螺钉和部分防冰部件，同一时期助理检查者拆下右前缘上部的螺钉，然后穿过 T 形尾翼拆下左前缘上部的螺钉。

图 5-1　EMBRAER 120 上的 T 形尾翼组件

第三组的机库检查员提前到岗。到达时，他们看到第二组的检查者趴在左安定面上，两名机械师正在拆卸右侧防冰罩。于是他们查看了第二组检查员的交接表，但表上没有 N33701 的内容，因为拆卸上侧螺钉的检查员还没有填写工作日志。后来，第三组的检查员询问了执行 C 检的那名检查员 N33701 左侧安定面的工作是否已经开始。检查员抬头看看尾翼说"没有"。三组的检查员告诉二组的这名检查者说他会在当班时完成右侧防冰罩的工作，但左侧的更换只能下一次了。

22：30 时，二组的检查者（拆下安定面两侧上部螺钉的那一位）在交接表上写到"帮主机械师拆卸防冰罩"后下班回家。事故调查时候该检查员说他把安定面前缘拆下的螺钉放在了液压升降台的袋子里。

二组的机械师（拆除右侧防冰罩的那一位）和该组的检查员（执行 C 检的那一位）进行了口头的工作交接，他让后者传话给三组的机械师，该检查员传话后便离开。但后来接到口讯的那名机械师并没有派去维修 N33701，不过他后来记起曾在升降台上有一袋螺钉，于是他口头告诉了三组的另外一名机械师，但后者之后不记得收到口讯也否认曾看到一袋螺钉。

三组的这名机械师来到机库后，该组检查员让他去更换 N33701 的右侧防冰罩。检查员令他询问二组检查员工作的进展情况——没有告诉他去询问哪一位检查员。结果他询问了执行 C 检的那一位。当问到左侧部件的工作是否已经开始时，该检查员说他认为当晚可能没有足够的时间更换左侧的防冰罩。

二组负责 N33701 的检查员大约在这个时间结束工作。他下班回家前没有和二组的另一名检查员、三组的机库检查员或航线检查员中的任何人打过招呼。二组帮忙拆卸右侧防冰罩的那名机械师也下班回家了。

换班之后，三组的机械师拆下安定面上右侧前缘部件，并在工作台上将一个新的防冰罩胶结到前缘上。但为了给另外一架飞机让出空间，工作人员将 N33701 拖出机库。机库外面没有可在 N33701 上进行工作的直接平台。三组机械师在机库外面完成了右侧防冰罩的安装。

三组的一名检查员（质控）到 T 形尾翼的上部帮助安装防冰罩并检查右侧的防冰线路。事故调查时，他对事故调查员说自己并没有发现左侧的前缘缺少螺钉。他不认为那些螺钉已经拆除，并且当时机库外的光线很差。

之后该飞机获准放行。早上的第一次飞行一切正常，只有一名乘客后来记起他的咖啡杯曾因飞机的震动而哒哒作响。那名乘客曾要求更换座位，但他没和任何人提到飞机的震动，其他乘客也没注意到。于是下一次飞行中，事故发生了。

NTSB 的结论为"维修部门没有按照维修手册工作，使飞机在不适航的状态下执行计划中的载客运输服务"。总之，轮班交接制度已经被破坏。当多于一组的人员共同完成一项工作时，轮班交接制度在系统防御中是很重要的一环。

事故调查报告确定了事故是由于一些维修人员个人的一些"不符合标准的操作、程序和疏漏"造成的：

（1）二组负责 N33701 的检查员分派两名机械师拆除水平安定面两侧的防冰罩，但他没有收到这两名机械师"完成任务"的口头报告，也没有向正要上班的第三组检查员进行工作交接，甚至没有填写维护/检查轮班交接表。他没有向机械师提供合适的工卡以便在轮班结束时记录下已经开始但没有完成的工作。若这些步骤都已执行，事故就不会发生。

（2）二组中不负责 N33701 的那名检查员（C 检）告诉三组的检查员左侧安定面的工作尚未开始。他是从在 N33701 上工作的机械师那收到的口头工作交接，但是在向三组检查员报告情况之后。他在收到工作完成情况的口头报告后，并没有填写维修交接表，没有让他的机械师向该组另外一名负责 N33701 的检查员汇报，也没有将情况告知三组检查员，而是让该机械师找三组机械师报告，但偏偏后来这个人没有被派去执行防冰罩的任务。

（3）二组的检查员拆下了安定面两边的螺钉，但没有和三组的检查员口头交接。而且，由于他帮助两名机械师工作，已经完全丧失了自己作为检查者的职能。

（4）二组中对 N33701 上工作承担责任的两名机械师在当班时没有向二组中负责 N33701 的检查员做口头交接，也没有在完成轮班时填写必需的工卡。

最后，NTSB 认为高级管理者在这起事故中应承担责任。出事的 4 名委员中有 3 人认为其行为不是造成该起事故的原因。这遭到另一名委员 John Lauber 博士的反驳，他上交了一份异议书，其中包括了导致事故的可能原因："（高级）管理层没能建立一套用以鼓励并加强员工严守获批准的维修和质量保障程序的企业文化"。

通过上述案例，我们不能怀疑公司的系统安全大纲出了问题，但是事故却实实在在地发生了。根据系统安全理论——人类对安全的认知是相对的（图 5-2），就算是最完备的系统安全大纲也有思虑不周的地方。此外，系统安全大纲距离真正的本质安全有多远，这要视多种因素而定。在此情况下，如何实现安全的持续改进呢？这就需要借助安全文化的威力。

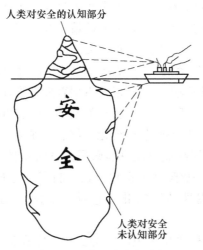

图 5-2 人类对安全的认知

安全文化是持续实现安全生产的不可或缺的软支撑。随着社会实践和生产实践的发展，人们发现仅靠科技手段往往达不到生产的本质安全化，需要有文化和科学管理手段的补充和支撑；而管理制度等虽然有一定的效果，但是安全管理的有效性很大程度上依赖于管理者和被管理者对事故原因与对策是否达成一致性认识，取决于对被管理者的监督和反馈是否科学，取决于是否形成了有利于预防事故的安全文化。在安全管理上，时时处处监督企业每一位员工遵章守纪的情况，是一件困难的事情，有时是不可能的，甚至出现这样的结果：要么矫枉过正导致安全管理失灵；要么忽视约束和协调出现安全管理的漏洞。优秀的安全文化应体现在人们处理安全问题有利的机制和方式上，不仅有利于弥补安全管理的漏洞和不足，而且对预防事故、实现安全生产的长治久安具有整体的支撑。因为倡导、培育安全文化可以使人们对安全事物产生兴趣，树立正确的安全观和安全理念，使被管理者在内心深处认识到安全是自己所需要的，而非别人所强加的；使管理者认识到不能以牺牲劳动者的生命和健康来发展生产，从而使"以人为本"落到实处，安全生产工作变外部约束为主体自律，以达到减少事故、提升安全水平的目的。

第二节　什么是安全文化

安全文化是一个几乎人人都在使用的术语，但对其精确含义以及如何衡量却没有多少人达成一致意见。社会科学文献提供了丰富的定义，总结起来，它们提出的安全文化元素可以细分成两个部分。第一部分包括不经常说出的关于追求安全的组织成员的信念和价值观。第二部分更加具体，包括了一个组织所拥有并用来实现更高安全性的结构、习惯、控制和政策。与徒劳地寻找简洁全面的定义相比较，我们更愿意强调安全文化的一些重要属性。现将它们列在下面。

（1）安全文化是"发动机"，它能持续驱动单位（公司）达到最可能达到的安全目标，不管现在的经济压力多大以及占据着最高管理职位的是谁。首席执行官的承诺以及其身边的同事会对一个公司的安全价值和事件产生重要的影响。最高管理者可能不断更换，但不管怎样变化，都需要保持长久而真实的安全文化。

（2）安全文化提醒组织成员注意运营风险并时刻留意人员和设备可能引起的疲劳和失效。它将这些故障视为正常现象并制定应付故障的防御和应急预案。安全文化是一种"警惕性的"文化，它对可能发生的东西总是会有"集体的留意"。

（3）安全文化是一种"见多识广"的文化，它在失效前就知道失效的"边界"在哪里。工厂里较少地使用会产生不良事件的文化，因为这对完成任务并不容易。

（4）"见多识广"的文化只能通过创造一个值得信赖的氛围实现，人们在这种氛围里乐于承认自己的差错即过失。只有通过这种方法，系统才能确定出诱发差错的场合。只有通过收集、分析以及散发先前发生事故和危险的信息，才能确定安全和不安全操作的界限。没有这样共同的"存储"，不可能很好地认识系统。

（5）"见多识广"的文化是公正的文化，它符合并了解免于责备和应受责备行为间的区别。一些不安全的行为可被授权产生受纪律约束的行为。这种行为可能非常少，但不能被忽略。缺少这种公正的文化，想要建立一个有效的报告文化，即便可能实现也会步履维艰。

（6）安全文化是一种不断进行学习的文化，在这种文化氛围，同时使用被动性和主动性措施来指导持续和深入的系统改进，而不是仅仅作为局部的解决手段。安全文化是一种利用在计划发生或实际发生之间的不可避免的矛盾来挑战自己的基本假设——以及当他们表现出不适应性的时候改变自己的文化。

这一系列的属性表明安全文化有很多互联的部分。其主要部分，或者说应当更加详细考虑的部分，见图5-3。这在后面还有详细的论述。

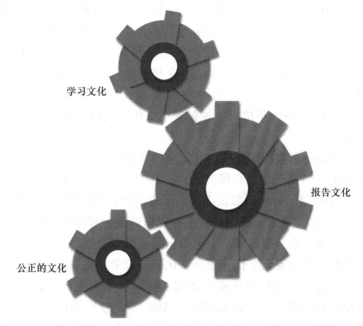

图 5-3　安全文化的主要部分

第三节　安全文化的历史由来

安全文化伴随着人类的产生而产生，伴随着人类社会的进步而发展。但是，人类有意识地发展安全文化，还仅仅是近30年的事情。这要从切尔诺贝利核电站爆炸事故说起。

切尔诺贝利核电站位于乌克兰北部，距首都基辅只有140km，它是原苏联时期在乌克兰境内修建的第一座核电站。曾几何时，切尔诺贝利是苏联人民的骄傲，被认为是世界上最安全、最可靠的核电站。但1986年4月26日的一声巨响彻底打破了这一神话。核电站的第4号核反应堆在进行惰走实验中突然发生失火，引起爆炸。据估算，核泄漏事故后产生的放射污染相当于日本广岛原子弹爆炸产生的放射污染的100倍。爆炸使机组被完全损坏，8t多强辐射物质泄漏，尘埃随风飘散，致使俄罗斯、白俄罗斯和乌克兰许多地区遭到核辐射的污染。

1986年，国际原子能机构核安全咨询组（International Nuclear Safety Advisory Group，INSAG）在其提交的《关于切尔诺贝利核电厂事故后的审评总结报告》中首次使用了"安全文化"一词，标志着核安全文化概念被正式引入核安全领域。1988 年，国际原子能机构又在《核电厂基本安全原则》中将安全文化的概念作为一种重要的管理原则予以确定，并渗透到核电厂以及核能相关领域中。随后，国际原子能机构在 1991 年编写的《安全文化》（即 75-INSAG-4 报告）中，首次定义了安全文化的概念，完整地阐述了安全文化的理念，以及评价安全文化的标准，并建立了一套核安全文化建设的思路和策略。1994 年推出《组织安全文化自我评估指南》（TECDOC 743）；1997 年推出《安全文化实例》（Safety Reports 1）；1998 年推出《在核活动中发展安全文化，帮助进步的实际建议》（Safety Reports 11）；2002 年推出《加强安全文化的关键问题》（INSAG-15），即安全文化 7 要素。

我国核工业总公司紧随国际核工业安全的发展趋势，不失时机地把国际原子能机构的研究成果和安全理念介绍到国内。1992 年《核安全文化》一书的中文版出版；1993 年我国原劳动部部长李伯勇同志指出："要把安全工作提高到安全文化的高度来认识。"在这一认识基础上，我国的安全科学界把这一高技术领域的思想引入到传统产业，把核安全文化深化到一般安全生产与安全生活领域，从而形成了一般意义上的安全文化。安全文化从核安全文化、航空航天安全文化到企业安全文化，逐渐拓宽到全民安全文化。原国家安全生产监督总局《"十一五"安全文化建设纲要》（安监总政法〔2006〕88 号）指出：我国安全生产形势严峻的重要原因之一是安全文化建设水平较低，全民的安全意识较为淡薄，一些企业的安全文化行为不够规范，社会的安全舆论氛围不够浓厚。基于这些情况，我国在经历了 2006 年酝酿制定，2007 年列入编制计划，2008 年编写、评审、发布，2009 年宣贯达标等一系列过程后，最终出台了《企业安全文化建设导则》（AQ/T 9004—2008）。

伴随着人类的生存与发展，人类的安全文化可分为四大发展阶段：

（1）17 世纪前，人类的安全观念是宿命论，行为特征是被动承受型，这是人类古代安全文化的特征。

（2）17 世纪末期至 20 世纪初，人类的安全观念提高到经验论水平，行为方式有了"事后弥补"的特征。这种由被动的行为方式变为主动的行为方式，由无意识变为有意识的安全观念，不能不说是一种进步。

（3）20 世纪 50 年代，随着工业社会的发展和技术的进步，人类的安全认识论进入到系统论阶段，从而在方法论上能够推行安全生产与安全生活的综合型对策，进入了近代的安全文化阶段。

（4）20 世纪 50 年代以来，人类对高新技术的不断应用，如宇航技术的利用、核技术的利用，以及信息化社会的出现，人类的安全认识论进入到本质论阶段，超前预防型成为现代安全文化的主要特征，这种高技术领域的安全思想和方法论推进了传统产业和技术领域的安全手段和对策的进步。由此，可归纳人类安全文化的发展脉络如表 5-1 所示。

表 5-1　人类安全文化的发展脉络

各时代的安全文化	观念特征	行为特征
古代安全文化	宿命论	被动承受
近代安全文化	经验论	事后型、亡羊补牢
现代安全文化	系统论	综合型、人、机、环境对策
发展的安全文化	本质论	超前、预防型

安全文化理论与实践的认识和研究是一项长期的任务，随着人们对安全文化的理解、运用和实践的不断深入，人类安全文化的内涵必定会丰富起来；社会安全文化的整体水平也会不断提高；企业也将通过安全文化的建设，使员工安全素质得以提高，事故预防的人文氛围和物化条件得以实现。通过对安全文化的研究，人类已经初步认识到：发展安全文化的方向定位是面向现代化，面向新技术，面向社会和企业的未来，面向决策者和社会大众；发展安全文化的基本要求是要体现社会性、科学性、大众性和实践性；发展建设安全文化的最终目的是为人类生活的安康和生产的安全提供精神动力、智力支持、人文氛围和物态环境。

第四节　形而上学的安全文化要求

一、安全文化的定义

要对安全文化下定义，首先需要引用文化的概念。目前对于文化的定义有100 余种。显然，从不同的角度，在不同的领域，为了不同的应用目的，对文化的理解和定义是不同的。本书赞同这样的定义和理解：文化是明显的或隐含的处理问题的方式和机制；在一种不断满足需要的试图中，观念、习惯、习俗和传说在一个群体中被确立并在一定程度上规范化；文化是一种生活方式，它产生于人类群体，并被有意识或无意识地传给下一代。

在安全生产领域，一般从广义角度来理解文化的含义，这里的文化不仅仅是通常的"学历""文艺""文学""知识"的代名词。从广义的概念来认识，文化是人类活动所创造的精神财富和物质财富的总和。由于对文化的不同理解，就会产生对安全文化的不同定义。归纳关于安全文化定义的论述，一般有"狭义说"和"广义说"两类。

"狭义说"的定义强调文化或安全内涵的某一层面，例如人的素质、企业文化范畴等。如 1991 年国际原子能机构在《安全文化》中给出的安全文化定义是：安全文化是存在于单位和个人中的种种素质和态度的总和，它建立一种超出一切之上的观念，即核电厂的安全问题由于它的重要性而要保证得到应有的重视。西南交通大学曹琦教授在分析了企业各层次人员的本质安全素质结构的基础上，提出了安全文化的定义：安全文化是安全价值观和安全行为准则的总和。安全价值观是指安全文化的内层结构，安全行为准则是指安全文化的表层结构。并指出了我国安全文化产生的背景具有现代工业社会生活、现代工业生产和企业现代管理的特点。上述两种定义都具有强调人文素质的特征。其次还有定义认为：安全文化是社会文化和企业文化的一部分，特别是以企业安全生产为研究领域，以事故预防为主要目标。或者认为：安全文化就是运用安全宣传、安全教育、安全文艺、安全文学等文化手段开展的安全活动。这两种定义主要强调了安全文化应用领域和安全文化的手段方面。

"广义说"把"安全"和"文化"两个概念都作广义解，安全不仅包括生产安全，还扩展到生活、娱乐等领域，文化的概念不仅包含了观念文化、行为文化、管理文化等人文方面，还包括物态文化、环境文化等硬件方面。广义的定义有如下几种：

（1）英国保健安全委员会核设施安全咨询委员会（HSCASNI）组织认为，国际核安全咨询组织的安全文化定义是一个理想化的概念，定义中没有强调能力和精通等必要成分，并对安全文化提出了修正的定义：一个单位的安全文化是个人和集体的价值观、态度、能力和行为方式的综合产物，它取决于保健安全管理上的承诺、工作作风和精通程度。具有良好安全文化的单位有如下特征：在相互信任基础上的信息交流；共享安全是重要的想法；对预防措施效能的信任。

（2）美国学者道格拉斯·韦格曼（Douglas Wegman）等在 2002 年 5 月向美国联邦管理局提交的一份对安全文化研究的总结报告中对安全文化的定义是：安全文化是由一个组织的各层次、各群体中的每一个人所长期保持的，对职工安全和公众安全的价值及优先性的认识。它涉及每个人对安全承担的责任，保持、加强和交流对安全关注的行动，主动从失误中吸取教训，努力学习、调整并修正个人和组织的行为，并且从坚持这些有价值的行为模式中获得奖励等。韦格曼等人的论述提供了对安全文化表征的认识，即安全文化的通用性表征至少有五个方面：组织的承诺、管理的参与程度、员工授权、奖惩系统和报告系统。

（3）国内研究者的定义是：在人类生存、繁衍和发展的历程中，在其从事生产、生活乃至实践的一切领域内，为保障人类身心安全（含健康）并使其能安全、舒适、高效地从事一切活动，预防、避免、控制和消除意外事故和灾害（自然的或人为的）；为建立起安全、可靠、和谐、协调的环境和匹配运行的安全体系；为使人类变得更加安全、康乐、长寿，使世界变得友爱、和平、繁荣而创造的安全物质财富和安全精神财富的总和。还有的学者认为：安全文化是人类安全活动所创造的安全生产、安全生活的精神、观念、行为与物态的总和。这种定义是建立在大安全观和大文化观的概念基础上，安全观方面包括企业安全文化、全民安全文化、家庭安全文化等，文化观方面既包括精神、观念等意识形态的内容，也包括行为、环境、物态等实践和物质的内容。

上述定义有如下共同点：（1）文化是观念、行为、物态的总和，既包括主观内涵，也包括客观存在；（2）安全文化强调人的安全素质，要提高人的安全素质需要综合的系统工程；（3）安全文化是以具体的形式、制度和实体表现出来的，并具有层次性；（4）安全文化具有社会文化的属性和特点，是社会文化的组成部分，属于文化的范畴；（5）安全文化最重要的领域是企业的安全文化，发展并建设安全文化，最终要建设好企业安全文化。

上述定义的不同点在于：（1）内涵不同。广义的定义既包括了安全物质层又包括了安全精神层；狭义的定义主要强调精神层面；（2）外延不同。广义的定义既涵盖企业，还涵盖公共社会、家庭、大众等领域；狭义的定义则局限于文化或安全的某一层面。

二、安全文化的范畴、功能及作用

（一）安全文化的范畴

"防为上，救次之，戒为下"，安全文化是统筹兼顾"防""救""戒"，突出"防"。安全文化是具有一定模糊性的一个大概念，它包含的对象、领域、范围是广泛的。安全文化的范畴可从如下两个方面来理解。

（1）安全文化的层次性。从文化的形态来说，安全文化的范畴包含安全观念文化、安全行为文化、安全管理文化和安全物态文化。安全观念文化是安全文化的精神层，也是安全文化的核心层；安全行为文化和安全管理文化是中层部分；安全物态文化是表层部分，或称为安全文化的物质层。安全文化的层次结构如图 5-4 所示。

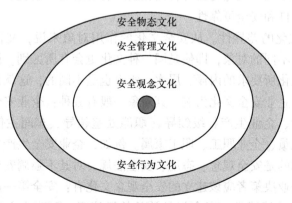

图 5-4　安全文化的层次结构

1）安全观念文化。安全观念文化主要是指决策者和大众共同接受的安全意识、安全理念、安全价值标准。安全观念文化是安全文化的核心和灵魂，是形成和提高安全行为文化、制度文化和物态文化的基础和原因。目前需要建立的安全观念文化主要有：预防为主的观念；安全也是生产力的观念；安全第一、以人为本的观念；安全就是效益的观念；安全性是生活质量的观念；风险最小化的观念；最适安全性的观念；安全超前的观念；安全管理科学化的观念等。同时还要有自我保护的意识；保险防范的意识；防患于未然的意识等。

2）安全行为文化。安全行为文化是指在安全观念文化指导下，人们在生产和生活过程中所表现出的安全行为准则、思维方式、行为模式等。行为文化既是观念文化的反映，同时又作用并改变观念文化。现代工业化社会需要发展的安全行为文化是进行科学的安全思维；强化高质量的安全学习；执行严格的安全规范；进行科学的安全领导和指挥；掌握必需的应急自救技能；进行合理的安全操作等。

3）安全管理（制度）文化。管理文化对社会组织（或企业）和组织人员的行为产生规范性、约束性影响和作用，它集中体现观念文化和物质文化对领导和员工的要求。安全管理文化的建设包括建立法制观念、强化法制意识、端正法制态度，科学地制定法规、标准和规章，严格的执法程序和自觉地守法行为等。同时，安全管理文化建设还包括行政手段的改善和合理化；经济手段的建立与强化等。

4）安全物态文化。安全物态文化是安全文化的表层部分，它是形成观念文化和行为文化的条件。从安全物质文化中往往能体现出组织或企业领导的安全认识和态度，反映出企业安全管理的理念和哲学，折射出安全行为文化的成效。所以说物质既是文化的体现，又是文化发展的基础。对于企业来说，安全物态文化主要体现在：①人类技术和生活方式与生产工艺的本质安全性；②生产和生活中所使用的技术和工具等人造物及与自然相适应有关的安全装置、仪器、工具等物态本身的安全条件和安全可靠性。

（2）安全文化的差异性。从安全文化的作用对象来说，文化是针对具体的人而言的，面对不同的对象，即使是同一种文化也会有所区别。因此，针对不同的对象，安全文化所要求的内涵、层次、水平也是不同的，这就是安全文化对象体系的内容。以企业安全文化为例，其对象一般有五种：企业安全生产主要责任人或企业决策者、企业生产各级领导（职能处室领导、车间主任、班组长等）、企业安全专职人员、企业职工、职工家属。例如，企业安全生产主要责任人的安全文化素质强调的是安全观念、态度、安全法规，对其不强调安全的技能和安全的操作知识；企业决策者应该建立的安全观念文化有：安全第一的哲学观，尊重人的生命与健康的情感观，安全就是效益的经济观，预防为主的科学观等。显然，对不同的对象要求具有不同的安全文化素质，其具体的知识体系需要通过安全教育和培训建立。

从安全文化建设的空间来讲，就有安全文化的领域体系问题，即行业、地区、企业由于生产方式、作业特点、人员素质、区域环境等因素，造成的安全文化内涵和特点的差异性及典型性。以企业安全文化为例，安全文化包括企业内部领域的安全文化，即厂区、车间、岗位等领域的安全文化；也包括企业外部社会领域的安全文化，如家庭、社区、生活娱乐场所等方面的安全文化。

从整体上认清安全文化的范畴，对建设安全文化能起到重要的指导作用。

（二）安全文化的功能及作用

文化具有实践性、人本性、民族性、开放性、时代性。在生活和生产过程中，保障安全的因素有很多，如环境的安全条件，生产设施、设备和机械等生产工具的安全可靠性，安全管理的制度等，但归根结底是人的安全素质，即人的安全意识、态度、知识、技能等。安全文化的建设对提高人的安全素质可以发挥重要的作用。人们常说文化是一种力，那么这个"力"有多大？这个"力"表现在哪些方面？从国内外安全生产搞得比较好的企业来看，文化力应第一表现为影响力，第二表现为激励力，第三表现为约束力，第四表现为导向力。这四种"力"也可称为四种功能。

影响力是通过观念文化的建设影响决策者、管理者和员工对安全的态度和观念，进而强化企业员工乃至社会成员的安全意识。

激励力是通过观念文化和行为文化的建设，激励每个人安全行为的自觉性，具体对于企业决策者就是要对安全生产具备足够的重视度和积极的管理态度；对于员工则是激励其更加重视安全，自觉遵章守纪。

约束力是通过强化政府行政的安全责任意识，约束其审批权；通过强化安全管理，提高企业决策者的安全管理能力和水平，规范其管理行为；通过安全生产制度的建设，约束员工的安全生产施工行为，消除违法违章现象。

导向力是对全体社会成员的安全意识、观念、态度、行为的引导。对于不同层次、不同生产或生活领域、不同社会角色和社会责任的人，安全文化的导向作用既有相同之处，也有不同之处。如对于安全意识和态度，无论什么人都应是一致的；而对于安全的观念和具体的行为方式，则会随具体的层次、角色、环境和责任的不同而不同。

随着工业的发展和社会的进步，安全文化的影响、激励、约束和导向四种功能对安全生产的保障作用将越来越明显地表现出来。这一点在人类的安全科技发展史中已得到充分的证明，即早期的工业安全主要靠安全技术的手段（物化的条件）；在安全技术达标的前提下，进一步的提高系统安全性，需要安全管理的手段；要加强管理的力度，人类应用了安全法规的手段；在依靠技术、管理和制度手段等常规方法，还难以控制或消灭事故的前提下，必须从文化氛围和文化熏陶的角度展开对人们安全观念的更新和改造，以弥补常规方法的不足，人类便需要筑起一道安全文化防线，依靠文化的功能和力量，预防事故，保障安全生产。

三、企业安全文化建设

（一）安全文化建设的模式

模式是研究和表现事物规律的一种方式，它具有系统化、规范化、功能化的特点。它能简洁、明了地反映事物的过程、逻辑、功能、要素及其关系，是一种科学的方法论。研究安全文化建设的模式，就是期望用一种直观、简明的概念模式把安全文化建设的规律表现出来，以有效而清晰的形式指导安全文化建设实践。根据安全文化的理论体系与层次结构，可从观念文化、管理与法制文化、行为文化和物态文化四个方面构建安全文化建设的层次模式，以企业安全文化建设模式为例，如图5-5所示。

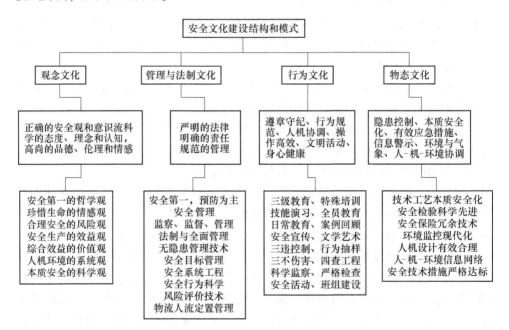

图5-5　企业安全文化建设的层次结构模式

安全文化建设的层次结构模式归纳了安全文化建设的形态与层次结构的内涵和联系。横向结构体系包括观念、管理与法制、行为和物态四个安全文化方向。纵向结构体系，按层次系统划分，第一个层次是安全文化的形态；第二个层次是安全文化建设的目标体系；第三个层次是安全文化建设的模式和方法体系。根据系统工程的思想，还可以设计出安全文化建设的系统工程模式。即从建设领域、建设对象、建设目标、建设方法四个层次的系统出发，将一个企业安全文化建设所涉及的系统分为企业内部和企业外部。只有全面进行系统建设，企业的安全生产才有文化的基础和保障。不同行业的安全文化建设情况不同，例如交通、民航、石油化工、商业与娱乐行业，安全文化建设就不能仅仅只考虑在企业或行业内部进行，必须考虑外部或社会系统建设问题。因此，企业安全文化建设的系统工程如图5-6所示。

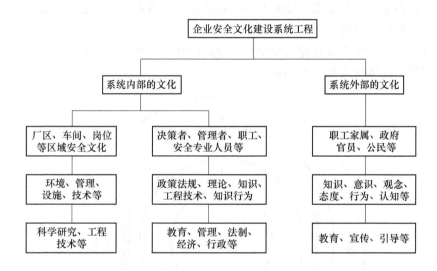

图5-6 企业安全文化建设的系统工程

上述建设安全文化的模式主要是针对企业或行业行为而言的。如果针对政府推动安全文化的建设与发展角度，则应考虑全社会的文化建设，把建设安全文化，提升全民素质，作为开拓我国安全生产新纪元重大战略发展来认识。为此，在社会层面可从以下方面开展工作，以加强安全文化的系统工程建设：（1）组建中国安全文化发展促进会，以有效组织全社会的安全文化建设；（2）建立"安全文化研究和奖励基金"，为推进安全文化进步提供支持；（3）在研究试点的基础上，推广企业安全文化建设模式样板工程和社会（社区）安全文化建设模式样板工程，加快我国安全文化的发展速度；（4）在学校（小学、中学）开设安全知识辅导课，提高学生安全素质；（5）有效组织发展安全文化产业，即向社会和企业提供高质量的安全宣教产品；组织和办好安全生产周（月）等活动；改善安全教育方法，统一安全生产培训教育模式；规范安全认证制度；发展安全生产中介组织等。

（二）企业安全文化建设基本要素

企业安全文化建设应结合企业自身实际需求和企业内外部的安全管理环境，按照一定的国家标准，并借鉴国内外先进的安全文化建设经验，制定符合自身企业特色的安全文化发展战略和计划，进而打造更为可行的满足企业安全生产和发展壮大需求的现代化安全文化体系。原国家安监总局于 2008 年发布了《企业安全文化建设导则》（AQ/T 9004—2019），该导则明确定义企业安全文化的具体含义：被企业组织的员工群体所共享的安全价值观、态度、道德和行为规范的统一体；并强调企业安全文化建设的重要性和必要性，明确要求企业应当根据自身实际情况，积极开展安全文化建设工作。

按照《企业安全文化建设导则》（AQ/T 9004—2019）标准要求，企业安全文化建设的总体模式如图 5-7 所示。

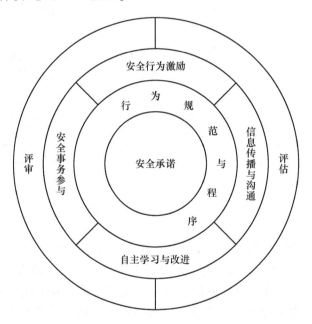

图 5-7　企业安全文化建设的总体模式

1. 安全承诺

（1）企业应建立包括安全价值观、安全愿景、安全使命和安全目标等在内的安全承诺。安全承诺应：

1）切合企业特点和实际，反映共同安全志向；

2）明确安全问题在组织内部具有最高优先权；

3）声明所有与企业安全有关的重要活动都追求卓越；

4）含义清晰明了，并被全体员工和相关方所知晓和理解。

（2）企业的领导者应对安全承诺做出有形的表率，应让各级管理者和员工切身感受到领导者对安全承诺的实践。领导者应：

1）提供安全工作的领导力，坚持保守决策，以有形的方式表达对安全的关注；

2）在安全生产上真正投入时间和资源；

3）制定安全发展的战略规划以推动安全承诺的实施；

4）接受培训，在与企业相关的安全事务上具有必要的能力；

5）授权组织的各级管理者和员工参与安全生产工作，积极质疑安全问题；

6）安排对安全实践或实施过程的定期审查；

7）与相关方进行沟通和合作。

（3）企业的各级管理者应对安全承诺的实施起到示范和推进作用，形成严谨的制度化工作方法，营造有益于安全的工作氛围，培育重视安全的工作态度。各级管理者应：

1）清晰界定全体员工的岗位安全责任；

2）确保所有与安全相关的活动均采用了安全的工作方法；

3）确保全体员工充分理解并胜任所承担的工作；

4）鼓励和肯定在安全方面的良好态度，注重从差错中学习和获益；

5）在追求卓越的安全绩效、质疑安全问题方面以身作则；

6）接受培训，在推进和辅导员工改进安全绩效上具有必要的能力；

7）保持与相关方的交流合作，促进组织部门之间的沟通与协作。

（4）企业的员工应充分理解和接受企业的安全承诺，并结合岗位工作任务实践这种安全承诺。每个员工应：

1）在本职工作上始终采取安全的方法；

2）对任何与安全相关的工作保持质疑的态度；

3）对任何安全异常和事件保持警觉并主动报告；

4）接受培训，在岗位工作中具有改进安全绩效的能力；

5）与管理者和其他员工进行必要的沟通。

（5）企业应将自己的安全承诺传达到相关方。必要时应要求供应商、承包商等相关方提供相应的安全承诺。

2. 行为规范与程序

（1）企业内部的行为规范是企业安全承诺的具体体现和安全文化建设的基础要求。企业应确保拥有能够达到和维持安全绩效的管理系统，建立清晰界定的组织结构和安全职责体系，有效控制全体员工的行为。行为规范的建立和执行应：

1）体现企业的安全承诺；

2）明确各级各岗位人员在安全生产工作中的职责与权限；

3）细化有关安全生产的各项规章制度和操作程序；

4）行为规范的执行者参与规范系统的建立，熟知自己在组织中的安全角色和责任；

5）由正式文件予以发布；

6）引导员工理解和接受建立行为规范的必要性，知晓由于不遵守规范所引发的潜在不利后果；

7）通过各级管理者或被授权者观测员工行为，实施有效监控和缺陷纠正；

8）广泛听取员工意见，建立持续改进机制。

（2）程序是行为规范的重要组成部分。企业应建立必要的程序，以实现对与安全相关的所有活动进行有效控制的目的。程序的建立和执行应：

1）识别并说明主要的风险，简单易懂，便于实际操作；

2）程序的使用者（必要时包括承包商）参与程序的制定和改进过程，并应清楚理解不遵守程序可导致的潜在不利后果；

3）由正式文件予以发布；

4）通过强化培训，向员工阐明在程序中给出特殊要求的原因；

5）对程序的有效执行保持警觉，即使在生产经营压力很大时，也不能容忍走捷径和违反程序；

6）鼓励员工对程序的执行保持质疑的安全态度，必要时采取更加保守的行动并寻求帮助。

3. 安全行为激励

（1）企业在审查和评估自身安全绩效时，除使用事故发生率等消极指标外，还应使用旨在对安全绩效给予直接认可的积极指标。

（2）员工应该受到鼓励，在任何时间和地点，挑战所遇到的潜在不安全实践，并识别所存在的安全缺陷。对员工所识别的安全缺陷，企业应给予及时处理和反馈。

（3）企业宜建立员工安全绩效评估系统，应建立将安全绩效与工作业绩相结合的奖励制度。审慎对待员工的差错，应避免过多关注错误本身，而应以吸取经验教训为目的。应仔细权衡惩罚措施，避免因处罚而导致员工隐瞒错误。

（4）企业宜在组织内部树立安全榜样或典范，发挥安全行为和安全态度的示范作用。

4. 安全信息传播与沟通

（1）企业应建立安全信息传播系统，综合利用各种传播途径和方式，提高传播效果。

（2）企业应优化安全信息的传播内容，将组织内部有关安全的经验、实践和概念作为传播内容的组成部分。

（3）企业应就安全事项建立良好的沟通程序，确保企业与政府监管机构和相关方、各级管理者与员工、员工相互之间的沟通。沟通应满足：

1）确认有关安全事项的信息已经发送，并被接受方所接收和理解；

2）涉及安全事件的沟通信息应真实、开放；

3）每个员工都应认识到沟通对安全的重要性，从他人处获取信息和向他人传递信息。

5. 自主学习与改进

（1）企业应建立有效的安全学习模式，实现动态发展的安全学习过程，保证安全绩效的持续改进。安全自主学习过程的模式如图 5-8 所示。

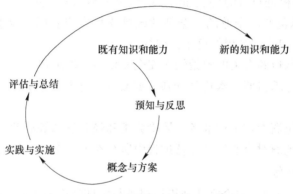

图 5-8　企业安全自主学习过程模式

（2）企业应建立正式的岗位适任资格评估和培训系统，确保全体员工充分胜任所承担的工作。应：

1）制定人员聘任和选拔程序，保证员工具有岗位适任要求的初始条件；

2）安排必要的培训及定期复训，评估培训效果；

3）培训内容除有关安全知识和技能外，还应包括对严格遵守安全规范的理解，以及个人安全职责的重要意义和因理解偏差或缺乏严谨而产生失误的后果；

4）除借助外部培训机构外，应选拔、训练和聘任内部培训教师，使其成为企业安全文化建设过程的知识和信息传播者。

（3）企业应将与安全相关的任何事件，尤其是人员失误或组织错误事件，当作能够从中汲取经验教训的宝贵机会与信息资源，从而改进行为规范和程序，获得新的知识和能力。

（4）应鼓励员工对安全问题予以关注，进行团队协作，利用既有知识和能力，辨识和分析可供改进的机会，对改进措施提出建议，并在可控条件下授权员工自主改进。

（5）经验教训、改进机会和改进过程的信息宜编写到企业内部培训课程或宣传教育活动的内容中，使员工广泛知晓。

6. 安全事务参与

（1）全体员工都应认识到自己负有对自身和同事安全做出贡献的重要责任。员工对安全事务的参与是落实这种责任的最佳途径。

（2）员工参与的方式可包括但不局限于以下类型：

1）建立在信任和免责备基础上的微小差错员工报告机制；

2）成立员工安全改进小组，给予必要的授权、辅导和交流；

3）定期召开有员工代表参加的安全会议，讨论安全绩效和改进行动；

4）开展岗位风险预见性分析和不安全行为或不安全状态的自查自评活动。

企业组织应根据自身的特点和需要确定员工参与的形式。

（3）所有承包商对企业的安全绩效改进均可做出贡献。企业应建立让承包商参与安全事务和改进过程的机制，包括：

1）应将与承包商有关的政策纳入安全文化建设的范畴；

2）应加强与承包商的沟通和交流，必要时给予培训，使承包商清楚企业的要求和标准；

3）应让承包商参与工作准备、风险分析和经验反馈等活动；

4）倾听承包商对企业生产经营过程中所存在的安全改进机会的意见。

7. 审核与评估

（1）企业应对自身安全文化建设情况进行定期的全面审核，包括：

1）领导者应定期组织各级管理者评审企业安全文化建设过程的有效性和安全绩效结果；

2）领导者应根据审核结果确定并落实整改不符合、不安全实践和安全缺陷的优先次序，并识别新的改进机会；

3）必要时，应鼓励相关方实施这些优先次序和改进机会，以确保其安全绩效与企业协调一致。

（2）在安全文化建设过程中及审核时，应采用有效的安全文化评估方法，关注安全绩效下滑的前兆，给予及时的控制和改进。

四、企业安全文化评价

安全文化评价是为了了解企业安全文化现状或安全文化建设效果，而采取的系统化测评行为，并得出定性或定量的分析结论。《企业安全文化建设评价准则》（AQ/T 9005—2008）给出了企业安全文化评价的要素、指标、减分指标、计算方法等。

（一）评价指标体系

企业安全文化评价指标体系如表 5-2 所示。

表 5-2 安全文化评价指标描述

一级指标	二级指标	三级指标	指标描述
基础特征	企业状态特征	成长性	企业历史、企业规模与发展前景
		竞争性	企业在行业中地位与市场竞争力
		赢利性	企业赢利状况及赢利预期
	企业文化特征	开放性	对外来文化和文化变革的态度
		凝聚力	员工对企业和同伴的信赖程度
		沟通交流	注重内部及与外部的沟通交流
		学习氛围	企业及员工对待学习的普遍态度
		行为规范	员工行为方式的规范化程度
	企业形象特征	知名度	企业或品牌在行业排名或社会知晓
		美誉度	企业社会责任的履行
	企业员工特征	教育水平	员工受教育程度
		工作经验	员工平均工作年限或重点岗位员工平均工作年限
		操作技能	操作技能熟练或胜任工作的员工比例
		道德水平	员工职业道德与社会公德水平
	企业技术特征	技术先进	主要技术设备、生产工艺在行业内的先进程度
		技术更新	在技术更新方面的投入与实施
		安全技术	安全工程技术的应用情况
	监管环境	监管力度	地方安全监管部门执法水平与监管能力
		法规完善	地方性安全生产法规体系完善程度
	经营环境	人力资源	本地区人力资源供给
		信息资源	本地区可利用信息资源
		经济实力	本地区总体经济发展水平
	文化环境	跨民族文化	本地区重要的民族风俗习惯、礼仪传统
		地域文化	本地区显著的区域文化特征

续表5-2

一级指标	二级指标	三级指标	指标描述
安全承诺	安全承诺内容	完整全面	逐一阐述安全价值观、安全愿景、安全使命、安全目标和安全方针
		理念先进	所述理念符合科学发展观
		求真务实	符合本企业实际切实可行
	安全承诺表述	阐述准确	完整准确地传达内涵
		语言精练	核心理念易于理解和记忆
		独到性	受众印象深刻
		感召力	感染受众引发共鸣
	安全承诺传播	传播方式	传播形式、传播媒介和传播者
		传播频度	时间频度与空间频度
		受众知晓率	员工与相关方知晓率和记忆率
	安全承诺认同	领导示范	决策层成为实践安全承诺的表率
		员工认同	员工深刻理解并认同安全承诺的内涵，并以实际行为履诺
		管理实践	管理层身体力行履行企业安全承诺
安全管理	安全权责	权责明确	企业各级人员拥有明确的安全权责
		权责匹配	企业各级人员的岗位权限与责任应匹配
	管理机构	机构设置	企业安全管理部门的设置情况
		独立履职	充分独立履行职责并可直接向最高领导报告
		资源配置	充足的人员、经费和装备
	制度执行	制度保障	从制度上充分保证安全工作的重要性
		管理权限	安全管理的权威性、独立性
		制度执行	保证制度执行有效的具体方法
	管理效果	绩效改善	各种安全绩效指标的确立与实现
		应急效能	企业应急系统的完善程度
		事故与事件管理	对各种事故、事件的管理与持续改进

续表5-2

一级指标	二级指标	三级指标	指标描述
安全环境	安全指引	视觉识别	参照国家标准正确设置安全视觉识别系统
		作业指导	为员工提供充分的安全操作规程及安全知识技能培训
		宣传教育	建立并有效利用各种媒介为员工和相关方进行安全宣传教育
		安全活动	企业积极组织并鼓励促进安全绩效的活动
		应激调适	建立应激调适机制使员工产生应激反应时可得到有效的心理咨询
	安全防护	群体防护	企业对危险作业场所、危险源和危险设备设施配置有效的安全防护装置
		个体防护	企业为员工配备并定期检查、更换必需的个体防护用品
	环境感受	安全感	员工对一般作业环境和特殊作业环境的安全感或不安全感
		舒适感	员工对一般作业环境和特殊作业环境的舒适感或不舒适感
		满意度	员工对作业环境的整体满意度
安全培训与学习	重要性体现	培训投入	企业对安全培训制定充足的财务预算并执行
		优先保证	安全培训与其他工作冲突时会得到优先保证
		资源建设	培训资源的规模和质量可以充分满足需求
		上岗资格	建立并严格执行经安全培训合格方可上岗的用人制度
	充分性体现	培训机会	每位员工都有机会接受安全培训
		培训课时	员工可接受满足法规要求或超过要求课时的安全培训
		培训内容	针对员工实际需要并注重安全行为习惯培养
		培训方式	员工乐于接受或基本满意
	有效性体现	态度变化	员工安全意识与安全态度的变化
		技能提升	员工安全知识技能的提升
		行为改善	员工行为方式的改善
		绩效改善	个人安全绩效与组织安全绩效的改善

一级指标	二级指标	三级指标	指标描述
安全信息传播	信息资源	管理信息	建立和完善安全管理信息库
		技术信息	建立和完善安全技术信息库
		事故信息	建立和完善事故、事件信息库
		知识信息	建立和完善安全知识信息库
	信息系统	管理机制	建立完备的信息与传播管理机制
		平台建设	建立稳定的信息管理与传播平台
		传播载体	建立足够的信息传播媒介
	效能体现	便捷性	员工可以便捷地获取信息
		知晓率	员工可以充分知晓信息
		交互性	员工可以便捷地交流信息
		公开性	重要安全信息公开发布
安全行为激励	激励机制	制度化	建立安全激励制度或制度条款
		优先权	所有激励中均将安全绩效指标作为首要指标
		完善度	所有促进安全绩效改善的行为与成绩均会受到鼓励
		导向性	惩罚体现不注重错误本身而注重吸取教训的原则
	激励方式	领导示范	决策层和管理层成为促进安全绩效改善的表率
		榜样树立	企业树立了安全生产的各类榜样
		物质奖励	企业设有多种形式的物质奖励
		荣誉待遇	企业设有各种荣誉称号并给予相应待遇
		提拔升迁	提拔重用安全业绩优异的员工
	激励效果	广泛知晓	所有激励被员工广泛知晓
		绩效改善	促进了员工个人与团队安全绩效的改善
		行为改善	促进了员工行为的改善
		正面效应	奖励与惩罚均不导致员工的消极态度或消极行为

续表5-2

一级指标	二级指标	三级指标	指标描述
安全事务参与	安全会议与活动	安全会议	企业定期邀请员工代表参加有关安全会议
		安全活动	企业鼓励员工开展和参与各种安全活动
	安全报告	报告制度	企业建立并不断完善有关事故、事件、隐患、缺陷等的安全报告制度
		报告渠道	保持员工报告渠道通畅和便捷
		反馈效率	及时反馈报告处理结果并鼓励报告者
		信息共享	员工及时知晓事故、事件、隐患、缺陷等信息并获得针对性培训
	安全建议	建议制度	企业建立鼓励员工安全建议的制度并不断完善
		建议渠道	保持员工建议渠道通畅与便捷
		建议反馈	及时反馈并鼓励建议者
		建议采纳	积极采纳有价值的建议促进安全绩效改善
	沟通交流	员工间沟通	员工之间保持良好的安全信息沟通交流
		管理层沟通	管理层之间保持良好的安全信息沟通交流
		上下级沟通	上下级之间保持良好的安全信息沟通交流
		承包商沟通	企业与承包商之间保持良好的安全信息沟通交流
决策层行为	公开承诺	公布安全政策	亲自公布安全承诺与安全政策
		建立责任体系	亲自参与建立安全责任制和重大安全决策
	责任履行	人事政策	安全素质或安全绩效作为人事升迁的重要依据
		安全投入	保证充分的人财物投入
		员工培训	定期对员工做行为观察与安全培训
	自我完善	知识更新	接受充分的安全培训并自我学习
		外部交流	经常与外部安全专家沟通交流
		表率示范	成为严格遵守执行安全制度与个人良好安全素质的表率

续表5-2

一级指标	二级指标	三级指标	指标描述
管理层行为	责任履行	明确职责	明确所承担的安全责任并严格履职
		完善制度	建立健全安全制度与操作规程并确立安全目标
		监督合作	部门之间保持安全责任的相互监督与相互配合
		知识技能	充分掌握满足职责需要的安全管理知识和技能
		安全绩效	促进安全绩效的持续改善
	指导下属	资格审定	安全素质或安全绩效作为人事录用与升迁的重要依据
		组织培训	有效组织实施安全培训
		行为观察	经常到现场观察员工行为并给予指导
	自我完善	知识更新	主动学习安全管理知识技能
		沟通交流	主动与内外部专家交流安全信息或管理经验
		监督检查	定期邀请上级或安监部门或安全专家监督检查安全工作
		表率示范	成为严格遵守执行安全管理制度与个人良好安全素质的表率
员工层行为	安全态度	责任意识	具有对自己并对他人安全健康负责的意识
		法规意识	具有严格遵守安全规章和作业规范的意识
		行为意向	具有只在确保安全的前提下才进行作业的行为意向
	知识技能	岗位技能	安全知识技能与操作技能胜任岗位要求
		辨识风险	具备作业前辨识风险并有效防范的能力
		应急处置	具备应急自救与互救的技能

续表 5-2

一级指标	二级指标	三级指标	指标描述
员工层行为	行为习惯	相互交流	乐于与同伴相互交流安全经验与信息
		主动学习	主动学习安全知识技能并乐于参加培训
		主动参与	主动参加安全活动并对工作中发现的问题及时提出建议或报告
		沉着应变	面对变化时善于分析思考并能正确应对
		安全确认	作业前首先辨识风险并确认安全防护措施
		遵守规范	遵守规范严谨行事
	团队合作	关心他人	主动关心他人安全并善于保护他人安全
		相互信任	充分信任同伴的团队精神和安全素质
		互助合作	愿意与同伴合作解决工作中遇到的问题
		团队绩效	以个人安全绩效促进团队安全绩效

（二）减分指标

（1）死亡事故。在进行安全评价的前一年内，如发生死亡事故，则视情况（事故性质、伤亡人数）扣减安全文化评价得分 5~15 分。

（2）重伤事故。在进行安全评价的前一年内，如发生重伤事故，则视情况扣减安全文化评价得分 3~10 分。

（3）违章记录。在进行安全评价的前一年内，根据企业的"违章指挥、违章操作、违反劳动纪律"记录情况，视程度扣减安全文化评价得分 1~8 分。

（三）评价方法

各评价指标及权重如图 5-9~图 5-20 所示。

（1）评分方法：

1）评分时，只对三级指标进行实际打分，二级指标和一级指标都是通过相应的数学公式和计算方法计分。

2）采用"百分制"进行评分，每个指标的最高分为 100 分，最低分为 0 分。

3）以"基础特征"指标系的评分作为示例，其他指标系及总分的评分可参考此例。

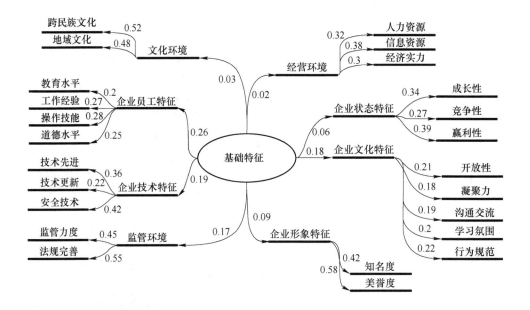

图 5-9　基础特征分级指标及权重

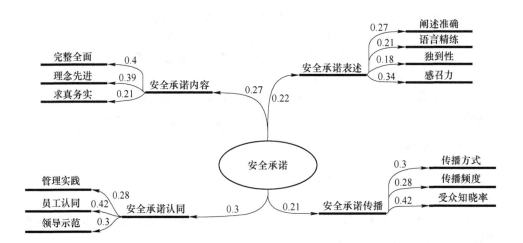

图 5-10　安全特征分级指标及权重

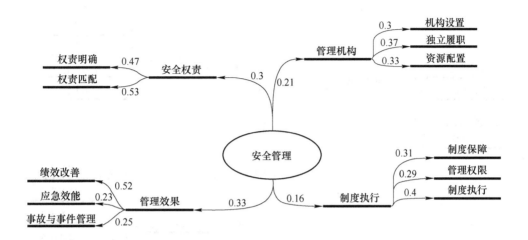

图 5-11　安全管理分级指标及权重

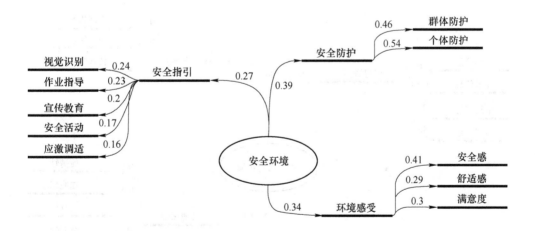

图 5-12　安全环境分级指标及权重

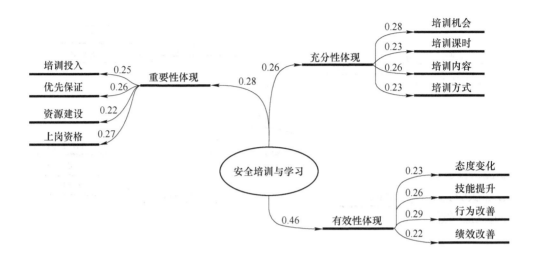

图 5-13　安全培训与学习分级指标及权重

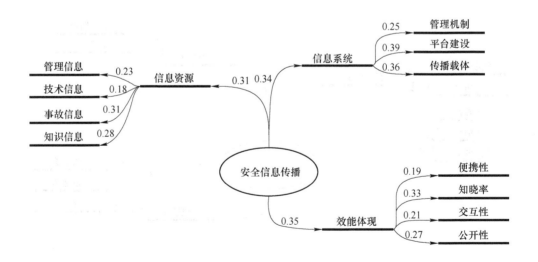

图 5-14　安全信息传播分级指标及权重

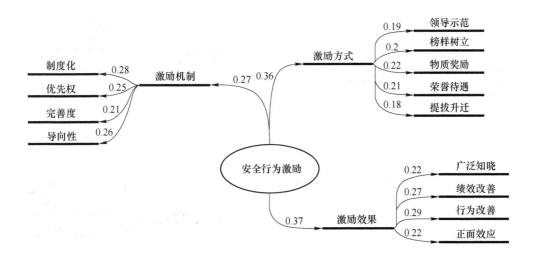

图 5-15　安全行为激励分级指标及权重

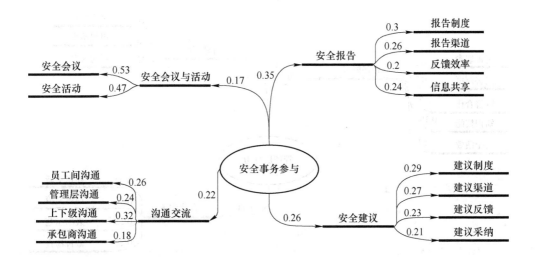

图 5-16　安全事务参与分级指标及权重

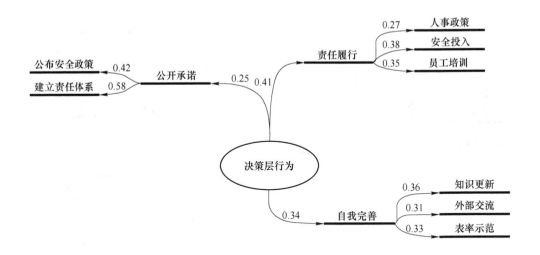

图 5-17　决策层行为分级指标及权重

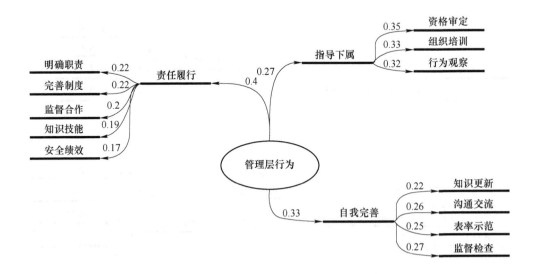

图 5-18　管理层行为分级指标及权重

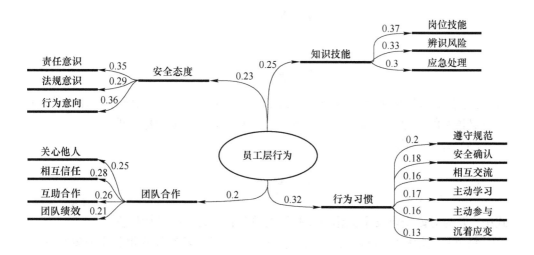

图 5-19 员工层行为分级指标及权重

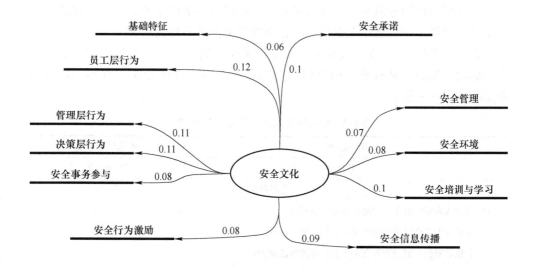

图 5-20 一级指标及权重

（2）计算公式为：

$$J = \sum_{i=1}^{n} K_i \cdot M_i$$

$$E = \sum_{i=1}^{n} N_i \cdot J_i$$

式中，J 为二级指标最终得分值；K_i 为三级指标权重；M_i 为三级指标评分值；n 为三级指标的个数；E 为一级指标最终得分值；N_i 为二级指标权重。

（3）总分计算公式：

$$Z = \sum_{i=1}^{n} Z_i \cdot E_i$$

式中，Z 为对该企业安全文化建设测评的总分；Z_i 为一级指标权重。

每个一级指标的考核得分乘以各自对应的权重，然后加和得到企业安全文化测评总分值。

（4）水平层级评价：

本准则依据企业安全文化的测评结果与重要指标特征，将企业安全文化建设水平分为六个层级，每个层级都对应一个参考分值和重要指标特征，如表5-3所示。

将实际测评的分值与参考分值相对照，就可以评估该企业的安全文化建设水平层级，并可了解该层级企业安全文化表现出来的重要特征。

需要说明的是，"企业安全文化建设水平层级划分表"只是作为本企业安全文化建设大概处于某种水平的倾向性判断参考，其"表现特征"并不一定与企业实际情况一一符合。

表5-3　企业安全文化建设水平层级划分

第一层级	本能反应阶段
参考分值	35 分以下

主要特征

1）企业认为安全的重要程度远不及经济利益；

2）企业认为安全只是单纯的投入，得不到回报；

3）管理者和员工的行为安全基于对自身的本能保护；

4）员工对自身安全不重视，缺乏自我保护的意识和能力；

5）员工对岗位操作技能、安全规程等缺乏了解；

6）企业和员工不认为事故无法避免；

7）员工普遍对工作现场和环境缺乏安全感

续表5-3

第二层级	被动管理阶段
参考分值	35~49分

主要特征

1）企业没有或只为应付监察而制定安全制度；

2）大多数员工对安全没有特别关注；

3）企业认为事故无法避免；

4）安全问题并不被看作企业的重要风险；

5）只有安监部门承担安全管理的责任；

6）员工不认为应该对自己的安全负责；

7）多数人被动学习安全知识、安全操作技能和规程；

8）企业对安全技能的培训投入不足；

9）员工对工作现场的安全性缺乏充分的信任

第三层级	主动管理阶段
参考分值	50~64分

主要特征

1）认识到安全承诺的重要性；

2）认为事故是可以避免的；

3）安全被纳入企业的风险管理内容；

4）管理层意识到多数事故是由于一线工人不安全行为造成的；

5）注重对员工行为的规范；

6）企业有计划、主动对员工进行安全技能培训；

7）员工意识到学习安全知识的重要性；

8）通过改进规章、程序和工程技术促进安全；

9）开始用指标来测量安全绩效（如伤害率）；

10）采用减少事故损失工时来激励安全绩效

第四层级	员工参与阶段
参考分值	65~79分

主要特征

1）具备系统和完善的安全承诺；

2）企业意识到有关管理政策、规章制度的执行不完善是导致事故的常见原因；

3）大多数员工愿意承担对个人安全健康的责任；

4）企业意识到员工参与对提升安全生产水平的重要作用；

5）关注职业病、工伤保险等方面的知识；

6）绝大多数一线员工愿意与管理层一起改善和提高安全健康水平；

7）事故率稳定在较低的水平；

8）员工积极参与对安全绩效的考核；

9）企业建有完善的安全激励机制；

10）员工可以方便地获取安全信息

第五层级	团队互助阶段
参考分值	80~90分

主要特征

1) 大多数员工认为无论从道德还是经济角度，安全健康都十分重要；

2) 提倡健康的生活方式，与工作无关的事故也要控制；

3) 承认所有员工的价值，认识到公平对待员工于安全十分重要；

4) 一线职工愿意承担对自己和对他人的安全健康责任；

5) 管理层认识到管理不到位是导致多种事故的主要原因；

6) 安全管理重心放在有效预防各类事故；

7) 所有可能相关的数据都被用来评估安全绩效；

8) 更注重情感的沟通和交流；

9) 拥有人性化和个性化的安全氛围

第六层级	持续改进阶段
参考分值	90分以上

主要特征

1) 保障员工在工作场所和家庭的安全健康，已经成为企业的核心价值观；

2) 员工共享"安全健康是最重要的体面工作"的理念；

3) 出于对整个安全管理过程的信心，企业采用更多样的指标来展示安全绩效；

4) 员工认为防止非工作相关的意外伤害同样重要；

5) 企业持续改进，不断采用更好的风险控制理论和方法；

6) 企业将大量投入用于员工家庭安全与健康的改善；

7) 企业并不仅仅满足于长期（多年）无事故和无严重未遂事故记录的成绩；

8) 安全意识和安全行为成为多数员工的一种固有习惯

（四）评价程序

（1）建立评价组织机构与评价实施机构。企业开展安全文化评价工作时，首先应成立评价组织机构，并由其确定评价工作的实施机构；企业实施评价时，由评价组织机构负责确定评价工作人员并成立评价工作组。必要时可选聘有关咨询专家或咨询专家组。咨询专家（组）的工作任务和工作要求由评价组织机构明确。

评价工作人员应具备以下基本条件：1）熟悉企业安全文化评价相关业务，有较强的综合分析判断能力与沟通能力；2）具有较丰富的企业安全文化建设与实施专业知识；3）坚持原则，秉公办事；4）评价项目负责人应有丰富的企业安全文化建设经验，熟悉评价指标及评价模型。

（2）制定评价工作实施方案。评价实施机构应参照本标准制定《评价工作实施方案》。方案中应包括所用评价方法、评价样本、访谈提纲、测评问卷、实施计划等内容。并应报送评价组织机构批准。

（3）下达《评价通知书》。在实施评价前，由评价组织机构向选定的样本单位下达《评价通知书》。《评价通知书》中应当明确：评价的目的、用途、要求、应提供的资料及对所提供资料应负的责任以及其他需在《评价通知书》中明确的事项。

（4）调研、收集与核实基础资料。根据本标准设计评价的调研问卷，根据《评价工作方案》收集整理评价基础数据和基础资料。资料收集可以采取访谈、问卷调查、召开座谈会、专家现场观测、查阅有关资料和档案等形式进行。评价人员要对评价基础数据和基础资料进行认真检查、整理，确保评价基础资料的系统性和完整性。评价工作人员应对接触的资料内容履行保密义务。

（5）数据统计分析。对调研结果和基础数据核实无误后，可借助 EXCEL、SPSS、SAS 等统计软件进行数据统计，然后根据本标准建立的数学模型和实际选用的调研分析方法，对统计数据进行分析。

（6）撰写评价报告。统计分析完成后，评价工作组应按照规范的格式，撰写《企业安全文化建设评价报告》，报告评价结果。

（7）反馈企业征求意见。评价报告提出后，应反馈企业征求意见并作必要修改。

（8）提交评价报告。评价工作组修改完成评价报告后，经评价项目负责人签字，报送评价组织机构审核确认。

（9）进行评价工作总结。评价项目完成后，评价工作组要进行评价工作总结，将工作背景、实施过程、存在的问题和建议等形成书面报告，报送评价组织机构。同时建立好评价工作档案。

第五节　如何构建真正的安全文化

如果按照前文所述构建安全文化，这和安全标准化建设以及安全管理体系建设又能差多少呢？这势必又变成了重复构建安全管理体系或者安全标准化的套路。我们知道安全文化的典型特征是公正型、自主型、学习型、报告型，下面就围绕着这几个环节进行描述。

一、创造公正的文化

创造一个可以称为可信任的公正的文化，是在社会上建立安全文化的关键一步。在一个完全采用惩罚手段的文化中，没有人愿意坦承自己的差错或小的过失。信任对于报告文化和"见多识广"的文化，都是最主要的前提。完全免于责备的文化也是不可行的，因为有很多不安全的行为存在，虽然只是很小的一部分，但真正产生过失的行为应当受到严重的惩罚。我们说撒谎是很愚蠢的行为，因为小部分鲁莽的行为不仅从整体上会危害系统的安全，也能对其他维修人员产生直接的威胁。如果这些"莽撞的人"不受到惩罚的话，管理层就会失去信用。但是，假如没有区分少数过失的行为和包括总数超过90%在很大程度上可以免于惩罚的差错，也会失去信用。公正文化关键取决于对的行为和不可接受行为之间的公认和明确的区分。但是应当怎样区分呢？

自然的本能是在差错和违规之间划出一条线。差错在很大程度上都不是故意的，然而大多数的违规都存有故意的因素。刑法在"犯罪行为"（actus reus）和"犯罪心理"（mens rea）间做出了区分。除了在担负完全责任的情况下（例如发射危险信号），自己若是牵涉到以下方面将足以被定罪：实现对行为和意图进行的犯罪裁决必须被证明超出合理的怀疑。乍看之下，决定相当直接和简单，只是需要确定不安全的行为是否包含于不服从安全的操作程序。如果是这样，就被认定为有罪。不幸的是，问题并非那么简单，以下3个情景将做出详细说明。

在以下3种情况中，要求飞机维修人员检查飞机机身是否含有可能危害适航性的任何新断裂的铆钉。公司程序要求维修人员进行检查时要使用合适的工作台和一系列的照明。

（1）情景A：维修人员从仓库中取来工作台和检查灯，并进行了许可的检查。但他错误地标出了断裂铆钉的位置。

（2）情景B：维修人员决定不使用工作台和许可的检查灯。反之，通过使用手电筒在飞机下面走动并进行粗略的检查。他没有检查出断裂的铆钉。

（3）情景C：维修人员去仓库取来工作台和检查灯，但他发现前者发生故障，而后者不能使用。考虑到飞机很快要进行维护，他使用手电筒从飞机下面进行检查。他也和断裂的铆钉擦肩而过。

应当注意到这3种情形都犯了相同的错误：没有标出断裂的铆钉。但这3种情形潜在的行为显然有很大的差别。情景A中，工程师遵循程序。情景B中，工程师因为麻烦而没有遵循。情景C中，工程师本来打算遵循，但设备的缺陷使他没能做到。情景B和C都做出违规行为，但潜在的动机显然有所不同。在B中，工程师有意选择了能够增加错过断裂铆钉可能性的捷径。在C中，工程师试图使用身边不充分的材料尽快完成任务。

这3种情形在道德上是很明确的。既不是差错，也不是仅仅的违规行为，就足以证明被标志为不可接受的。为建立惩罚制度，必须审查差错或违规行为顺序。

我们曾经试图证明差错和违规之间的简单区别可能会造成误导。不遵守规章可能对不可接受行为是一种暗示，但这些远远不足以这么确定。如情景C描述的，很多违规是系统造成的，是工具和设备不充分的结果，而不是由于在个别部件上意图使用简单的方法作业导致的。也可能有这种情况，即手册和程序是难以理解的、无法实现的甚至缺乏可用性，或者是明显错误的。那些缺点显著的地方，制裁不服从规定的个别人不会增强系统的安全性。从好的方面说，对于这种做法，充其量只能表明管理者目光短浅，并且在工人中造成"无知无能"的感觉；从坏的方面讲，这样做，只能说明管理者心术不正。在这两种情况下，信任和尊重的氛围都不可能盛行。

法律会有帮助吗？对于疏忽，在很大程度上，民法诉讼从询问已造成坏结果的某些行为开始。这时会出现一个问题："这是一个'讲道理和有判断力的人'能够预见和避免的结果吗？"鲁莽，这是刑法中的一种问题，包含导致故意和不合道理的危险。它的显著特征就是意图。在疏忽的情况下行为不需要是有意而为之，但在因为鲁莽而被定罪前有必要得到证实。

一个人没有法律知识怎样做出关于过失刑罚的明智决定？有两种依据于经验的测试方法可以应用于不安全行为有重大作用的各个严重事件中。

（1）预见测试。个人是否有意参与一般维修人员认为可能增加引发安全重大差错可能性的行为？在以下任何情形下，如果问题的回答为"是"，那么就有可能产生过失。

1）在已知可以损害性能的药物或物质的影响下进行维修活动。

2）在驾驶拖车或叉车，以及操纵着其他具有潜在危险的设备的时候嬉戏。

3）由于连续工作了两个轮班导致过于疲劳。

4）采取未经证实的捷径，比如在工作完成之前就停止此项工作。

5）使用已知的不合规格或不恰当的工具、设备或零件。

然而，在这些情形中，有些环境可能是情有可原。但是为了解决这些问题，有必要使用置换测试。

（2）替代测试。这包含一个精神上的测试，我们在其中将真正关系到事故的人换成其他从事相同种类工作并获得相当的培训和经验的人。现在的问题是："按照现在的环境，由其他人来做是否会产生不同之处吗？"如果回答是"可能不会"，那么就不会进行责备可能模糊潜在的系统缺陷。对犯错误者的同事可以提出更深入的问题："对于给定事故的发生条件，是否能确保不会进行相同或相似类型的不安全行为？"如果回答仍然是"否"，那么谴责很可能是不恰当的。

（3）得到心理上的平衡。这里提倡的政策包含两个方面：一方面，对于鲁莽的行为有"零公差"。但与之相连的另一方面是，创造一个绝大多数不会因无意的不安全行为受到惩罚的信心。解雇或起诉真正的鲁莽违反者，特别是那些以前发生过相似违反行为的人，这样做不仅能使工作环境更安全，也能对一个不可接受的行为后果传达明确的信息。这就鼓励大多数的工人认识并了解企业文化是可以了解不良行为和诚实错误之间的不同的。有两种实现自然公正的方式。对少数人的惩罚可以保护更多无辜的人。同时还能鼓励后者自觉自发地提出很多差错和小的过失。正如我们在以后将要看到的那样，一个高可靠性组织的定义特征使人们不仅欢迎这种报告，还可能表扬甚至奖励报告者。

二、创造报告文化

尽管是公正文化，但在报告文化形成之前仍然有很多心理和组织的障碍需要克服。首先最明显的是，对坦承自己的粗心错误时产生的不情愿——人人都不想受到嘲笑。第二是担心报告会做出记录并且将来对我们不利。第三是怀疑主义，尽管我们不嫌麻烦地书写了揭示系统缺陷的事故报告，我们怎么能确信管理部门会采取行动改进这些问题？第四，我们觉得既然写报告同样需要付出时间和精力，我们为什么要操这个心呢？

下面是一些成功报告程序中的特征。各个特征是用来克服上面描述的各种障碍。

（1）报告不要有识别标准。这种特征的实现取决于单位的企业文化。一些人喜欢完全匿名，但是这种方式不足以让人寻找到进一步的信息以填补叙述的缺口。另外，有一些单位满足于保密，其中的报告者只有少数人知道。

（2）保护。策划成功的单位通常都由各高级管理人员发表声明保证对任何报告者都可以获得关于违反规定程序至少部分的免罚。这通常要求报告在事故发生后的某个特定时间内做出。不可能完全免除制裁，因为正如我们上面详细讨论的，有些行为确实是该罚的。然而，这些成功的报告大纲的经验表明，这种看似有限的保证亦足够可以引出大量诚实的差错的报告。

（3）职责的分开。成功的策划将收集和分析报告的当局和部门与有权实施惩罚活动的部门分开。

（4）反馈。成功的策划能意识到如果工人们感觉到他们正在被带入到一个组织黑洞中，报告很快就会干涸。对报告团体迅速的、实用的、可达到的、可理解的反馈是必需的。这通常通过出版出现问题的概要报告和已经应用的相对应的措施来实现。一些大的单位，像 NASA，也通过维护一个用于使研究人员和分析人员合法的数据库来实现。

（5）报告简单易行。一些单位以询问有限数目的强迫选择问题的形式开始自己的计划，这些问题中，应答者被要求指出哪种所列的差错类型或环境状况与他们出现的事故有关。然而，经验很快表明，报告者更喜欢更加开放和较少约束的形式。后一种版本的报告形式鼓励自由内容报告，其中应答者可以做出完整的叙述并且能表达他们自己的理解和判断。叙述是获得很多不同因素之间复杂相互作用的很好的方法。这种报告可能需要很长时间来完成，但报告者更喜欢这种方法，特别是由于他们被提供机会表达他们自己关于如何预防事故再发生的观点。

创造成功的报告系统没有最好的方法。上面所列的仅仅是成功报告系统的一些最基本的特征。每个单位必须经过试验发现最好的方法。

这也许是荒谬的，一个成功的策划常常被看作是那些能引起事件报告量稳定增长的。如果在计划的早期阶段这还是个合理的解释，那么逻辑表明这样的时期总会到来，其中事件报告在数量上的增加不能简单地认为是信任增大的迹象，它也可能意味着一大批安全重要的事件在系统内发生。然而，为了使我们的知识达到最好，如果有，也会很少，报告大纲现在已经达到辨别的水平。在任何情况下，仅仅是报告量决不能是系统安全的好的指标。仅仅是数字很可能低估了差错和小的过失的真实事件。安全信息系统最大的价值在于它有能力确定保护中重复发生事件的类型、差错陷阱以及缺口或缺陷。

三、创造学习文化

学习文化中最重要的前提条件是报告文化。如果没有一个能够收集、分析和散布相关的安全信息的有效的事件和过失的报告制度，特别是关于安全或质量"黑点"位置的事件以及过失，组织上不仅察觉不到风险，而且会记忆丢失。但即使这些元素都出现，仍然需要组织上采取最合适的学习模式。社会科学已经确定了两种清晰的组织学习类型：单循环学习和双循环学习。图 5-21 展示了这两种类型的区别。

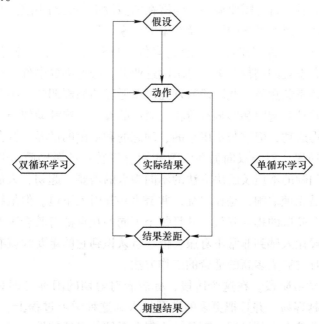

图 5-21　单循环和双循环组织学习之间的区别

图 5-21 所示的中心框架显示了包含于组织行为中的顺序阶段。它们开始于组织关于事情如何进行和事情如何完成的基本假设。这种"心理上的模式"确定了目标和动作。一旦动作开始，有必要检查实际结果是否符合要求的结果。当产生偏差（结果缺口），就需要对动作和它们的潜在假设做出修改。在单循环学习中，只有动作受到考查，这就是赞同人为差错的"人员模式"理论的各个单位最可能遵守的过程。他们在执行任务的人那里寻找偏离行为，并且一旦发现，就把这种发现视为导致偏差结果的"原因"。且应用引入关注的对策（点名、谴责、羞辱、再培训和编写另外一份程序），学习过程就会停止。这就是单循环学习。这种学习就好像人的差错模式，应用非常广泛。"学习"的结果很可能局限于工程上的"事后处理"和处罚行动。

双循环学习进入到一个非常重要的阶段。它不仅会考查以前的动作，也会挑战促使它们产生的组织上的假设。双循环学习引起的是全局的改革，而不是局部修补，并且还会引导单位采纳人为差错的"系统模式"，这种模式关注的不是针对谁是谁非，而是针对单位的政策、惯例、结构、工具、控制和保护系统如何，以及为什么未能取得预期的结果。

MIT 斯隆管理学院的 John Carroll 做了一个关于大量高危险组织如何从经验中学习，特别是从问题或事件调查团队的工作中学习的研究。他和同事们一起创造了组织学习 4 个阶段的模式，总结如下：

（1）局部阶段。学习主要是单循环，主要基于专门工作小组的技能和经验。在对比性能标准后，行为需要调整，但潜在的假设不会受到挑战。在学习上则会局限于拒绝任何广泛的系统问题以及有限的专家意见。

（2）控制阶段。许多现代工厂通过官僚制度的控制，比如制裁、奖励、操作程序标准化和正规的例行公事，寻求改进业务，避免不良事件。这要做出巨大的努力限制变动避免意外。此阶段特别强调单循环的局部调整。很多单位相信严格遵守规章，并且对起因和影响有着相对简单的看法。这种动作类型在稳定的环境下常常会取得成功，但它与不确定的、动态的和动荡的世界不符合。

（3）开放阶段。对于双向循环学习初期阶段转移的激励政策常常是为了广泛地适应关于问题的本质及解决方法的不同观点的需要。起初，人们把这些观点上的分歧看做是无理取闹，是在捣乱，并努力将其引入正道。但最终会意识到世界万物并非一个简单的排列安放，并且每个不同的观点都有其合理性。管理者常常觉得这个阶段让人感到非常不舒服，但一旦认识到它的重要性就有助于挑战宝贵的假设，并且发展更多新的适合的工作方法。

（4）深入学习阶段。在这个阶段，标志着对短期的困难（即观点分歧产生的尴尬）越来越容易，并且把更多的资源投入到这种学习过程上。人们意识到，问题的出现不是某个人的错误，而是一个复杂系统的必然特性。管理者不要把自已看作是劳动力的"控制"者。他们应把自己的工作看作是为有利的作业提供必要的资源。因此，假设条件常常要接受考查。对于操作危险破坏系统的方式应当从根本上重视，因为这会引起理智的谨慎而不是无益的麻痹。不良事件是可以预测和提防的。总之，深入学习的单位既有决心也有资源为持续性发展而努力。

四、安全文化的定性评价结果：好的、坏的以及中等类型

Ron Westrum，一位美国社会科学家，曾经确定了三种类型的安全文化：生成式、非理智式以及官僚式（或如意打算的）。它们反映了上述讨论中的很多学习特征。主要区别特征在于单位处理安全相关信息的方式。

（1）生成式安全文化的单位是以深入学习为特征的。他们"鼓励个人和团体观察、询问、使结论公开；并且如果观察结果涉及系统的各重要方面，则鼓励大家积极地使这些观察结果引起高级管理部门的关注"。

（2）非理智式的单位对揭发者封口、诽谤或中伤，逃避集体性的责任，惩罚或掩盖过失，阻碍新观点并压制管理者。

（3）官僚式安全文化的单位——很大程度上——似乎介于上述两种情况的中间。他们没有扼杀新观点的必要，但新的观点经常出现问题。他们趋于维持在学习的控制阶段，并大量地依赖程序来降低性能变动。安全管理趋向于孤立而不是通用化，并且通过局部调整而不是系统性改革进行处理。

莱顿大学的 Parick Hudson 将这三部分分类扩展到五个阶段，五个阶段中每一个阶段必须在下一个级别获得之前通过。这一级一级的进展都是通过不断增加的信任、不断增加的知识以及参与双循环学习的意愿实现的。

（1）非理性的（"只要不被抓住，我们才不管那么多，谁会在乎"）

（2）被动性的（"安全很重要；每次我们遇到事故我们都做很多事情"）

（3）如意打算的（"我们有各种系统到位管理所有的危害行为"）

（4）主动的（"我们努力解决还在寻找的问题"）

（5）生成式的（"我们知道实现安全很困难；我们一直在想办法找到系统发生故障的新方式，并且我们对偶然事件心中有数，以便随时应付"）

前面最困难的步骤是在主动和生成式阶段之间。很多主动式的单位往往有了成绩就自满，不思进取，但真正的生成式的组织经常知道关于系统失效的新情形。他们也清楚，如果很长一段时间不发生异常情况并非好消息，因为这样代表的仅仅是没有消息。

第六讲　安全生产管理信息的管理

本章导读：如果以系统的眼光来看待安全生产管理，安全生产信息管理在形式上就是安全管理体系中的一个核心要素，在作用上如同引擎。当生产规模不断扩大时，安全信息管理与安全生产信息化建设也要与时俱进，与之适应。安全信息管理涵盖了安全管理学理论、系统科学理论、计算机科学（包括数据库开发与设计、网络通信基础、人工智能理论、软件工程等）、数学科学（包括统计学、运筹学等）等内容。本章阐述了安全管理信息的定义、分类、管理流程，以及事故信息管理等特定安全生产信息的统计分析方法，最后介绍了安全管理信息系统的相关知识。

第一节　什么是安全管理信息

一、安全生产管理信息的定义

安全信息是反映安全生产事务之间差异及其变化的一种形式，是安全生产事务发展变化及运行状态的外在表现。安全信息的本质是安全管理、安全技术和安全文化的载体。安全信息管理是人类为了有效地开发和利用安全信息资源，以现代信息技术为手段，对安全生产信息资源进行计划、组织、领导和控制的社会活动。安全信息管理包括安全生产信息收集、传输、加工、利用和储存等一系列过程。

通过数据处理来获得安全信息，并综合利用各种安全信息为制定防范事故的措施和安全管理决策提供依据。数据处理对象包括字母、字符、数字、图像、图形、声音、动画等各种多媒体等形式。通过按照一定的规则和格式对大量相关数据进行存储管理及分析处理，把无规律的、繁杂凌乱的点阵型数据转化为有价值的安全信息，使决策机构和有关部门能够及时掌握系统总体的安全状态。在日常生产活动中，各种安全标志、安全信号是信息，各种伤亡事故的统计分析也是信息。掌握了准确的信息，就能进行正确的决策，提高企业的安全生产管理水平，更好地为企业服务。

运用安全管理体系来进行安全生产管理，是当前企业最先进的安全管理模式，安全管理与安全信息管理的关系可用图 6-1 来描述。在这种模式中，安全信息管理充当了安全管理系统发动机的角色，为体系的持续改进提供源源不断的动力。安全信息管理在形式上是安全管理体系的一个要素，但是在管理内涵上却是贯穿了整个管理活动的始终。

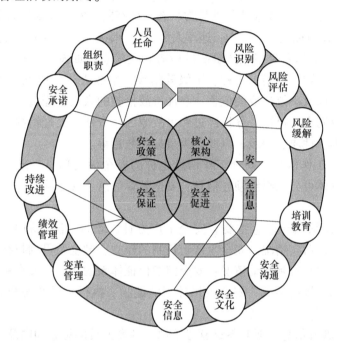

图 6-1　安全信息在安全管理体系中的作用

二、安全生产管理信息的分类

安全信息分类是有效地进行安全信息管理与统计分析的前提与基础。依据不同的分类标准，安全生产信息具有不同的分类方法。

（一）按安全信息的内容特性划分

（1）生产状态信息。安全生产安危信息来源于生产实践活动，具体可分为安全生产信息、生产异常信息和生产事故信息。

1）安全生产信息包括从事生产活动人员的安全意识、安全技术水平，以及遵章守纪等安全行为；投产使用工具、设备（包括安全技术装备）的完好程度，以及在使用中的安全状态；生产能源、材料及生产环境等，符合安全生产客观要求的各种良好状态；各生产单位、生产人员及主要生产设备连续安全生产的时间；安全生产的先进单位、先进个人数量，以及安全生产的经验等。

2）生产异常信息是指生产过程中出现的与指标或正常状态不同的相关信息，包括设备的失效、生产异常情况。如从事生产实践活动人员，进行的违章指挥、违章作业等违背生产规定的各种异常行为；投产使用的非标准、超载运行的设备，以及有其他缺陷的各种工具、设备的异常状态；生产能源、生产用料和生产环境中的物质，不符合安全生产要求的各种异常状态；没有制定安全技术措施的生产工程、生产项目等无章可循的生产活动；违章人员、生产隐患及安全工作问题的数量等。

3）生产事故信息是指生产事故的所有相关信息。如发生事故的单位和事故人员的姓名、性别、年龄、工种、工级等情况；事故发生的时间、地点、人物、原因、经过，以及事故造成的危害；参加事故抢救的人员、经过，以及采取的应急措施；事故调查、讨论、分析经过和事故原因、责任、处理情况，以及防范措施；事故类别、性质、等级，以及各类事故的数量等。

（2）安全工作信息。安全工作信息也称为安全活动信息，来源于安全管理实践活动，具体可分为组织领导信息、安全教育信息、安全检查信息、安全技术信息四类。

1）安全组织领导信息主要有安全生产方针、政策、法规和上级安全指示、要求，以及贯彻落实情况；安全生产责任制的建立、健全及贯彻执行情况；安全会议制度的建立及实际活动情况；安全组织保证体系的建立，安全机构人员的配备，及其作用发挥的情况；安全工作计划的编制、执行，以及安全竞赛、评比、总结表彰情况等。

2）安全教育信息主要有各级领导干部、各类人员的思想动向及存在的问题；安全宣传形式的确立及应用情况；安全教育的方法、内容，受教育的人数、时间；安全教育的成果，考试人员的数量、成绩；安全档案、卡片的及时建立及应用情况等。

3）安全检查信息主要有安全检查的组织领导，检查的时间、方法、内容；查出的安全工作问题和生产隐患的数量、内容；隐患整改的数量、内容和违章等问题的处理；没有整改和限期整改的隐患及待处理的其他问题等。安全检查信息具体包括企业内部组织进行的各项安全检查工作（例如：例行安全检查、专项安全检查、特种设备监察、隐患排查及整改落实情况、事故整改措施落实情况等）、外部安全评价（安全预评价、安全验收评价、安全现状评价及安全专项评价）及内外部安全审计等相关信息。

4）安全技术信息指针对事故预防与控制所采取的安全技术对策的相关信息。

（3）安全指令信息。安全指令信息来源于安全生产与安全工作规律，具有强化管理的功能。包括国家和上级主管部门制定的有关安全生产的各项方针、政策、法规和指示；行业安全生产标准；企业制定的安全生产方针、技术标准、管理标准和操作规程；安全计划的各项指标；安全工作计划的安全措施；企业先行的各种安全法规；隐患整改通知书、违章处理通知书等。

安全信息分类如图 6-2 所示。

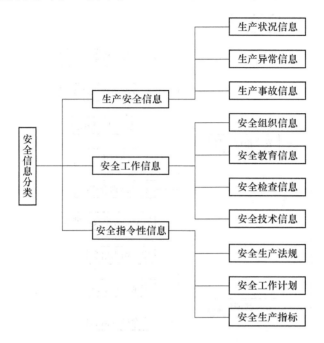

图 6-2　安全信息——按内容特性划分

（二）按安全信息的产生与作用划分

（1）安全指令信息。安全指令信息是指导企业做好安全工作的指令性信息，包括各级部门制定的安全生产方针、政策、法律、法规、技术标准，上级有关部门的安全指令、会议和文件精神以及企业的安全工作计划等，见图 6-3。

（2）安全管理信息。安全管理信息是指企业在日常生产工作中，为认真贯彻落实安全生产方针、政策、法律、法规及标准，在企业内部的安全管理工作实施的管理制度和方法等方面的信息。安全管理信息包括安全组织信息、安全领导信息、安全教育信息、安全检查信息、安全技术措施信息等。

（3）安全指标信息。安全指标信息是指企业对生产实践活动中的各类安全生产指标进行统计、分析和评价后得出的信息，包括各类事故的控制率和实际发生率，职工安全教育、培训率和合格率，尘毒危害率和治理率，隐患查出率和整改率，安全措施项目的完成率，安全设施的完好率等。

（4）安全事故信息。安全事故信息是指在生产实践活动中所发生的各类事故方面的统计信息，包括事故发生的单位、时间、地点、经过，事故人员的姓名、性别、年龄、工种、工龄，事故分析后认定的事故原因、事故性质、事故等级、事故责任和处理情况、防范措施等。

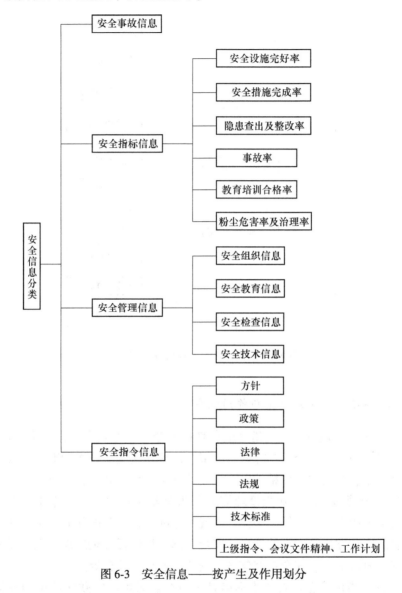

图 6-3 安全信息——按产生及作用划分

（三）按照安全信息载体样式划分

（1）安全管理记录。如安全会议、安全检查、安全教育等记录。

（2）安全管理报表。如安全工作月报表、事故速报表等。

（3）安全管理登记表。如重大隐患登记表、违章人员登记表、事故登记表等。

（4）安全管理台账。如职工安全管理台账、隐患和事故统计台账等。

（5）安全管理图表。如安全工作周期表、事故动态图、事故预防、控制图等。安全管理图表是反映安全工作规律和综合安全信息的一种形式。

（6）安全管理卡片。如职工安全卡片、特种作业人员卡片、尘毒危害人员卡片等。

（7）安全管理档案。如安全文件、安措工程、安全技术装备、安全法规等档案。

（8）安全管理通知书。安全管理通知书是反馈安全信息的一种形式。如隐患整改、违章处理通知书等。

（9）安全宣传形式。如安全简报、安全标志、安全板报、安全显示板、安全广播等。

（10）综合形式。主要是以计算机安全信息管理系统所建立的数据库、查询、分析处理结果等形式。

（四）按照信息的分类方式划分

（1）外部安全信息。反映安全信息系统的外部安全环境的信息，包括国内外政治经济形势、社会安全文化状况和法律环境，以及现代科学技术，特别是安全科学技术的发展信息及应用研究，同类企业安全生产相关的安全法律法规、制度、标准、规范，国内外相关企业的重大事故案例信息等。

（2）内部安全信息。反映企业系统内部各个职能部门的运行状况、发展趋势。如企业内部安全生产活动中的人、机、环境的运行状态的相关信息。

（3）原始安全信息。原始安全信息也叫一次安全信息，是指来自生产一线且与安全直接相关的全部安全信息。如各类隐患汇报卡、事故汇报、检测数据等。由于一次信息直接来自信息源点（如生产现场、施工作业过程、具体危险源监控点以及事故发生后的现场等），因此，能够反映生产或生活过程中人、机、环境的客观安全性，具有动态性、实时性。

（4）加工信息。加工信息也叫二次信息，是指经过处理、加工、汇总的安全信息。如安全法规、规程、标准、文献、经验、报告、规划、总结、分析报告、事故档案等。

原始信息与加工信息既有区别，又相互联系。如事故档案是根据事故整理出来的，反过来根据档案进行统计分析、事故树分析等可以发现事故规律。通过检查表的编制可以及时发现不安全隐患，进而识别一次信息，并通过及时处理防止事故发生。

（五）按体系要素划分

《企业安全生产标准化基本规范》（GB/T 33000—2016）中共涉及 13 项安全管理内容（模块或要素），据此进行分类，安全信息也应有 13 个类别，如表 6-1 所示。

表 6-1　依据《企业安全生产标准化基本规范》进行的安全信息分类

一级要素	二级要素（安全管理模块）	安全信息分类
1. 目标职责	1.1 目标	安全管理计划信息
	1.2 机构和职责	安全管理组织机构与职责信息
	1.3 全员参与	企业所有职员安全参与情况信息
	1.4 安全生产投入	安全生产投入信息
	1.5 安全文化建设	安全文化相关信息
	1.6 安全生产信息化建设	安全信息本身的管理信息
2. 制度化管理	2.1 法规标准识别	法律法规信息
	2.2 规章制度	安全管理制度信息
	2.3 操作标准	安全操作标准信息
	2.4 文档管理	档案记录信息
3. 教育培训	3.1 教育培训管理	教育培训信息
	3.2 人员教育培训	教育培训记录信息
4. 现场管理	4.1 设备设施管理	生产设备设施信息
	4.2 作业安全	作业安全信息
	4.3 职业健康	职业健康管理信息
	4.4 警示标志	安全标志信息
5. 安全风险管控及隐患排查治理	5.1 安全风险管理	安全风险管理信息
	5.2 重大危险源辨识与管理	重大危险源监控信息
	5.3 隐患排查治理	隐患治理信息
	5.4 预测预警	安全预管理信息
6. 应急管理	6.1 应急准备	应急培训演练等信息
	6.2 应急处置	应急救援记录信息
	6.3 应急评估	应急评估记录信息
7. 事故管理	7.1 事故报告、调查和处理	事故相关信息
	7.2 调查和处理	事故相关信息
	7.3 管理	事故相关信息
8. 持续改进	8.1 绩效评定	评估改进（安全检查）信息
	8.2 持续改进	评估改进（安全检查）信息

综合上述，作为示例，民用机场安全信息分类如图6-4所示。

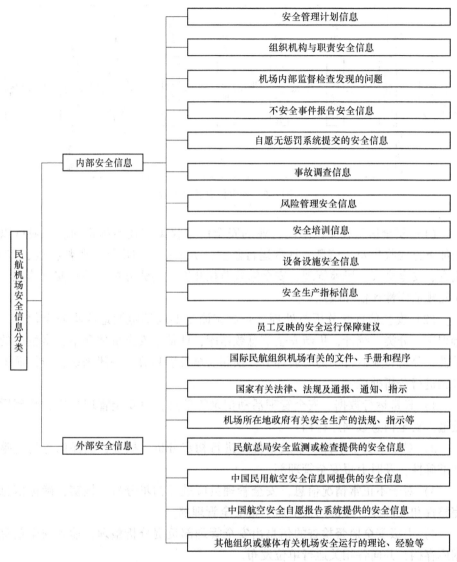

图6-4　民用机场安全信息分类综合示例

第二节　安全生产管理信息的管理流程及使用要点

一、安全生产管理信息的管理流程

安全信息管理内容可包括安全信息收集、安全信息分析与处理、安全信息的发布与利用等几个环节，其管理流程如图6-5所示。

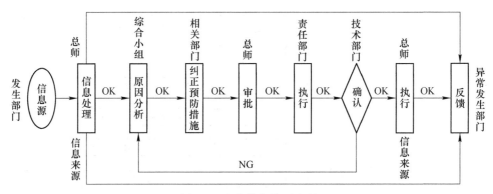

图 6-5   安全信息管理流程

（1）安全信息收集。不同行业的安全信息收集方式不尽相同。一般可以采用如下方式收集安全信息：日常运行监控、员工报告和反馈、监督检查、审核、调查、安全会议、风险管理、安全绩效监控和安全趋势分析、外来安全信息、法律法规适用性评估和跟踪等。

（2）安全信息的分析与处理。企业应该定期或不定期地收集安全信息，进行识别、分类、统计，更新安全信息数据库，评估不安全事件和不正常情况的严重性，分析企业运行中的薄弱环节，预测安全发展趋势。一般来讲，应按照下列步骤进行分析处理：

1）日常运行数据、安全管理活动记录等信息，由安全管理员经过整理后直接输入安全信息数据库存档。

2）对于不安全事件，事发单位应进行初步分析、核实，确保信息的完整性和准确性，及时上报安全管理部。

3）对于不正常情况信息，安全管理员应进行初步分析、核实，确保信息的完整性和准确性，经部门核实后上报安全管理部。

4）上级安全监督检查的信息由安全管理部负责分析整理，输入安全信息数据库存档，并向各相关运行单位发布。

5）风险管理过程中产生的相关信息应制定专门的管理程序，对安全信息进行专门管理。

6）举报信息由安全管理部负责收集、处理、上报、反馈和发布。

7）对于外部安全信息，各运行部门分析后报安全管理相关部，有关部门整理分析后视情况输入安全信息数据库。

（3）安全信息的发布与利用。企业安全信息发布和利用的形式主要包括：

1）召开安委会、安全研讨会、工作例会、讲评、案例分析等。

2）通过知识传授、模拟训练等方式对员工进行安全教育培训。

3）向有关部门报告和向员工发布安全公告。

4）利用内部办公网络、刊物、安全简报、板报等直接发布信息。

5）其他适合的形式。

二、安全生产管理信息使用中的使用要点

安全生产管理信息使用中有三个基本要点。

（一）根据信息来管理能量

1961 年，吉布森提出了事故是一种不正常的或不希望的能量释放，各种形式的能量是构成伤害的直接原因。因此，应该通过控制能量或控制作为能量达及人体媒介的能量载体来预防伤害事故。在吉布森的研究基础上，哈登完善了能量意外释放理论，提出"人受伤害的原因只能是某种能量的转移"，并提出了能量逆流于人体造成伤害的分类方法，将伤害分为两类：第一类伤害是由于施加了局部或全身性损伤阈值的能量引起的；第二类伤害是由影响了局部或全身性能量交换引起的，主要指中毒窒息和冻伤。

这就是能量事故致因理论，根据能量意外释放论，可以利用各种屏蔽来防止意外的能量转移，从而防止事故的发生。那么用什么对能量进行管理呢？正确的回答是使用信息对各种能量进行控制管理。要搞好安全信息管理，认清这点非常重要。

（二）抓生产第一线的信息

上级文件，有关安全生产的方针、政策、法令、标准、规程，以及各种工程技术和企业管理的文献及其中的数据，甚至包括安全教育的图书、杂志和事故的统计、分析、研究报告等材料，都可以说是安全信息。

但是，伤亡事故的危害源是单元作业，绝大多数事故发生在生产现场，而不是发生在书本和文献之中。要想利用信息来管理能量，防止由于能量转移而造成的伤亡事故，主要的信息必须在劳动现场，即生产第一线获得，这是理所当然的。

（三）利用安全信息建立"事故预测"管理体制

过去的安全管理支柱，即所谓"三同时""五同时"以及制订安全措施计划等经验是有一定作用的。"戴明环"，即所谓"P-D-C-A"（P——Plan、D——Do、C——Check、A——Action）的引入在企业全面质量管理及安全管理上也有其显著的优点。一般这种"循环"都是在计划的基础上实施，再根据实施结果

的检查改善计划。在这种"P-D-C-A"循环当中，对计划方案的研究、实施中途的检查以及分析结果时，安全信息的利用虽然非常重要，但却往往易被人们忽略。

为此，必须建立以"事故预测"为中心的安全管理新体制，通过充分利用安全信息来大幅度地降低伤亡事故，做到安全生产。这是当前我国安全管理部门和厂矿企业必须立即着手的一项重大改革。

这种新的管理体制是建立在计划、实施、检查三项重要机能的基础上，再加之以"系统安全"的新的重要内容：信息的获得，信息的分析（也是一种系统安全分析）和安全评价。其系统管理的构成如图6-6所示。

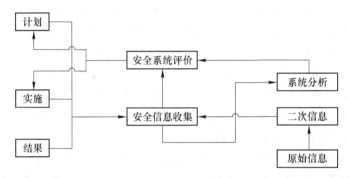

图6-6　"事故预测"管理体制构成

上图表明，管理者可以从计划、实施、结果检查等步骤中经常吸收安全信息，把握生产现场和企业管理的实际状况，但是吸收信息的多少是有弹性的，这取决于个人的知识水平和组织的管理能力。为此，设置一个情报系统是非常必要的。分析和评价工作在系统安全中占有重要位置。在这一新体制中，分析和评价相当于各个阶段、各类问题的研究结论以及对关键安全问题的确认。这样，就可对系统的计划、实施进行频繁而及时的评价和经常性的检查。

第三节　统计学基本知识

社会的迅速发展产生大量的信息。数据作为信息的主要载体广泛存在。从纷乱复杂的数据中发现规律，认识问题，要借助统计学这个工具来完成。统计学就是研究数据及其存在规律的一门科学。1984年起我国施行了《中华人民共和国统计法》（简称《统计法》），为有效地、科学地开展统计工作提供了法律保证。

安全生产统计主要包括生产安全事故统计、职业卫生统计、安全生产行政执法统计等。

一、安全信息管理与安全数据统计的关系

安全信息管理与安全数据统计分析是包含与被包含的关系。在现有的安全认知水平与安全管理实践下，人们习惯上将安全信息管理等同为安全数据统计分析。但是无论在形式上，还是在内容上，安全信息管理的范畴要比安全数据统计分析的范畴大，比如安全管理信息系统的构建等。二者关系如图6-7所示。

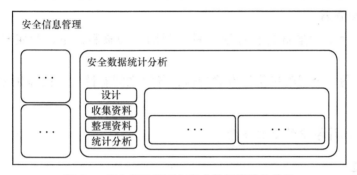

图 6-7　安全信息管理与安全数据统计的关系

二、统计工作的基本步骤

完整的统计工作一般包括设计、收集资料（现场调查）、整理资料、统计分析4个基本步骤。

（1）设计。制定统计计划，对整个统计过程进行安排。

（2）收集资料（现场调查）。根据计划取得可靠、完整的资料，同时要注重资料的真实性。收集资料的方法有3种：统计报表、日常性工作、专题调查。

（3）整理资料。原始资料的整理、清理、核实、查对，使其条理化、系统化，便于计算和分析。可借助于计算机软件（常用软件有 Excel、EPI、Epidata 等）进行核对整理。

（4）统计分析。运用统计学的基本原理和方法，分析计算有关的指标和数据，揭示事物内部的规律（常用软件有 Excel、SPSS、SAS 等）。

三、统计学基本知识

（一）统计资料的类型

统计资料（或称统计数据）有3种类型：计量资料、计数资料和等级资料。

1. 计量资料

定义：通过度量衡的方法，测量每一个观察单位的某项研究指标的量的大

小，得到的一系列数据资料，例如质量与长度。

特点：有度量衡单位，可通过测量得到，多为连续性资料。

2. 计数资料

定义：将全体观测单位按照某种性质或特征分组，然后再分别清点各组观察单位的个数。

特点：没有度量衡单位，通过枚举或记数得来，多为间断性资料。

3. 等级资料

定义：介于计量资料和计数资料之间的一种资料，通过半定量方法测量得到。

特点：每一个观察单位没有确切值，各组之间有性质上的差别或程度上的不同。

(二) 统计学中的重要概念

1. 变量

研究者对每个观察单位的某项特征进行观察和测量，这种特征称为变量，变量的测得值叫变量值（也叫观察值）。

2. 变异

变异是指同质事物个体间的差异。变异来源于一些未加控制或无法控制的甚至不明原因的因素。变异是统计学存在的基础，从本质上说，统计学就是研究变异的科学。

3. 总体与样本

总体：根据研究目的确定的研究对象的全体。当研究有具体而明确的指标时，总体是指该项变量值的全体。

样本：是总体中有代表性的一部分。

现实研究中，直接研究总体的情况是很困难或者不可能的，因此实际工作中往往从总体中抽取部分样本，目的是通过样本信息来推断总体的特征。

4. 随机抽样

是指按随机的原则从总体中获取样本的方法，以避免研究者有意或无意地选择样本而带来偏性。随机抽样是统计工作中常用的抽样方法。

5. 概率

概率是描述随机事件发生的可能性大小的数值，常用 P 来表示。概率的大小在 0 和 1 之间，越接近 1，说明发生的可能性越大；越接近 0，说明发生的可能性越小。统计学中的许多结论是带有概率性质的，通常一个事件的发生概率小于 5%，就叫小概率事件。

6. 误差

统计上所说的误差泛指测量值与真值之差，样本指标与总体指标之差。主要有以下两种：

（1）系统误差。指数据搜集和测量过程中由于仪器不准确、标准不规范等原因，造成观察结果呈倾向性的偏大或偏小，这种误差称为系统误差。

特点：具有累加性。

（2）随机误差。由于一些非人为的偶然因素使得结果或大或小，是不确定、不可预知的。

特点：随测量次数的增加而减小。

随机误差包括随机测量误差和抽样误差。

1）随机测量误差。在消除了系统误差的前提下，由于非人为的偶然因素，对于同一样本多次测定结果不完全一样，结果有时偏大有时偏小，没有倾向性，这种误差叫随机测量误差。其特点：没有倾向性；多次测量计算平均值可以减小甚至消除随机测量误差。

2）抽样误差。是由于抽样原因造成的样本指标与总体指标之间的差别。其特点：抽样误差不可避免；统计上可以估计抽样误差，并在一定范围内控制抽样误差。通常可以通过改进抽样方法和增加样本量等方法来减少抽样误差。

四、统计图表的编制

统计表与统计图是统计描述的重要工具。在日常工作报告、科研论文中，常将统计分析的结果通过图表的形式列出。

（一）统计表

1. 概念

统计表是将要统计分析的事物或指标以表格的形式列出来，以代替繁琐文字描述的一种表现形式。

2. 统计表的组成

标题：即表的名称。

标目：横标目说明每一行要表达的内容，相当于句子的主语；纵标目说明每一列要表达的内容，相当于句子的谓语。

3. 统计表的种类

简单表：表格只有一个中心意思，即二维以下的表格。

复合表：表格有多个中心意思，即三维以上的表格。

4. 制表原则和基本要求

制表原则是重点突出，简单明了，主谓分明，层次清楚。

基本要求是：

（1）标题。位置在表格的最上方，应包括时间、地点和要表达的主要内容。

（2）标目。标目所表达的性质相当于"变量名称"，要有单位。

（3）线条。不宜过多，一般三根横线条，不用竖线条。

（4）数字。小数点要上下对齐，缺失时用"-"代替。

（5）备注。表中用"＊"标出，再在表的下方注出。

（二）统计图

统计图是一种形象的统计描述工具，它是用直线的升降、直条的长短、面积的大小、颜色的深浅等各种图形来表示统计资料的分析结果。

1. 概念

统计图：用点、线、面的位置、升降或大小来表达统计资料数量关系的一种陈列形式。

2. 制图的原则和基本要求

（1）按资料的性质和分析目的选用适合的图形，见表6-2。

表6-2　统计图一般选用原则

资料的性质和分析目的	宜选用的统计图
比较分类资料各类别数值大小	条图
分析事物内部各组成部分所占比重（构成比）	圆图或百分条图
描述事物随时间变化趋势或描述两现象相互变化趋势	线图、半对数线图
描述双变量资料的相互关系的密切程度或相互关系的方向	散点图
描述连续性变量的频数分布	直方图
描述某现象的数量在地域上的分布	统计地图

（2）标题。标题要概括图形所要表达的主要内容，标题一般写在图形的下端中央。

（3）统计图一般有横轴和纵轴。用横轴标目和纵轴标目说明横轴和纵轴的指标和度量单位。一般将两轴的起始点即原点处定为0，但也可以不定为0。横轴尺度从左向右，纵轴尺度从下到上。纵横轴的比例一般为5∶7。

（4）统计图要用不同线条和颜色表达不同事物或对象的统计指标时，需要在图的右上角空隙处或图的下方与图标题中间位置附图例加以说明。

3. 统计图的类型

（1）条图。条图又称直条图，表示独立指标在不同阶段的情况，有两维或多维，图例位于右上方。

（2）圆图或百分条图。描述百分比（构成比）的大小，用颜色或各种图形将不同比例表达出来。

（3）线图。用线条的升降表示事物的发展变化趋势，主要用于计量资料，描述两个变量间关系。

（4）半对数线图。纵轴用对数尺度，描述一组连续性资料的变化速度及趋势。

（5）散点图。描述两种现象的相关关系。

（6）直方图。描述计量资料的频数分布。

（7）统计地图。描述某种现象的地域分布。

五、统计描述与统计推断

统计的主要工作就是对统计数据进行统计描述和统计推断。统计描述是统计分析的最基本内容，是指应用统计指标、统计表、统计图等方法，对资料的数量特征及其分布规律进行测定和描述；而统计推断是指通过抽样等方式进行样本估计总体特征的过程，包括参数估计和假设检验两项内容。

（一）统计描述

1. 计量资料的统计描述

计量资料的统计描述主要通过编制频数分布表、计算集中趋势指标和离散趋势指标以及统计图表来进行。

（1）集中趋势。集中趋势指频数表中频数分布表现为频数向某一位置集中的趋势。集中趋势的描述指标有：

1）算术平均数。

直接法：

$$\bar{x} = \frac{\sum\limits_{i=1}^{n} x_i}{n} = \frac{x_1 + x_2 + \cdots + x_n}{n}$$

式中，x 为观察值；n 为个数。

加权法又称频数表法，适用于频数表资料，当观察例数较多时使用。

$$\bar{x} = \frac{\sum\limits_{i=1}^{k} f_i x_i}{\sum\limits_{i=1}^{k} f_i} = \frac{f_1 x_1 + f_2 x_2 + \cdots + f_k x_k}{f_1 + f_2 + \cdots + f_k}$$

式中，f 为各组段的频数。

2）几何平均数（geometric mean）。几何平均数用符号 G 表示，用于反映一组经对数转换后呈对称分布的变量值在数学上的平均水平。

$$G = \sqrt[n]{x_1 x_2 \cdots x_n} = \lg^{-1}\left(\frac{\lg x_1 + \lg x_2 + \cdots + \lg x_n}{n}\right) = \lg^{-1}\left(\frac{\sum_{i=1}^{n} \lg x_i}{n}\right)$$

3）百分位数（percentile）与中位数（median）。百分位数是一种位置坐标，用符号 P_x 表示常用的百分位数有 $P_{2.5}$、P_5、P_{25}、P_{50}、P_{75}、P_{95}、$P_{97.5}$ 等，其中 P_{25}、P_{50}、P_{75} 又称为四分位数。百分位数常用于描述一组观察值在某百分位置上的水平，多个百分位结合使用，可更全面地描述资料的分布特征。

中位数是一个特定的百分位数即 P_{50}，用符号 M 表示。把一组观察值按从小到大（或从大到小）的次序排列，位置居于最中央的那个数据就是中位数。中位数也是反映频数分布集中位置的统计指标，但它只由所处中间位置的部分变量值计算所得，不能反映所有数值的变化，故中位数缺乏敏感性。中位数理论上可以用于任何分布类型的资料，但实践中常用于偏态分布资料和分布两端无确定值的资料。其计算方法有直接法和频数表法两种。

直接法：当观察例数 n 不大时，此法常用。先将观察值按大小次序排列，选用下列公式求 M。

当 n 为奇数时：$M = X_{\frac{n+1}{2}}$

当 n 为偶数时：$M = \dfrac{\left[X_{(n/2)} + X_{(n/2+1)}\right]}{2}$

频数表法：当观察例数 n 较多时，可先编制频数表，再通过频数表计算中位数。公式为：

$$M = L + i/f_x(n \times 50\% - \sum f_L)$$

式中，i 为该组段的组距；L 为其下限；$\sum f_L$ 为小于 L 各组的累计频数；f_x 为中位数所在组段的频数。

例如，在一次水平测试中，用系统抽样的方法抽取了 50 名学生的某一科成绩，该成绩的分组统计频数如表 6-3 所示，频率直方图如图 6-8 所示。

表 6-3　50 名学生的某科成绩分组频数表

分　　组	频　　数	频　　率
[40, 50)	2	0.04
[50, 60)	3	0.06
[60, 70)	10	0.20
[70, 80)	15	0.30
[80, 90)	12	0.24

分　组	频　数	频　率
[90, 100]	8	0.16
合计	50	1.00

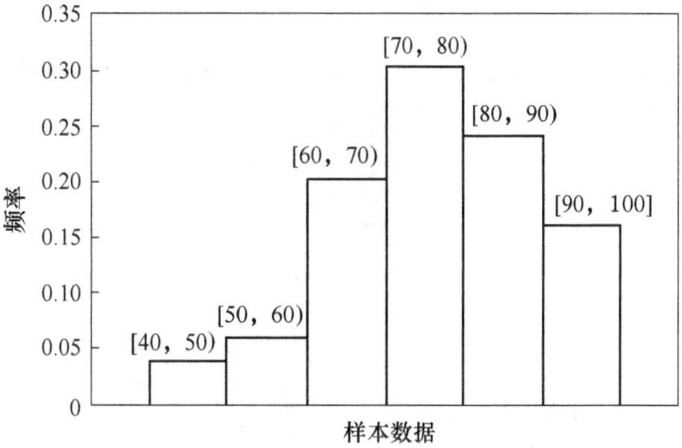

图 6-8　频率分布直方图

众数是一组数据中出现次数最多的数值，有时众数在一组数中有好几个。简单地说，就是一组数据中占比例最多的那个数。所以，众数是频率分布直方图中最高矩形的底边中点的横坐标，所以众数是75；而中位数是把频率直方图分成两个面积相等部分平行于 Y 轴的横坐标值，第一个面积是0.04，第二个面积是0.06，第三个面积是0.2，最后两个矩形的面积之和是0.4，故将第四个矩形分成4∶3两份，所以中位数是76.67。

（2）离散趋势。指频数虽然向某一位置集中，但频数分布表现为各组段都有频数分布，而不是所有频数分布在集中位置的趋势。

常用表示离散趋势的指标有：

1）全距（range）计算公式为：

$$R = X_{\max} - X_{\min}$$

全距越大，说明变量的变异程度越大。其度量单位与原变量单位相同。

2）四分位数间距（quartile）是一组数值变量值中上四分数（即 P_{75}，记为 Q_u）与下四分数（即 P_{25}，记为 Q_L）之差，用符号 Q_R 表示。计算公式为：

$$Q_R = P_{75} - P_{25}$$

它一般和中位数一起描述偏态分布资料的分布特征。

3）方差（variance）。离均差平方和的算术平均数，即为方差。总体方差用符号 σ^2（σ 读 seigama）表示，样本方差用 S^2 表示。计算公式分别为：

$$\sigma^2 = \frac{\sum_{i=1}^{N} (x_i - \mu)^2}{N}$$

$$S^2 = \frac{\sum_{i=1}^{n} (x_i - \overline{X})^2}{n - 1}$$

4）标准差（standard deviation）。方差的平方根即为标准差。总体标准差用 σ 表示，样本标准差用 S 表示。计算公式分别为：

$$\sigma = \sqrt{\frac{\sum_{i=1}^{N} (x_i - \mu)^2}{N}}$$

$$S = \sqrt{\frac{\sum_{i=1}^{n} (x_i - \overline{X})^2}{n - 1}} = \sqrt{\frac{\sum_{i=1}^{n} x_i^2 - \frac{\left(\sum_{i=1}^{n} x_i\right)^2}{n}}{n - 1}}$$

2. 计数资料的统计描述

计数资料与计量资料的统计描述有所不同，通常采用比、构成比、率三类指标来描述。这些指标都是由两个指标之比构成的，所以称为相对数。

（1）比（又称为相对比）。比是两个相关指标之比，说明甲为乙的若干倍或百分之几。

（2）构成比（又称为构成指标）。构成比是指一事物内部某一组成部分的观察单位数与该事物各组成部分的观察单位总数之比，用以说明某一事物内部各组成部分所占的比重或分布。计算公式如下：

$$构成比 = \frac{某一组成部分的观察单位数}{同一事物各组成部分的观察单位总数} \times 100\%$$

注意：各组成部分的构成比之和为 100%，某一部分比重增大，则其他部分相应减少。

（3）率。率是指某种现象在一定条件下，实际发生的观察单位数与可能发生该现象的总观察单位数之比，用以说明某种现象发生的频率大小或程度。计算公式如下：

$$率 = \frac{发生某种现象的观察单位数}{可能发生某现象的观察单位总数} \times 100\%（或 1000\text{‰}\cdots\cdots）$$

例如发病率、患病率、死亡率、病死率等。

注意：不受其他指标的影响；各率相互独立，其之和不为 1（如是则属巧合）。

应用相对数的注意事项：

1）分析时不能以（构成）比代（替）率。

2）计算相对数时分母不能太小。

3）总率（平均率）的计算不能直接相加求和。

4）资料的可比性。两个率要在相同的条件下进行。如研究方法相同，研究对象同质，观察时间相等，地区、民族、年龄、性别等客观条件一致。

统计描述和统计推断的基本内容见表6-4。

表6-4　统计描述和统计推断的基本内容

	计量资料	计数资料
统计描述	频数分布 集中趋势 离散趋势 统计图表 抽样误差 标准误差	相对数及其标准化 统计图表
统计推断	t、u 检验 秩和检验 方差分析	二项分布，泊松分布 u、χ^2 检验 秩和检验

（二）统计推断

通过样本信息来推断总体特征就叫统计推断。参数估计和假设检验是统计推断的两个重要方面。

1. 参数估计

参数估计就是通过样本估计总体特征，包括点值估计和区间估计两种方法。

（1）点值估计。即直接用样本均数作为总体均数的估计值。

（2）区间估计。总体均数95%可信区间的含义为由样本均数确定的总体均数所在范围包含总体均数的可能性为95%。根据样本均数符合 t 分布的特点，利用 t 分布曲线下的面积规律估计出总体均数可能落在的区间和范围。当样本含量较大时，可用 u 分布代替 t 分布。

2. 假设检验

假设检验是用来判断样本与样本，样本与总体的差异是由抽样误差引起还是本质差别造成的统计推断方法。

（1）假设检验的基本思想。假设检验的基本思想是小概率反证法思想。小概率思想是指小概率事件（$P>0.01$ 或 $P>0.05$）在一次试验中基本上不会发生。

反证法思想是先提出假设（检验假设 H_0），再用适当的统计方法确定假设成立的可能性大小，如可能性小，则认为假设不成立；若可能性大，则还不能认为假设不成立。

（2）假设检验的基本步骤。

第一步：提出检验假设（又称无效假设，H_0）和备择假设（H_1）。

H_0：样本与总体或样本与样本间的差异是由抽样误差引起的。

H_1：样本与总体或样本与样本间存在本质差异。

预先设定的检验水准为 0.05。

第二步：选定统计方法，计算出统计量的大小。根据资料的类型和特点，可分别选用 t 检验、u 检验、秩和检验和卡方检验等。

第三步：根据统计量的大小及其分布确定检验假设成立的可能性 P 的大小并判断结果。若 P 值小于预先设定的检验水准，则 H_0 成立的可能性小，即拒绝 H_0；若 P 值不小于预先设定的检验水准，则 H_0 成立的可能性还不小，还不能拒绝 H_0。P 值的大小一般可通过查阅相应的界值表得到。

（3）进行假设检验应注意的问题。

1）做假设检验之前，应注意资料本身是否有可比性。

2）当差别有统计学意义时应注意这样的差别在实际应用中有无意义。

3）根据资料类型和特点选用正确的假设检验方法。

4）根据专业及经验确定是选用单侧检验还是双侧检验。

5）当检验结果为拒绝无效假设时，应注意有发生Ⅰ类错误的可能性，即错误地拒绝了本身成立的 H_0，发生这种错误的可能性预先是知道的，即检验水准那么大；当检验结果为不拒绝无效假设时，应注意有发生Ⅱ类错误的可能性，即仍有可能错误地接受了本身就不成立的 H_0，发生这种错误的可能性预先是不知道的，但与样本含量和Ⅰ类错误的大小有关系。

6）判断结论时不能绝对化，应注意无论接受或拒绝检验假设，都有判断错误的可能性。

7）报告结论时应注意说明所用的统计量、检验的单双侧及 P 值的确切范围。

第四节　一种特定的统计分析——事故信息统计分析

一、什么是事故

（一）事故定义

事故（accident），是一系列的事件和行为所导致的不希望出现的后果（如伤亡、财产损失、工作延误、干扰）的最终产物，而后果包括了事故本身和其产生的后果。

安全生产事故，又叫安全事故，是指在生产经营领域中发生的意外的突发事件。其通常会造成人员伤亡或财产损失，使正常的生产生活活动中断。

（二）事故信息的属性要素

按照《生产安全事故报告和调查处理条例》（国务院令第 494 号）及《生产安全事故信息报告和处置办法》（总局令第 21 号）中相关管理规定，事故信息的属性要素如图 6-9 所示。

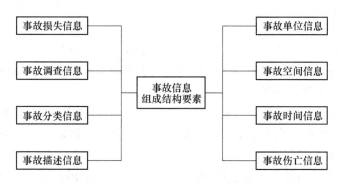

图 6-9　事故信息的属性要素

二、事故信息分类

（一）事故信息分类方法及原则

安全生产事故分类的一般方法有两种：
（1）经验式的实用主义的上行分类方法，由基本事件归类到事件的方法。
（2）演绎的逻辑下行分类方法，由事件按规则逻辑演绎到基本事件的方法。
对安全生产事故分类采用何种方法，要视表述和研究对象的情况而定，一般遵守以下原则：
（1）最大表征事故信息原则。
（2）类别互斥原则。
（3）有序化原则。
（4）表征清晰原则。

（二）事故信息的分类

1. 下行分类
（1）一般可以把安全生产事故分为生产安全事故和非生产安全事故。其中，生产安全事故分为伤亡事故、设备安全事故、质量安全事故、环境污染事故、职业危害事故、其他安全事故等。非生产安全事故分为盗窃事故、人为破坏事故、其他事故等。

（2）按行业可划分为：建筑工程事故、交通事故、工业事故、农业事故、林业事故、渔业事故、商贸服务业事故、教育安全事故、医药卫生安全事故、食品安全事故、电力安全事故、矿业安全事故、信息安全事故、核安全事故等。

（3）按事故严重程度分类或分级：

1）（工业生产）一般事故，重大事故，特别重大事故。

2）（道路交通）轻微事故，一般事故，重大事故，特大事故，特别重大事故。

3）（水上交通）小事故，一般事故，大事故，重大事故。

4）（铁路交通）一般事故，险性事故，大事故，重大事故，特别重大事故。

5）（建设工程）一级、二级、三级、四级事故。

（4）按事故性质分类：自然灾害、自然事故、技术事故、责任事故。

（5）根据生产安全事故造成的人员伤亡或者直接经济损失（国务院令第493号），事故一般可分级或分类为：

1）特别重大事故，是指造成30人以上死亡，或者100人以上重伤（包括急性工业中毒，下同），或者1亿元以上直接经济损失的事故。

2）重大事故，是指造成10人以上30人以下死亡，或者50人以上100人以下重伤，或者5000万元以上1亿元以下直接经济损失的事故。

3）较大事故，是指造成3人以上10人以下死亡，或者10人以上50人以下重伤，或者1000万元以上5000万元以下直接经济损失的事故。

4）一般事故，是指造成3人以下死亡，或者10人以下重伤，或者1000万元以下直接经济损失的事故。

2. 上行分类

上行分类可以划分成按伤害部位分类、按受伤性质分类、按起因物分类、按致害物分类、按伤害方式分类、按不安全状态分类、按不安全行为分类、按受伤害方式分类等。其中综合起因物、引起事故的诱导性原因、致害物、伤害等级等因素，事故又可以分为物体打击、车辆伤害、机械伤害、起重伤害、触电、淹溺、灼烫、火灾、高处坠落、坍塌、冒顶片帮、透水、放炮、火药爆炸、瓦斯爆炸、锅炉爆炸、容器爆炸、其他爆炸、中毒和窒息、其他伤害共计20种类型，具体见《企业职工伤亡事故分类标准》（GB 6441—86）。

三、事故统计的步骤

事故统计工作一般分为3个步骤：

（1）资料搜集。资料搜集又称统计调查，是根据统计分析的目的，对大量零星的原始材料进行技术分组。它是整个事故统计工作的前提和基础。资料搜集是根据事故统计的目的和任务，制定调查方案，确定调查对象和单位，拟定调查项目和表格，并按照事故统计工作的性质，选定方法。我国伤亡事故统计是一项经常性的统计工作，采用报告法，下级按照国家制定的报表制度，逐级将伤亡事故报表上报。

（2）资料整理。资料整理又称统计汇总，是将搜集的事故资料进行审核、汇总，并根据事故统计的目的和要求计算有关数值。汇总的关键是统计分组，就是按一定的统计标志，将分组研究的对象划分为性质相同的组。如按事故类别、事故原因等分组，然后按组进行统计计算。

（3）综合分析。综合分析是将汇总整理的资料及有关数值，填入统计表或绘制统计图，使大量的零星资料系统化、条理化、科学化，是统计工作的结果。事故统计结果可以用统计指标、统计表、统计图等形式表达。

四、事故统计分析

伤亡事故统计分析是伤亡事故综合分析的主要内容。它是以大量的伤亡事故资料为基础，应用数理统计的原理和方法、从宏观上探索伤亡事故发生原因及规律的过程。通过伤亡事故的综合分析，可以了解一个企业、部门在某一时期的安全状况。掌握伤亡事故发生、发展的规律和趋势，探求伤亡事故发生的原因和有关的影响因素，从而为有效地采取预防事故措施提供依据，为宏观事故预测及安全决策提供依据。

事故统计分析的目的包括3个方面：一是进行企业外的对比分析。依据伤亡事故的主要统计指标进行部门与部门之间、企业与企业之间、企业与本行业平均指标之间的对比；二是对企业、部门的不同时期的伤亡事故发生情况进行对比，用来评价企业安全状况是否有所改善；三是发现企业事故预防工作存在的主要问题，研究事故发生原因，以便采取措施防止事故发生。

（一）事故统计分析基础

事故统计分析是运用数理统计来研究事故发生规律的一种方法。对任何一个人来说，很少有遇到伤害事故的情况，因而几乎很少有人仅仅根据个人的经历就能清楚地认识到事故预防的重要性。事故统计数据可以把危险状况展现在人们面前，提高人们对事故的认识，使存在的急需解决的问题暴露出来。

事故的发生是一种随机现象。随机现象是在一定条件下可能发生，也可能不发生，在个别试验、观测中呈现出不确定性，但是在大量重复试验、观测中又具有统计规律性的现象。研究随机现象需要借助概率论和数理统计的方法。

1. 统计分布的基本概念

事故的发生是一种随机现象。在概率论及数理统计中通过随机变量来描述随机现象。随机变量是"当对某量重复观测时仅出于机会而产生变化的量"。它与人们通常接触的变量概念不同。随机变量不能适当地用一个数值来描述、必须用实际数字系统的分布来描述。由于实际数字分布系统不同，随机变量分为离散型随机变量和连续型随机变量。在描述事故统计规律时，需要恰当地确定随机变量的类型。例如，一定时期内企业事故发生次数只能是非负的整数，相应地，其数字分布系统是离散型的；两次事故之间的时间间隔则应该属于连续型随机变量，因为与时间相应的数字分布系统是连续型的。

为了描述随机变量的分布情况，利用数学期望（平均值）来描述其数值的大小：

$$\bar{x} = \frac{1}{n} \sum_{i=1}^{n} x_i (i = 1, 2, \cdots, n)$$

利用方差来描述其随机波动情况：

$$\sigma^2 = \frac{\sum_{i=1}^{n} (x_i - \bar{x})^2}{n - 1}$$

式中，x_i 为观测值。

某一随机现象在统计范围内出现的次数称为频数。如果与某种随机现象对应的随机变量是连续型随机变量，则往往把它的观测值划分为若干个等级区段，然后考察某一等级区段对应的随机现象出现次数。在某规定值以下所有随机现象出现次数之和称为累计频数。某种随机现象出现次数与被观测的所有随机现象出现总次数之比称为频率。

例如，某企业两年内每个月事故发生次数及频率分布情况见表6-5。图6-10所示为该企业事故的频数分布；图6-11所示为其累计频数分布。

表6-5　事故发生次数和频率分布

事故次数	频数/次	累计频数/次	频率	累计频率
0	1	1	0.04167	0.04167
1	2	3	0.08333	0.12500
2	3	6	0.12500	0.25000
3	4	10	0.16667	0.41667
4	4	14	0.16667	0.58334
5	3	17	0.12500	0.70833
6	2	19	0.08333	0.79166

续表6-5

事故次数	频数/次	累计频数/次	频率	累计频率
7	2	21	0.08333	0.87499
8	1	22	0.04167	0.91666
9	1	23	0.04167	0.95833
>10	1	24	0.04167	1.00000

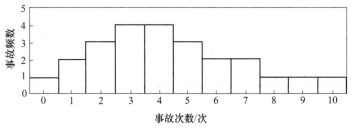

图6-10 事故频数分布

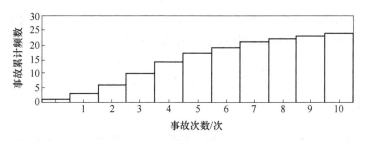

图6-11 事故累计频数分布

频率在一定程度上反映了某种随机现象出现的可能性。但是，在观测次数少的场合，频率呈现出强烈的波动性。随着观测次数的增加频率逐渐稳定于某常数，此常数称为概率，它是随机现象发生可能性的度量。

2. 事故统计分布

在研究事故发生的统计规律时，我们关心的是在一定时间间隔内事故发生的次数，即事故发生率；或两次事故之间的时间间隔，即无事故时间。事故发生率和无事故时间是衡量一个企业或部门安全程度的重要指标。

（1）无事故时间。

无事故时间是指两次事故之间的间隔时间，故又称作事故间隔时间。根据大量观测、研究，事故的发生与生产、生活活动的经历时间有关。设某次事故发生后的瞬间为研究的初始时刻，到 t 时刻发生事故的概率记为 $F(t)$，不发生事故的概率记为 $R(t)$，则事故时间分布函数，即事故发生概率为：

$$F(t) = P_t \{ T \leq t \}$$

$$F(0) = 0$$

而不发生事故的概率为：

$$R(t) = 1 - F(t)$$

$$R(0) = 1$$

当事故时间分布 $F(t)$ 可微分时，则可表示为：

$$f(t) = \frac{\mathrm{d}F(t)}{\mathrm{d}t}$$

$$F(t) = \int_0^t f(t) \, \mathrm{d}t$$

式中，$f(t)$ 为概率密度函数。当 $\mathrm{d}t$ 非常小时，$f(t)\mathrm{d}t$ 表示在时间间隔 $(t,\ t + \mathrm{d}t)$ 发生事故的概率。

定义：

$$\lambda(t) = \frac{f(t)}{R(t)}$$

为事故发生率函数。当 $\mathrm{d}t$ 非常小时，$\lambda(t)\mathrm{d}t$ 表示到 t 时刻没有发生事故而在时间间隔 $(t,\ t + \mathrm{d}t)$ 内发生事故的概率。该式也可写成：

$$\lambda(t) = \frac{\mathrm{d}F(t)}{\mathrm{d}t \cdot R(t)} = - \frac{\mathrm{d}R(t)}{R(t)\mathrm{d}t}$$

把它积分则为：

$$\int_0^t \lambda(t) \, \mathrm{d}t = - \left[\ln R(t) \right]_0^t = - \left[\ln R(t) - \ln R(0) \right] = - \ln R(t)$$

$$R(t) = \mathrm{e}^{-\int_0^t \lambda(t)\mathrm{d}t}$$

于是，自初始时刻到 t 时刻事故发生的概率为：

$$F(t) = 1 - R(t) = 1 - \mathrm{e}^{-\int_0^t \lambda(t)\mathrm{d}t}$$

式中，事故发生率函数 $\lambda(t)$ 决定了 $F(t)$ 的分布形式。

当事故发生率为常数时，$\lambda(t) = \lambda$，事故发生概率变为指数分布：

$$F(t) = 1 - \mathrm{e}^{-\lambda t}$$

$$f(t) = \lambda \mathrm{e}^{-\lambda t}$$

事故发生率 λ 是指数分布唯一的分布参数，也是一个最具有实际意义的参数。它表示单位时间里发生事故的次数，是衡量企业安全状况的重要指标。严格地讲，任何企业的事故发生率都是不断变化的。但是，在考察一段比较短的时间间隔内的事故发生情况时，为简单计算，我们可以近似地认为事故发生率是恒定的。

指数分布的数学期望 $E(x)$ 为：

$$E(x) = \frac{1}{\lambda} = \theta$$

它等于事故发生率 λ 的倒数，通常记为 θ，称作平均无事故时间，或平均事故间隔时间。显然，平均无事故时间越长越好。

指数分布的方差 $V(x)$ 为：

$$V(x) = \frac{1}{\lambda^2}$$

指数分布的方差比较大。

指数分布的 $f(t)$ 如图 6-12 所示。

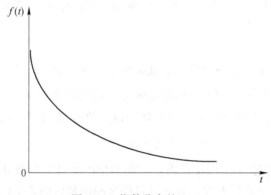

图 6-12　指数分布的 $f(t)$

（2）事故发生次数。

在事故统计中经常以一定时间间隔内发生的事故次数作为统计指标。

当事故时间分布服从指数分布，即事故发生率 λ 为常数时，一定时间间隔内事故发生次数 $N(t)$ 服从泊松（Poisson）分布。

自时刻 $t = 0$ 到 t 时刻发生 n 次事故的概率记为：

$$P_n(t) = P_r\{N(t) = n\}$$

则对于 $n = 0,1,2,\cdots$，有：

$$P_n(t) = \frac{(\lambda t)^n}{n!} e^{-\lambda t}$$

该式称作参数 λt 的泊松分布。由该式可以导出到 t 时刻发生不超过 n 次事故的概率：

$$P_r\{N(t) \le n\} = \sum_{k=0}^{n} \frac{(\lambda t)^k}{k!} e^{-\lambda t}$$

在实际事故统计中往往固定时间间隔并取其为单位时间，即 $t = 1$，例如一个月或一年等。这种场合，发生 n 次事故的概率为：

$$f(n) = \frac{\lambda^n}{n!}e^{-\lambda}$$

该式称作参数 λ 的泊松分布。

在单位时间内发生事故不超过 λ 次的概率为：

$$F(\leq n) = \sum_{k=0}^{n} \frac{\lambda^k}{k!}e^{-\lambda}$$

发生 n 次以上的事故的概率为：

$$F(\geq n) = 1 - F(\leq n) = 1 - \sum_{k=0}^{n} \frac{\lambda^k}{k!}e^{-\lambda}$$

在参数 λt 的泊松分布中，其数学期望和方差都是 λt；参数 λ 的泊松分布其数学期望和方差都是 λ。

（3）置信区间。

随机地从总体中抽取一个样本。在推断总体期望值的场合，我们可以根据样本观测值计算样本的期望值 $\hat{\theta}$。根据总体分布的概率密度函数，可以求出 $\hat{\theta}$ 落入任意两个值 t_1 与 t_2 之间的概率。对于某一特定的概率 $(1 - \alpha)$，如果：

$$P_t(t_1 \leq \hat{\theta} \leq t_2) = 1 - \alpha$$

则称 t_1 与 t_2 之间（包括 t_1 与 t_2 在内）的所有值的集合为参数 $\hat{\theta}$ 的置信区间，t_1 与 t_2 分别为置信上限和置信下限。对应于置信区间的特定概率 $(1 - \alpha)$ 称为置信度，α 称为显著性水平。

置信度与置信区间在事故统计分析中具有重要意义，可以用来估计统计分析的可靠程度，以及参数估计的区间估计。

（二）事故统计方法

常用的伤亡事故统计方法主要有柱状图、趋势图、管理图、扇形图、玫瑰图和分布图等。

1. 柱状图

柱状图以柱状图形来表示各统计指标的数值大小。由于它绘制容易、清晰醒目，所以应用得十分广泛。图 6-13 所示为某单位人员伤害部位分布的柱状图。

在进行伤亡事故统计分析时，有时需要把各种因素的重要程度直观地表现出来。这时可以利用排列图（或称主次因素排列图）来实现。绘制排列图时，把统计指标（通常是事故频数、伤亡人数、伤亡事故频率等）数值最大的因素排列在柱状图的最左端，然后按统计指标数值的大小依次向右排列，并以折线表示累计值（或累计百分比）。

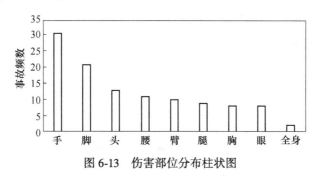

图 6-13　伤害部位分布柱状图

在管理方法中有一种以排列图为基础的 ABC 管理法。它按累计百分比把所有因素划分为 A、B、C 三个级别，其中累计百分比 0%~80% 为 A 级，80%~90% 为 B 级，90%~100% 为 C 级。A 级因素相对数目较少，但累计百分比达到80%，是"关键的少数"，是管理的重点；相反，C 级因素属于"无关紧要的多数"。图 6-14 为某企业各类伤亡事故发生次数的排列图。由该图可以看出，物体打击、机具伤害是该企业伤亡事故的主要类别，是事故预防工作的重点。

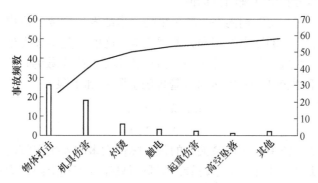

图 6-14　伤亡事故发生次数的排列图

2. 事故发生趋势图

伤亡事故发生趋势图是一种折线图。它用不间断的折线来表示各统计指标的数值大小和变化，最适合于表现事故发生与时间的关系。

事故发生趋势图用于图示事故发生趋势分析。事故发生趋势分析是按时间顺序对事故发生情况进行的统计分析。它按照时间顺序对比不同时期的伤亡事故统计指标，展示伤亡事故发生趋势和评价某一个时期内企业的安全状况。

某企业自 1980 年到 1989 年间伤亡事故发生趋势图如图 6-15 所示，由图可看出，1984 年以前千人负伤率下降幅度较大，之后呈稳定下降趋势。

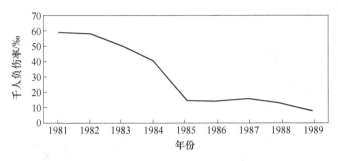

图 6-15　伤亡事故发生趋势图

3. 伤亡事故管理图

伤亡事故管理图也称伤亡事故控制图。为了预防伤亡事故发生，降低伤亡事故发生频率，企业、部门广泛开展安全目标管理。伤亡事故管理图是实施安全目标管理中，为及时掌握事故发生情况而经常使用的一种统计图表。

在实施安全目标管理时，把作为年度安全目标的伤亡事故指标逐月分解，确定月份管理目标。一般地，一个单位的职工人数在短时间内是稳定的，故往往以伤亡事故次数作为安全管理的目标值。

如前所述，在一定时期内一个单位里伤亡事故发生次数的概率分布服从泊松分布，并且泊松分布的数学期望和方差都是 λ。这里 λ 是事故发生率，即单位时间里的事故发生次数。若以 λ 作为每个月伤亡事故发生次数的目标值，当置信度取 90% 时，按下述公式确定安全目标管理的上限 U 和下限 L：

$$U = \lambda + 2\sqrt{\lambda}$$
$$L = \lambda - 2\sqrt{\lambda}$$

在实际安全工作中，人们最关心的是实际伤亡事故发生次数的平均值是否超过安全目标。所以，往往不必考虑管理下限而只注重管理上限，力争每个月里伤亡事故发生次数不超过管理上限。

绘制伤亡事故管理图时，以月份为横坐标，事故次数为纵坐标，用实线画出管理目标线，用虚线画出管理上限和下限，并注明数值和符号，如图 6-16 所示。把每个月的实际伤亡事故次数点在图中相应的位置上，并将代表各月份伤亡事故发生次数的点连成拆线，根据数据点的分布情况和折线的总体走向，可以判断当前的安全状况。

正常情况下，各月份的实际伤亡事故发生次数应该在管理上限之内围绕安全目标值随机波动。当管理图上出现如图 6-16 所示情况之一时，就应该认为安全状况发生了变化，不能实现预定的安全目标，需要查明原因及时改正。

4. 其他方法

除了上述方法以外，还有扇形图、玫瑰图和分布图等。

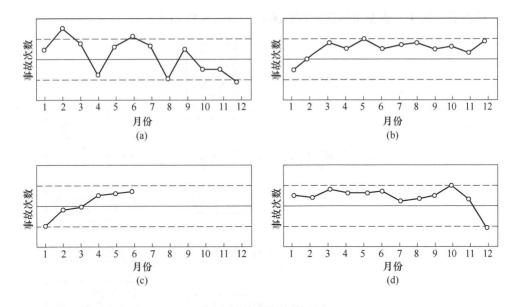

图 6-16　伤亡事故管理图

（a）个别数据点超出管理上限；（b）连续数据点在目标值以上；（c）多个数据点超连续上升；

（d）大多数数据点在目标值以上

（1）扇形图。它用一个圆形中各个扇形面积的大小不同来代表各种事故因素、事故类别、统计指标的所占比例。扇形图又称作圆形结构图。

（2）玫瑰图。利用圆的角度表示事故发生的时序，用径向尺度表示事故发生的频数。

（3）分布图。把曾经发生事故的地点用符号在厂区、车间的平面图上表示出来。不同的事故用不同的颜色和符号表示，符号的大小代表事故的严重程度。

（三）事故统计指标

为了便于统计、分析、评价企业、部门的伤亡事故发生情况，需要规定一些通用的、统一的统计指标。我国的国家标准《企业伤亡事故分类》（GB 6441—1986）规定，按伤害严重率、伤害平均严重率和按产品产量计算死亡率等指标，计算事故严重率。指标通常分为绝对指标和相对指标。绝对指标是指反映伤亡事故全面情况的绝对数值，如事故次数、死亡人数、重伤人数、轻伤人数、直接经济损失、损失工作日等。相对指标是伤亡事故的两个相联系的绝对指标之比，表示事故的比例关系，如千人死亡率、千人重伤率等。

为了综合反映我国生产安全事故情况，国家安全生产监督管理局成立后，围绕国家安全生产工作的总体思路和部署，结合我国经济发展和行业特点，借鉴国外先进的生产安全事故指标体系和分析方法，对统计指标体系进行了改革，提出了适应我国的生产安全事故统计指标体系，如图 6-17 所示。

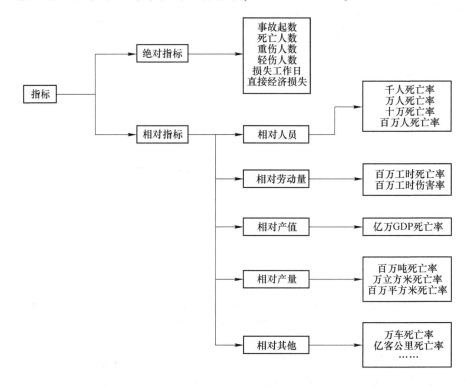

图 6-17　安全生产事故统计指标体系

总的说来，我国生产安全事故指标体系的内容分为 4 大类，具体介绍如下。

1. 综合类伤亡事故统计指标体系

事故起数、死亡事故起数、死亡人数、受伤人数、直接经济损失、重大事故起数、重大事故死亡人数、特大事故起数、特大事故死亡人数、特别重大事故起数、特别重大事故死亡人数、重大事故率、特大事故率。

2. 工矿企业类伤亡事故统计指标体系

工矿企业类伤亡事故统计指标体系包括煤矿企业伤亡事故统计指标、金属和非金属矿企业（原非煤矿山企业）伤亡事故统计指标、工商企业（原非矿山企业）伤亡事故统计指标、建筑业伤亡事故统计指标、危险化学品伤亡事故统计指标、烟花爆竹伤亡事故统计指标。

这 6 类统计指标均包含伤亡事故起数、死亡事故起数、死亡人数、重伤人数、轻伤人数、直接经济损失、损失工作日、重大事故起数、重大事故死亡人数、特大事故起数、特大事故死亡人数、特别重大事故起数、特别重大事故死亡人数、千人死亡率、千人重伤率、百万工时死亡率、重大事故率、特大事故率。此外，煤矿企业伤亡事故统计指标还包含百万吨死亡率。

3. 行业类事故统计指标体系

（1）道路交通事故统计指标。事故起数、死亡事故起数、死亡人数、受伤人数、直接财产损失、重大事故起数、重大事故死亡人数、特大事故起数、特大事故死亡人数、特别重大事故起数、特别重大事故死亡人数、万车死亡率、十万人死亡率、生产性事故起数、生产性事故死亡人数、重大事故率、特大事故率。

（2）火灾事故统计指标。事故起数、死亡事故起数、死亡人数、受伤人数、直接财产损失、重大事故起数、重大事故死亡人数、特大事故起数、特大事故死亡人数、特别重大事故起数、特别重大事故死亡人数、百万人火灾发生率、百万人火灾死亡率、生产性事故起数、生产性事故死亡人数、重大事故率、特大事故率。

（3）水上交通事故统计指标。事故起数、死亡事故起数、死亡和失踪人数、受伤人数、直接经济损失、重大事故起数、重大事故死亡人数、特大事故起数、特大事故死亡人数、特别重大事故起数、特别重大事故死亡人数、沉船艘数、千艘船事故率、亿客公里死亡率、重大事故率、特大事故率。

（4）铁路交通事故统计指标。事故起数、死亡事故起数、死亡人数、受伤人数、直接经济损失、重大事故起数、重大事故死亡人数、特大事故起数、特大事故死亡人数、特别重大事故起数、特别重大事故死亡人数、百万机车总走行公里死亡率、重大事故率、特大事故率。

（5）民航飞行事故统计指标。飞行事故起数、死亡事故起数、死亡人数、受伤人数、重大事故万时率、亿客公里死亡率。

（6）农机事故统计指标。伤亡事故起数、死亡事故起数、死亡人数、重伤人数、轻伤人数、直接经济损失、重大事故起数、重大事故死亡人数、特大事故起数、特大事故死亡人数、特别重大事故起数、特别重大事故死亡人数、重大事故率、特大事故率。

（7）渔业和其他船舶事故统计指标。事故起数、死亡事故起数、死亡和失踪人数、受伤人数、直接经济损失、重大事故起数、重大事故死亡人数、特大事故起数、特大事故死亡人数、特别重大事故起数、特别重大事故死亡人数、千艘船事故率、重大事故率、特大事故率。

4. 地区安全评价类统计指标体系

死亡事故起数、死亡人数、直接经济损失、重大事故起数、重大事故死亡人数、特大事故起数、特大事故死亡人数、特别重大事故起数、特别重大事故死亡人数、亿元国内生产总值（GDP）死亡率、十万人死亡率。

（四）伤亡事故发生规律分析

伤亡事故统计分析可以宏观地研究伤亡事故发生规律。它从造成大量伤亡事故的诸多因素中找出带有普遍性的原因，为进一步的分析研究和采取预防措施提供依据。

1. 事故伤害统计分析

在伤亡事故统计分析中，选择统计分类项目是非常重要的。只有选择了合适的分类项目，才有可能在此基础之上，收集相关数据并进行相应的统计分析，得出我们进行管理决策所需的依据。反之则不然。如机械能伤害是工伤事故中最主要的一种伤害形式，但若统计机械能伤害的数量，则在大多数情况下对指导安全管理工作毫无意义。在吸收了国外先进经验的基础之上，我国事故统计的分类项目除事故类别、人的不安全行为和物的不安全状态外，还有受伤部位、受伤性质、起因物、致害物、伤害方式等 5 项。

2. 事故原因分析

事故信息的统计分析，也可以按照事故的原因分类进行。我国事故调查分析主要依据国家标准《企业职工伤亡事故调查分析规则》（GB 6442—86）。在标准中对事故的直接原因、间接原因的分析有明确的规定。

《企业职工伤亡事故调查分析规则》（GB 6442—86）中规定，属于下列情况者为直接原因：

（1）机械、物质或环境的不安全状态。

（2）人的不安全行为。

《企业职工伤亡事故调查分析规则》（GB 6442—86）中规定，属于下列情况者为间接原因：

（1）技术和设计上有缺陷——工业构件、建筑物、机械设备、仪器仪表、工艺过程、操作方法、维修检验等的设计，施工和材料使用存在问题。

（2）教育培训不够，未经培训，缺乏或不懂安全操作技术知识。

（3）劳动组织不合理。

（4）对现场工作缺乏检查或指导错误。

（5）没有安全操作规程或不健全。

（6）没有或不认真实施事故防范措施；对事故隐患整改不力。

（7）其他。

五、伤亡事故经济损失计算方法

伤亡事故的经济损失是安全经济学的核心问题。对伤亡事故的经济损失进行统计、计算，有助于了解事故的严重程度和安全经济规律。除此之外，为了避免或减少工业事故的发生，及其造成的社会的、经济的损失，企业必须采取一些切实可行的安全措施，提高系统的安全性。但是，采取安全措施需要花费人力和物力，即需要一定的安全投入。在按照某种安全措施方案进行安全投入的情况下，能够取得怎样的效益，该安全措施方案是否经济合理，是安全经济评价的主要内容。而伤亡事故经济损失的统计、计算是安全经济评价的基础。

（一）伤亡事故直接经济损失与间接经济损失

一起伤亡事故发生后，会给企业带来多方面的经济损失。一般地，伤亡事故的经济损失包括直接经济损失和间接经济损失两部分。其中，直接经济损失很容易直接统计出来，而间接经济损失比较隐蔽，不容易直接由财务账面上查到。国内外对伤亡事故的直接经济损失和间接经济损失做了不同规定。

1. 国外对伤亡事故直接经济损失和间接经济损失的划分

在国外，特别在西方国家，事故的赔偿主要由保险公司承担。于是，把由保险公司支付的费用定义为直接经济损失，而把其他由企业承担的经济损失定义为间接经济损失。

2. 我国对伤亡事故直接经济损失和间接经济损失的划分

1987 年，我国开始执行国家标准《企业职工伤亡事故经济损失统计标准》（GB 6721—1986）。该标准把因事故造成人身伤亡及善后处理所支出的费用，以及被毁坏的财产的价值规定为直接经济损失；把因事故导致的产值减少、资源的破坏和受事故影响而造成的其他损失规定为间接经济损失。

《企业职工伤亡事故经济损失统计标准》（GB 6721—1986）对于实现我国伤亡事故经济损失统计工作的科学化和标准化起到了十分重要的作用。当时颁布、实施这一标准时，我国尚未进行工伤保险和医疗保险改革，特别是原劳动部《企业职工工伤保险试行办法》颁布以后，该标准已经不能适应当前形势的发展，有关内容需要进行修订。

3. 伤亡事故直接经济损失与间接经济损失的比例

如前面所述，伤亡事故间接经济损失很难被直接统计出来，于是人们就尝试如何由伤亡事故直接经济损失来算出间接经济损失，进而估计伤亡事故的总经济损失。

海因里希最早进行了这方面的工作。他通过对 5000 余起伤亡事故经济损失的统计分析，得出直接经济损失与间接经济损失的比例为 1：4 的结论。即伤亡事故的总经济损失为直接经济损失的 5 倍。这一结论至今仍被国际劳联（ILO）所采用，作为估算各国伤亡事故经济损失的依据。

如果把伤亡事故经济损失看作一座浮在海面上的冰山，则直接经济损失相当于冰山露出水面的部分，占总经济损失 4/5 的间接经济损失相当于冰山的水下部分，不容易被人们发现。

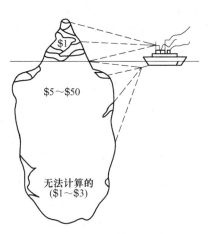

图 6-18　博德的冰山图

继海因里希的研究之后，许多国家的学者探讨了这一问题。人们普遍认为，由于生产条件、经济状况和管理水平等方面的差异，伤亡事故直接经济损失与间接经济损失的比例，在较大的范围之内变化。例如，芬兰国家安全委员会 1982 年公布的数字为 1：1；英国的雷欧普尔德（Leapold）等对建筑业伤亡事故经济损失的调查，得到的比例为 5：1；博德在分析二十世纪七八十年代美国伤亡事故直接与间接经济损失时，得到如图 6-18 所示的冰山图。由该图可以看出，间接经济损失最高可达直接经济损失的 50 多倍。

由于国内外对伤亡事故直接经济损失和间接经济损失划分不同，直接经济损失与间接经济损失的比例也不同。我国规定的直接经济损失项目中，包含了一些在国外属于间接经济损失的内容。一般来说，我国的伤亡事故直接经济损失所占的比例应该较国外大。根据对少数企业伤亡事故经济损失资料的统计，直接经济损失与间接经济损失的比例约为 1：1.2~1：2 之间。

（二）伤亡事故经济损失计算方法

伤亡事故经济损失 C_T 可由直接经济损失与间接经济损失之和求出，即

$$C_T = C_D + C_I$$

式中，C_D 为直接经济损失；C_I 为间接经济损失。

这里主要介绍我国现行标准规定的计算方法。

（1）工作损失。工作损失可以按下式计算：

$$L = D \frac{M}{SD_0}$$

式中，L 为工作损失价值，万元；D 为损失工作日数，死亡一名职工按 6000 个工作日计算，受伤职工视伤害情况按《企业职工伤亡事故分类》（GB 6441—1986）的附表或《事故损失工作日标准》（GB/T 15499—1995）确定；M 为企业上年的利税，万元；S 为企业上年平均职工人数，人；D_0 为企业上半年法定工作日数，日。

（2）医疗费用。医疗费用是指用于治疗受伤害职工所需费用。事故结案前

的医疗费用按实际费用计算即可。

于事故结案后仍需治疗的受伤害职工的医疗费用，其总的医疗费按下式计算：

$$M = M_b + \frac{M_b}{P}D_c$$

式中，M 为被伤害职工的医疗费，万元；M_b 为事故结案日前的医疗费，万元；P 为事故发生之日至结案之日的天数，日；D_c 为延续医疗天数，指事故结案后还须继续医治的时间，由企业劳资、安全、工会等按医生诊断意见确定。

上述公式是测算一名被伤害职工的医疗费，一次事故中多名被伤害职工的医疗费应累计计算。

（3）歇工工资。歇工工资按下式计算：

$$L = L_a(D_a + D_b)$$

式中，L 为被伤害职工的歇工工资，元；L_a 为被伤害职工日工资，元；D_a 为事故结案日前的歇工日，日；D_b 为延续歇工日，指事故结案后被伤害职工还需继续歇工的时间，由企业劳资、安全、工会等部门与有关单位酌情商定。

上述公式是测算一名被伤害职工的歇工工资，一次事故中多名被伤害职工工资应累计计算。

（4）处理事故的事务性费用。其包括交通及差旅费、亲属接待费、事故调查处理费、工亡者尸体处理费等。按实际之费用统计。

（5）现场抢救费用。

（6）事故罚款和赔偿费用。事故罚款是指依据法律法规，上级行政及行业管理部门对事故单位的罚款，而不是对事故责任人的罚款。赔偿费用包括事故单位因不能按期履行产品生产合同而导致的对用户的经济赔偿费用和因公共设施的损坏而需赔偿的费用。它不包括对个人的赔偿和因环境污染造成的赔偿。

（7）固定资产损失价值。其包括报废的固定资产损失价值和损坏后有待修复的固定资产损失价值两个部分。前者用固定资产净值减去固定资产残值来计算；后者由修复费用来决定。

（8）流动资产损失价值。流动资产是指在企业生产过程中和流通领域中不断变换形态的物质，它主要包括原料、燃料、辅助材料、产品、半成品、在制品等。原料、燃料、辅助材料的损失价值为账面值减去残留值；产品、半成品、在制品的损失价值为实际成本减去残值。

（9）资源损失价值。

（10）处理环境污染的费用。

（11）补充新职工的培训费用。

（12）补助费、抚恤费。

六、事故信息报表制度

真实完整地收集和记录每起事故数据，是进行统计分析的基础。每起事故所包含的信息量，对事故统计分析至关重要。事故所包含的信息量要能够体现事故致因的科学原理，体现判定事故原因的正确方法。为此，国家统计局以国统函〔2003〕253号文件批准执行了新的《生产安全事故统计报表制度》。该制度适用于中华人民共和国领域内从事生产经营活动的单位。伤亡事故统计实行地区考核为主的制度，采用逐级上报的程序。

《生产安全事故统计报表制度》中最重要的就是两张基层报表，其他各类统计报表都是在基层报表的基础上产生的，因此正确理解基层报表的各项指标是做好伤亡事故统计工作的基础。基层报表的各项指标归纳起来分以下四个方面：

（1）事故发生单位情况。包括事故单位的名称、单位地址、单位代码、邮政编码、从业人员数、企业规模、经济类型、所属行业、行业类别、行业中类、行业小类、主管部门。

（2）事故情况。包括事故发生地点、发生日期（年、月、日、时、分）、事故类别、人员伤亡总数（死亡、重伤、轻伤）、非本企业人员伤亡总数（死亡、重伤、轻伤）、事故原因、损失工作日、直接经济损失、起因物、致害物、不安全状态、不安全行为。

（3）事故概况。主要包括事故经过、事故原因、事故教训和防范措施、结案情况、其他需要说明的情况。

（4）伤亡人员情况。包括伤亡人员的姓名、性别、年龄、工种、工龄、文化程度、职业、伤害部位、伤害程度、受伤性质、就业类型、死亡日期、损失工作日。

第五节 安全信息管理的利器——安全管理信息系统

一、安全管理信息系统的开发方法

系统开发是指对组织的问题和机会建立一个信息系统的全部活动，这些活动是靠一系列方法支撑的。目前，安全管理信息系统的开发方法主要有生命周期法（life cycle approach，LCA）、原型法（prototyping）、面向对象法（object-oriented）、计算机辅助开发方法（computer-aided software engineering，CASE）等。

（一）生命周期法

系统的生命周期共划分为系统规划、系统分析、系统设计、系统实施和系统运行与维护五个阶段，如图 6-19 所示。这样划分系统的生命周期是为了对每一个阶段的目的、任务、采用技术、参加人员、阶段性成果、与前后阶段的联系等作深入具体的研究，以便更好地实施开发工程，开发出一个更好的系统，以及更好地运用系统以取得更好的效益。由于下图的形状如同一个多级瀑布，故此模型理论上称为瀑布模型。

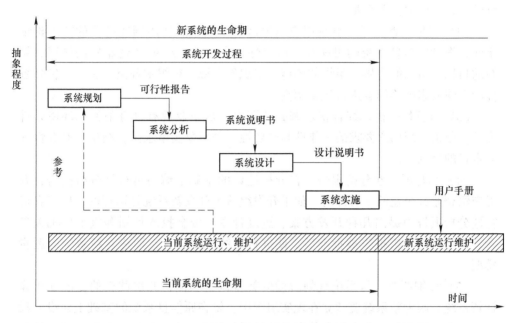

图 6-19　MIS 生命周期模型

1. 系统规划阶段

该阶段是管理信息系统的起始阶段。以计算机为主要手段的管理信息系统是其所在组织的管理系统的组成部分，它的新建、改建或扩建服从于组织的整体目标和管理决策活动的需要。所以这一阶段的主要任务是：根据组织的整体目标和发展战略确定安全管理信息系统的发展战略，明确组织总的信息需求，制定安全管理信息系统建设总计划。

2. 系统分析阶段

系统分析阶段与系统设计阶段的目的都是做新系统设计。在一般的机械工程或建筑工程中并没有系统分析这个阶段。由于管理信息系统自身的复杂性，要把设计阶段再划分为逻辑设计阶段和物理设计阶段，并称逻辑设计阶段为系统分析，物理设计阶段为系统设计。

分析阶段的工作是从做系统可行性分析开始，即可行性研究论证。若结论是可行，则进一步作出系统逻辑设计。该阶段活动可以分成如下几步完成：

（1）提出问题。事实上，每个用户单位都有一个信息管理系统，不过有的是手工的，有的是人机的；有的效率低，有的效率高。当用户不满足信息管理现状，便会提出开发新的系统的要求。在用户提出开发新系统的要求后就应组建开发组。开发组应当由系统开发的专业技术人员、用户单位的业务人员和领导组成。开发组的组成人员不是一成不变的，应根据开发工程的进展，在不同阶段调整开发组人员成分及数量。

（2）初步调查。开发组对用户单位做初步调查。初步调查的目的在于论证企业开发管理信息系统的可能性与必要性。应对整个组织（企业）的概况、组织的目标、组织的边界、组织的环境、组织的资源、组织中各类人员对开发新系统的反映或态度等问题进行认真调查。

（3）可行性分析。综合初步调查的资料，从企业现有自身条件和环境条件出发，分析实现用户要求的可能性与必要性。分析要实事求是，结论要有定性的或定量的论据。

（4）编写可行性分析报告。在分析论证的基础上编写可行性分析报告，并提交给企业或企业的主管部门。如果开发组认为开发新系统是可行的，应当在可行性分析报告中提出几种开发方案、进度计划、资金投入计划等供审批机关参考。当可行性分析报告被批准后，便进行系统逻辑设计，即建立新系统的逻辑模型。

（5）详细调查。与系统规划阶段的初步调查不同，此次调查的目的在于设计新系统。因为新系统要建立在现实组织中，要在原信息系统的基础上建设，没有对企业，特别是企业中现存信息系统的详细调查、深入了解，新系统将无从设计或设计不良。详细调查的内容应当比初步调查更广泛，更深入细致。详细调查的任务相当艰巨，其指导思想应当是抓宏观、抓信息流，要搞清系统中所有的信息流输入、处理、存贮与输出。

（6）还原原信息系统的逻辑模型。在对原信息系统的信息流有了全面、深入的了解之后，用数据流图描述原信息系统，即得到原信息系统的逻辑模型。这对于系统开发来说是一个倒推的工作，因为我们要从现实存在的信息系统（原系统）还原出它的模型。

（7）建立新系统的逻辑模型。建立新系统的逻辑模型是系统分析阶段的核心任务。然而新系统的逻辑模型不是凭空想象出来的，通常可以通过以下两种途径进行建立：

1）先得到原系统的逻辑模型，改进原系统的逻辑模型得到新系统的逻辑棋型。

2）从新系统的功能目标出发，通过对系统基本模型的分解而得到新系统的逻辑模型。

系统分析员使用一系列图表工具，如数据流图、数据词典等表达工具构造出独立于物理设备的新系统的逻辑模型，并与文字说明一起组成新系统逻辑设计文档，称为系统分析说明书。它是系统分析阶段的阶段性成果，也是新系统物理设计的依据。

生命周期法具有以下特点：

（1）生命周期方法通常假定系统的应用需求是预先描述清楚的，排除了不确定性，用户的要求是系统开发的出发点和归宿。

（2）系统开发各个阶段的目的明确、任务清楚、文档齐全，每个开发阶段的完成都有局部审定记录，开发过程调度有序。

（3）生命周期法采用结构化思想，自上而下，有计划、有组织、分步骤地开发信息系统，开发过程清楚，每一个步骤都有明确的结果。

（4）工作成果文档化、标准化。工作各个阶段的成果以分析报告、流程图、说明文件等形式确定，使整个开发过程便于管理和控制。因此，在信息系统开发中，生命周期法是迄今为止最成熟、应用最广泛的一种工程方法。这种方法有严格的工作步骤和规范化要求，使系统开发走上了科学化、规范化的道路。

但是，这种方法也存在不足和局限性：

（1）难以准确定义用户需求。结构化生命周期法系统的开发过程是一个线型发展的"瀑布模型"，各阶段须严格按顺序进行，并以各阶段提供的文档的正确性和完整性来保证最终应用软件产品的质量，这在许多情况下是难以做到的。由于用户在初始阶段提出的要求往往既不全面也不明确，尤其是我国多数管理人员，缺乏应用计算机的基本知识和应用实践，更难提出完整、具体的要求。而当系统投入运行后，又感到不满意，要求修改。

（2）开发周期长，难以适应环境变化。传统生命周期法，从系统分析到系统实施，绝大部分工作靠人工来完成，使系统开发成本高、效率低。由于所用的工具落后，系统分析和设计的时间较长。对于一个比较大的系统，一般要用2～3年。当系统实施时，原来提出的要求可能已经有了变化，又要修改设计。同时，由于第一、二阶段时间较长，而这两阶段能提供给用户的只是文字上的成果，用户长期看不到运行的系统，不便于设计者与用户交流。

（二）原型法

原型法（prototyping）是20世纪80年代随着计算机软件技术的发展，特别是在关系数据库系统（relational data base system，RDBS）、第四代程序生成语言（4th generation language，4GL）和各种系统开发生成环境产生的基础上，提出的一种从设计思想、工具、手段都全新的系统开发方法。它摒弃了那种一步步周密细致地调查分析，然后逐步整理出文字档案，最后才能让用户看到结果的繁琐做法。

原型法的基本思想是在投入大量的人力、物力之前，在限定的时间内，用最经济的方法开发出一个可实际运行的系统模型，用户在运行使用整个原型的基础上，通过对其评价，提出改进意见，对原型进行修改，统一使用，评价过程反复进行，使原型逐步完善，直到完全满足用户的需求为止。

原型法的开发过程包括如下四个步骤：

（1）确定用户的基本需求。由用户提出对新系统的基本要求，如功能、界面的基本形式、所需要的数据、应用范围、运行环境等，开发者根据这些信息估算开发该系统所需的费用，并建立简明的系统模型。

（2）构造初始原型。系统开发人员在明确了对系统基本要求和功能的基础上，依据计算机模型，以尽可能快的速度和尽可能多的开发工具来建造一个结构仿真模型，即快速原型构架。由于要求快速，这一步骤要尽可能使用一些软件工具和原型制造工具，以辅助进行系统开发。

（3）运行、评价、修改原型。快速原型框架建造成后，就要交给用户立即投入试运行，各类人员对其进行试用，检查分析效果。由于构造原型中强调的是快速，省略了许多细节，一定存在许多不合理的部分。所以，在试用中要充分进行开发人员和用户之间的沟通，尤其是要对用户提出的不满意的地方进行认真细致的反复修改、完善，直到用户满意为止。

（4）形成最终的管理信息系统。如果用户和开发者对原型比较满意，则将其作为正式原型。经过双方继续进行细致的工作，把开发原型过程中的许多细节问题逐个补充、完善、求精，最后形成一个适用的管理信息系统。

采用原型法开发过程如图 6-20 所示。

原型法的优缺点及适用范围如下：

（1）优点。符合人们认识事物的规律，系统开发循序渐进，反复修改，确保较好的用户满意度；开发周期短，费用相对少；由于有用户的直接参与，系统更加贴近实际；易学易用，减少用户的培训时间；应变能力强。

（2）缺点。不适合大规模系统的开发；开发过程管理要求高，整个开发过程要经过"修改—评价—再修改"的多次反复；用户过早看到系统原型，误认为系统就是这个模样，易使用户失去信心；开发人员易将原型取代系统分析；缺乏规范化的文档资料。

（3）适用范围。处理过程明确、简单系统；涉及面窄的小型系统。

（4）不适合情况。大型、复杂系统，难以模拟；存在大量运算、逻辑性强的处理系统；管理基础工作不完善，处理过程不规范；大批量处理系统。

（三）面向对象的方法

面向对象方法（object-oriented method）是一种把面向对象的思想应用于软

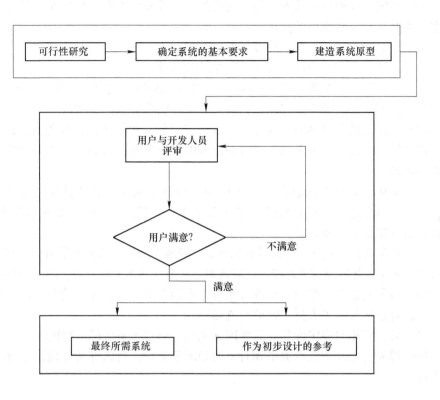

图 6-20 原型法模型

件开发过程中，指导开发活动的系统方法，简称 OO 方法，是建立在"对象"概念基础上的方法学。对象是由数据和容许的操作组成的封装体，与客观实体有直接对应关系，一个对象类定义了具有相似性质的一组对象。而继承性是对具有层次关系的类的属性和操作进行共享的一种方式。所谓面向对象就是基于对象概念，以对象为中心，以类和继承为构造机制，来认识、理解、刻画客观世界和设计、构建相应的软件系统。

面向对象方法的基本步骤如下：

（1）分析确定在问题空间和解空间出现的全部对象及其属性。

（2）确定应施加于每个对象的操作，即对象固有的处理能力。

（3）分析对象间的联系，确定对象彼此间传递的消息。

（4）设计对象的消息模式，消息模式和处理能力共同构成对象的外部特性。

（5）分析各个对象的外部特性，将具有相同外部特性的对象归为一类，从而确定所需要的类。

（6）确定类间的继承关系，将各对象的公共性质放在较上层的类中描述，通过继承来共享对公共性质的描述。

（7）设计每个类关于对象外部特性的描述。

（8）设计每个类的内部实现（数据结构和方法）。

（9）创建所需的对象（类的实例），实现对象间应有的联系（发消息）。

与生命周期法、原型法相比较，面向对象方法具有自己的特点：

（1）强调从现实世界中客观存在的事物（对象）出发来认识问题域和构造系统，这就使系统开发者大大减少了对问题域的理解难度，从而使系统能更准确地反映问题域。

（2）运用人类日常的思维方法和原则（体现于 OO 方法的抽象、分类、继承、封装、消息通信等基本原则）进行系统开发，有益于发挥人类的思维能力，并有效地控制了系统复杂性。

（3）对象的概念贯穿于开发过程的始终，使各个开发阶段的系统成分具有良好的对应，从而显著地提高了系统的开发效率与质量，并大大降低系统维护的难度。

（4）对象概念的一致性，使参与系统开发的各类人员在开发的各阶段具有共同语言，有效地改善了人员之间的交流和协作。

（5）对象的相对稳定性和对易变因素隔离，增强了系统的应变能力。

（6）对象类之间的继承关系和对象的相对独立性，对软件复用提供了强有力的支持。

（四）计算机辅助开发方法

计算机辅助软件工程（computer aided software engineering，CASE）是一组工具和方法集合，可以辅助软件开发生命周期各阶段进行软件开发。CASE 工具为设计和文件编制传统结构编程技术，提供了自动的方法，可以帮助应用程序开发，完成包括分析、设计和代码生成等工作。

计算机辅助软件工程，原来指用来支持管理信息系统开发的、由各种计算机辅助软件和工具组成的大型综合性软件开发环境。随着各种工具和软件技术的产生、发展、完善和不断集成，其逐步由单纯的辅助开发工具环境转化为一种相对独立的方法论。严格一点来说，计算机辅助开发方法是上述系统开发方法的计算机辅助实现，不能算做一种系统开发方法。典型的计算机辅助开发软件有 UML 建模工具 Visio、Rational Rose、PowerDesign 等。

二、一个示例——煤矿本质安全管理系统设计与开发

（一）系统目标与设计思想

从 20 世纪 80 年代开始，我国矿山企业的安全管理在事故管理、劳动保护管

理和职业卫生安全管理三个方面的理论及方法研究都在逐步的提高和发展。矿山企业的安全管理方法，正在由传统的静态安全管理转向现代的动态安全管理，传统安全管理与现代安全管理理念的对比如表6-6所示。

表6-6 传统安全管理与现代安全管理对比

传统静态安全管理	现代动态安全管理
纵向单因素安全管理	横向综合安全管理
事故管理	事件分析与隐患管理
被动式安全管理	主动式安全管理
仅追求生产效益的安全辅助管理	效益、环境、安全与卫生的综合效果管理
被动、辅助、滞后的安全管理模式	主动、本质、超前的安全管理模式
外迫型的安全指标管理	内激型的安全目标管理

本质安全是指通过设计等手段使生产设备或生产系统本身具有安全性，即使在误操作或发生故障的情况下也不会造成事故的功能。具体包括失误—安全功能（误操作不会导致事故发生或自动阻止误操作）、故障—安全功能（设备、工艺发生故障时还能暂时正常工作或自动转变安全状态）。

本质安全管理体系是一套以危险源辨识为基础，以风险预控为核心，以管理员工不安全行为为重点，以切断事故发生的因果链为手段，经过多周期的不断循环建设，通过闭环管理，逐渐完善提高的全面、系统、可持续改进的现代安全管理体系。

本质安全管理信息系统是根据本质安全管理体系和标准，利用先进的计算机、通讯及自动控制技术，实现危险源的辨识录入、危险源的分类分级、管理标准与管理措施的制定与录入、危险源的监测预警与考核、评价指标、企业内部评价、外部审核评价、评价指标的监测考核、权限管理及基础数据管理等功能的，集安全性、先进性、成熟性于一体的信息化管理系统，是信息系统在本质安全管理方面的应用。

本质安全管理的相关术语包括：

（1）危险源。可能造成人员伤亡或疾病、财产损失、工作环境破坏的根源或状态。

（2）风险。某一事故发生的可能性及其可能造成的损失的组合。

（3）危险源辨识。对煤矿各单元或各系统的工作活动和任务中的危害因素的识别，并分析其产生方式及其可能造成的后果。

（4）风险评估。评估风险大小的过程。在这个过程中，要对风险发生的可能性以及可能造成的损失程度进行估计和衡量。此过程往往伴随着对风险的排序、分级。

（5）风险预控。风险预控是根据危险源辨识和风险评估的结果，通过制定相应的管理标准和管理措施，控制或消除可能出现的危险源，预防风险出现的过程。

（6）危险源监测。危险源监测是在生产过程中对已辨识出的危险源进行监测、检查，并及时向管理部门反馈危险源动态信息的过程。

（7）风险预警。风险预警是对生产过程中已经暴露或潜伏的各种危险源进行动态监测，并对其风险大小进行预期性评价，及时发出危险预警指示，使管理层可以及时采取相应措施的活动。

（8）不安全行为。不安全行为是指一切可能导致事故发生的行为，既包括可能直接导致事故发生的人类行为，也包括可能间接导致事故发生的人类行为，如管理者的违章指挥行为、不尽职行为。

（9）煤矿本质安全文化。煤矿本质安全文化是以风险预控为核心，体现"安全第一，预防为主，综合治理"的精神，并为广大员工所接受的安全生产价值观、安全生产信念、安全生产行为准则以及安全生产行为方式与安全生产物质表现的总称，是煤炭企业安全生产的灵魂所在。

（10）煤矿本质安全管理。煤矿本质安全管理是指在一定经济技术条件下，在煤矿全生命周期过程中对系统中已知的危险源进行预先辨识、评价、分级，进而对其进行消除、减小、控制，实现煤矿人-机-环境系统的最佳匹配，使事故降低到人们期望值和社会可接受水平的风险管理过程。

（11）管理对象。管理对象是管理对象单元的一种划分，是对危险源的总结和提炼，是通过管住管理对象实现对危险源的控制或消除。

（12）管理标准。管理标准是一种标尺，是管理对象管到什么程度就可以消除或控制危险源的风险的最低要求。管理（对象）标准应按照国家有关标准、行业有关标准和企业标准从严制定。

（13）管理措施。管理措施是指达到管理标准的具体方法、手段。

（14）PDCA。PDCA 是戴明提出的一种循环管理模式，包括计划（plan）、实施（do）、检查（check）和改进（action），从管理的计划到改进是一种闭环的管理。

煤矿本质安全管理系统要求实现如下目标：

（1）对建立的煤矿本质安全管理体系的相关标准进行管理，例如体系标准的修改、更新和完善等。

（2）对与煤矿本质安全管理相关的监测、监控等系统提供的信息和煤矿人-机-环境的其他相关信息进行实时分析，对煤矿本质安全状况进行综合分析、预测、评价等。

（3）根据建立的煤矿本质安全管理体系标准，从建立的煤矿本质安全管理要素出发，对煤矿的本质安全进行综合评价。

（二）可行性分析

1. 国内外安全管理系统的研究现状

现代安全管理的发展过程可分为经验管理—制度管理—预控管理三个阶段。预控管理是安全管理的最后阶段，也是安全管理的最高阶段。其基本原理是运用风险管理的技术，采用技术和管理综合措施，以管理潜在危险源来控制事故，从而实现"一切意外均可避免""一切风险皆可控制"的风险管理目标。

目前，国际上较为成熟的风险预控安全管理方法较多，如由南非国家职业安全协会（NOSA）安全管理体系发展而来的管理方法、南非安瑞康国际风险管理顾问有限公司（IRCA）的风险管理方法、美国的万全管理体系发展而来的安全管理方法及国际上通行的职业健康安全（OSHMS）管理体系。这些风险预控管理方法体系都采用基于风险的预控管理方法，各有其优缺点。

我国煤矿长期以来也积累了一些管理经验和好的做法，如安全质量标准化、安全系统评价、安全管理的五要素等。近年来，随着我国加入世贸组织，按照可持续发展的要求，并与国际接轨，我国许多煤矿积极引进国外的先进安全管理方法，对煤矿企业安全管理的整体水平提高有较大的促进作用。但要从根本上改善我国煤矿安全生产的现状，实现煤矿生产的本质安全，还需要结合中国国情，在分析中国煤矿安全生产现状的基础上，利用现代安全管理方法，充分吸收国内外各种管理体系的优越性，融合创新出一套具有我国特色的煤矿本质安全管理系统。

2. 煤矿本质安全管理的意义

长期以来，煤矿企业被认为是高危行业，发生事故是必然的，不发生事故是偶然的。这种观念不仅存在于煤矿行业之外人士的头脑中，也存在于部分煤矿从业人员心中，对于煤矿的安全生产极为不利。通过建立和推广煤矿本质安全管理系统，对于改善煤矿传统观念，提高煤矿从业人员的安全追求有着重要意义。

建立煤矿本质安全管理系统，是建立在对煤炭工业现状和发展趋势进行深入分析、科学判断的基础上的，既是科学发展观在安全生产工作、煤矿安全领域的具体运用，也是煤炭工业历史发展的必然选择；既是积极的，也是切实可行的。

建立煤矿本质安全管理系统是把握工业化进程中安全生产的规律，推动安全生产"五要素"落实到位的重要步骤。本质安全管理的核心内容是本质安全型人员、本质安全型机器设备、本质安全型环境和配套的实施保障措施，这正是安全生产"五要素"落实到位的体现。推广本质安全管理体系就是推动安全生产"五要素"落实到位的具体实施。

建立煤矿本质安全管理系统是保证煤炭企业具有持续、有力竞争力的必需措施。煤炭企业必须实现本质安全，才能在激烈的市场竞争中立于不败之地。在经济上，安全状况直接决定着煤矿企业的生死存亡，煤矿企业不论其经营规模大小，经济效益好坏，都经不起事故的折磨，只有减少甚至杜绝各种事故，才能创造宽松的安全环境，更好地保证企业的健康稳定。

本书以中国矿业大学煤矿本质安全管理信息系统为例，进行系统设计与实现说明。

（三）系统总体规划

煤矿本质安全管理是以危险源辨识管理与事故分析为基础，以人、机、环境系统协调为着眼点，从本质安全型人员、机器设备系统的本质安全、本质安全型环境、安全管理四个方面消除影响煤矿安全生产的各种因素，整个实施过程以安全信息与经营管理系统为实施支撑平台，最终实现煤矿生产本质安全。它与传统安全管理的根本区别在于：不是靠经验和个人的主观判断，而是通过综合分析与评价，按矿井各类事故发生规律进行主动治理，即变被动的事故分析与事故处理为主动的事故预测和安全评价，把事故消灭在发生之前。煤矿本质安全管理是主动的超前管理，其实质是本质安全化。

煤矿本质安全管理是一个复杂的系统工程，主要由以下几个方面的要素构成：煤矿安全生产风险分析系统，这是本质安全管理系统的基础；本质安全型人员、本质安全型机器设备、本质安全型环境、配套的实施保障措施，这是本质安全管理的核心内容；具有故障诊断功能的经营管理信息系统，这是本质安全管理系统的支撑平台。

针对本质安全管理的特点，系统的总体结构如图 6-21 所示。

该系统按用户分为三个使用层级：第一类是超级管理员，主要具有系统配置、系统设计、用户维护等权限；第二类是系统管理员，主要维护系统日常业务信息，例如编辑文档、编辑安全风险和本质安全管理评价指标及得分并进行评价等操作；第三类是普通用户，他们利用煤矿本质安全管理系统获取相关信息或进行辅助决策等。

（四）系统结构功能

1. 系统结构

从系统结构上来看，将本质安全管理系统分为数据处理层、管理层和决策层。系统数据处理层主要进行数据的输入、处理和输出，所提供的作业层信息，例如安全知识查询、安全检查表的填写、事故及三违统计、读取矿井安全险源的实时监测数据等，是本质安全管理系统的工作基础；而系统管理层则根据数据处理层形成的数据，对过去和现在的数据进行分析，预测未来变化趋势，形成管理

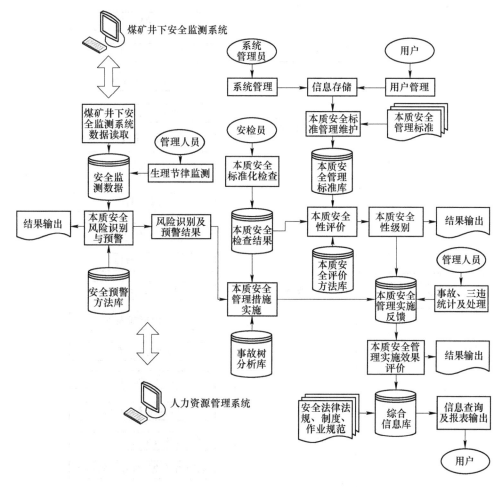

图 6-21　煤矿本质安全管理系统业务流程图

控制信息，例如基于危险源实时监测的安全预警、事故树分析库、事故统计分析、安全风险控制工作指派及实施信息反馈等，为管理者提供了有效的信息和管理方法；系统决策层则在处理层和管理层基础之上，形成安全状态的预测、评价信息以及本质安全管理的实施效果评价信息，从而为高层决策提供决策的依据。

2. 系统功能

根据本质安全管理需要，系统的主菜单由九个功能模块构成，即系统维护模块、用户管理模块、安全知识库模块、本质安全管理系统标准管理模块、本质安全危险源识别及预警模块、本质安全性评价模块、本质安全风险控制模块、信息查询及报表输出模块以及本质安全管理实施效果评价模块。系统功能结构如图6-22所示。

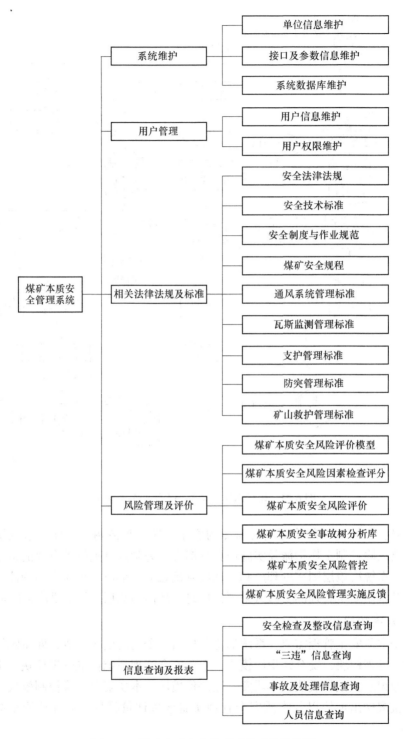

图 6-22　煤矿本质安全管理系统功能结构图

（1）系统维护模块。实现各主体单位名称信息的维护、数据接口的初始化与维护、预警参数设置、系统数据库配置、备份、恢复以及清理等维护工作。

（2）用户管理模块。增加、修改和删除用户信息，并为不同的用户设置相应的权限。

（3）安全知识库模块。为用户提供煤矿安全规程、煤矿安全法律法规、煤矿安全技术以及煤矿安全管理制度和作业规程等安全信息与知识。

（4）本质安全管理系统标准管理模块。对建立的煤矿本质安全管理体系的管理要素和相关管理的体系标准进行管理，包括要素和体系标准的修改、更新和完善等。

（5）本质安全风险识别及预警模块。通过读取矿井安全监测系统的实时数据，结合获取的煤矿人–机–环境的相关信息，对煤矿顶板、瓦斯、突水、煤尘、火灾及人员活动情况等危险源所处状态进行识别。在此基础上，通过调用预测模型库中的模型对未来的安全状态进行预测。

（6）本质安全性评价模块。根据建立的煤矿本质安全管理的标准执行，对煤矿本质安全管理标准执行情况的检查结果进行处理，并实现自动打分。在此基础上通过调用本质安全综合评价模型库，对矿井所处的安全状态进行综合评价。

（7）本质安全管理控制模块。根据本质安全标准化检查结果，通过事故树分析库，制定安全风险管理措施，通过本质安全管理系统来落实各项工作，并将安全风险控制措施的实施情况及时反馈至系统。

（8）信息查询及报表输出模块。提供安全措施整改信息、"三违"事件信息、事故信息以及相关人员等信息的查询、预测和评价结果的输出等。

（9）本质安全管理实施效果评价。根据本质安全管理措施实施后的矿井本质安全性评价和事故统计分析结果，来对本质安全管理的实施效果进行评价评级鉴定。

（五）数据库描述

1. 逻辑设计——E-R 图

（1）煤矿本质安全管理用户管理概念模型如图 6-23 所示。

（2）煤矿本质安全知识文档概念模型如图 6-24 所示。

（3）煤矿本质安全管理标准体系数据库概念模型如图 6-25 所示。

（4）煤矿本质安全风险评价数据库概念模型如图 6-26 所示。

（5）煤矿本质安全管理评价数据库概念模型如图 6-27 所示。

煤矿本质安全数据结构表见表 6-7。

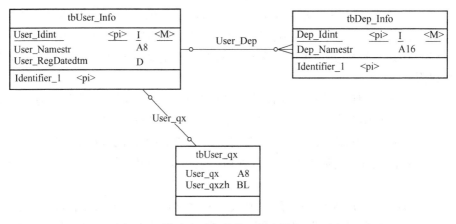

图 6-23　煤矿本质安全管理用户管理 E-R 图

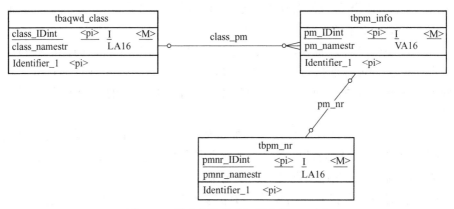

图 6-24　煤矿本质安全知识文档 E-R 图

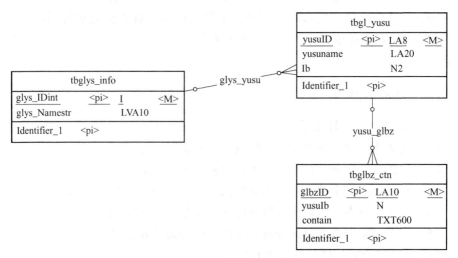

图 6-25　煤矿本质安全管理标准体系 E-R 图

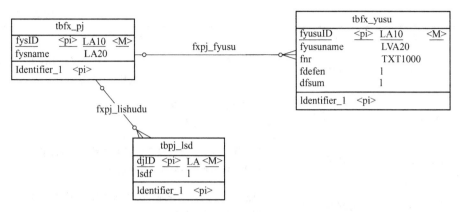

图 6-26　煤矿本质安全风险评价体系 E-R 图

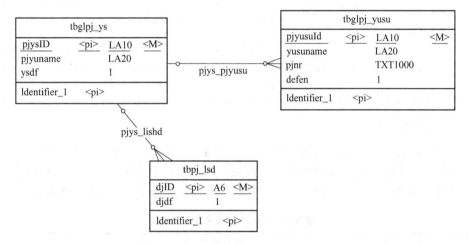

图 6-27　煤矿本质安全管理评价体系 E-R 图

表 6-7　煤矿本质安全数据结构表

表　名	备　注	描　述　说　明
tbuser_ info	用户信息	提供用户姓名、注册时间等用户基本信息
tbdep_ info	部门信息	提供安全管理相关部门信息
tbdser_ qx	用户权限	提供用户权限值数据
tbaqzs_ fl	安全知识分类	煤矿安全法律法规及常识等的类别属性表
tbaqzs_ pm	安全知识篇目	提供篇目及其内容信息的索引及存储
tbgl_ ys	管理要素	根据煤矿本质安全管理标准体系，提供本质安全管理标准要素信息
tbgl_ yusu	管理元素	根据煤矿本质安全管理标准体系，提供煤矿本质安全管理标准要素所包括的管理元素信息

表　名	备　注	描　述　说　明
tbgl_ bz	管理标准	根据煤矿本质安全管理标准体系，提供煤矿本质安全管理标准要素所包括的管理元素所对应管理标准条目信息
tbfx_ ys	风险评价要素	根据煤矿本质安全风险评价指标体系，提供煤矿本质安全风险评价指标要素信息
tbfx_ yusu	风险评价元素	根据煤矿本质安全风险评价指标体系，提供煤矿本质安全风险评价指标要素下属评价元素信息
tbglpj_ ys	管理评价要素	根据煤矿本质安全管理评价指标体系，提供煤矿本质安全管理评价指标要素信息
tbglpj_ yusu	管理评价元素	根据煤矿本质安全管理评价指标体系，提供煤矿本质安全管理评价指标要素下属评价元素信息
tbpj_ lsd	评价隶属度	根据煤矿本质安全风险（管理）评价指标体系，提供煤矿本质安全风险（管理）评价指标对于每一危险等级隶属度的信息

2. 物理设计

物理设计阶段主要是设计表结构。一般地，实体对应于表，实体的属性对应于表的列，实体之间的关系成为表的约束。逻辑设计中的实体大部分可以转换成物理设计中的表，但是它们并不一定是一一对应的，如表 6-8 ~ 表 6-22 所示。

表 6-8　煤矿本质安全用户管理

表　名	用户信息（tbuser_info）				
字段名称	数据类型	最小宽度	空/非空	来源	标记
用户编号	字符	6	非空	生成	Pk
用户名称	字符	20	非空	录入	
注册时间	日期		非空	录入	
补充说明					

表 6-9　煤矿本质安全管理部门信息

表　名	部门信息（tbdep_info）				
字段名称	数据类型	最小宽度	空/非空	来源	标记
部门编号	字符	6	非空	生成	Pk
部门名称	字符	20	非空	录入	
补充说明					

表 6-10 煤矿本质安全管理用户权限

表 名	用户权限（tbuser_qx）				
字段名称	数据类型	最小宽度	空/非空	来源	标记
权限名称	字符	6	非空	参照	
权限值	布尔		非空	生成	
补充说明					

表 6-11 煤矿本质安全管理安全知识分类

表 名	安全知识分类（tbaqzs_fl）				
字段名称	数据类型	最小宽度	空/非空	来源	标记
安全知识分类编号	字符	6	非空	生成	Pk
安全知识分类名称	字符	20	非空	录入	
补充说明					

表 6-12 煤矿本质安全管理安全知识篇目

表 名	安全知识篇目（tbaqzs_pm）				
字段名称	数据类型	最小宽度	空/非空	来源	标记
安全知识篇目编号	字符	6	非空	生成	Pk
安全知识篇目名称	字符	20	非空	录入	
安全知识所属分类	字符	6	非空	参照	
安全知识内容	字符	500	非空	录入	
补充说明					

表 6-13 煤矿本质安全管理要素

表 名	管理要素（tbgl_ys）				
字段名称	数据类型	最小宽度	空/非空	来源	标记
管理要素编号	字符	6	非空	生成	Pk
管理要素名称	字符	20	非空	录入	
补充说明					

表 6-14 煤矿本质安全管理元素

表 名	管理元素（tbgl_yusu）				
字段名称	数据类型	最小宽度	空/非空	来源	标记
管理元素编号	字符	6	非空	生成	Pk
管理元素名称	字符	20	非空	录入	
所属要素	字符	6	非空	参照	
补充说明					

表 6-15 煤矿本质安全管理标准

表 名	管理标准（tbgl_bz）				
字段名称	数据类型	最小宽度	空/非空	来源	标记
管理标准编号	字符	6	非空	生成	Pk
管理标准名称	字符	20	非空	录入	
管理标准内容	字符	500	非空	录入	
对应元素	字符	20	非空	参照	
补充说明					

表 6-16 煤矿本质安全风险评价要素

表 名	风险评价要素（tbfx_ys）				
字段名称	数据类型	最小宽度	空/非空	来源	标记
风险评价要素编号	字符	6	非空	生成	Pk
风险评价要素名称	字符	20	非空	录入	
补充说明					

表 6-17 煤矿本质安全风险评价元素

表 名	风险评价元素（tbfx_yusu）				
字段名称	数据类型	最小宽度	空/非空	来源	标记
风险评价元素编号	字符	6	非空	生成	Pk
风险评价元素名称	字符	20	非空	录入	
补充说明					

表 6-18 煤矿本质安全风险评价指标

表 名	管理标准（tbfx_zb）				
字段名称	数据类型	最小宽度	空/非空	来源	标记
风险评价指标编号	字符	6	非空	生成	Pk
风险评价指标名称	字符	20	非空	录入	
风险评价指标内容	字符	500	非空	录入	
风险评价指标得分	整型	6	非空	录入	
补充说明					

表6-19 煤矿本质安全管理评价要素

表 名	管理评价要素（tbglpj_ys）				
字段名称	数据类型	最小宽度	空/非空	来源	标记
管理评价要素编号	字符	6	非空	生成	Pk
管理评价要素名称	字符	20	非空	录入	
补充说明					

表6-20 煤矿本质安全管理评价元素

表 名	管理评价元素（tbglpj_yusu）				
字段名称	数据类型	最小宽度	空/非空	来源	标记
管理评价元素编号	字符	6	非空	生成	Pk
管理评价元素名称	字符	20	非空	录入	
补充说明					

表6-21 煤矿本质安全管理评价指标

表 名	管理标准（tbglpj_zb）				
字段名称	数据类型	最小宽度	空/非空	来源	标记
管理评价指标编号	字符	6	非空	生成	Pk
管理评价指标名称	字符	20	非空	录入	
管理评价指标内容	字符	500	非空	录入	
管理评价指标得分	整型	6	非空	录入	
补充说明					

表6-22 煤矿本质安全管理（风险）评价隶属度

表 名	评价隶属度（tbpj_lsd）				
字段名称	数据类型	最小宽度	空/非空	来源	标记
评价等级编号	字符	6	非空	生成	Pk
评价等级名称	字符	20	非空	录入	
补充说明					

（六）系统开发与实现

1. 系统登陆

在登陆界面的【账号】栏输入各自用户的账号，即显示用户名，输入【密码】，点【确认】或回车即可实现系统登陆，如图 6-28 所示。

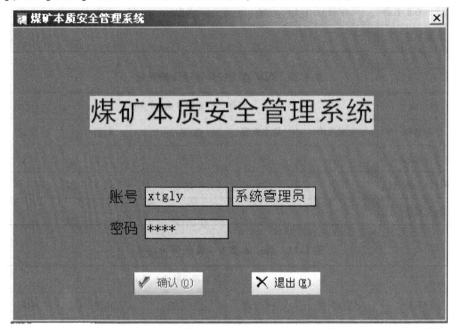

图 6-28　煤矿本质安全管理系统登陆界面

2. 部分功能模块实现

（1）系统配置模块。

系统配置模块包括用户权限和用户当前信息维护两个子功能模块。其中用户权限子模块包括用户维护、用户权限分配、角色维护以及角色权限维护功能，只有系统超级管理员方可操作，不对系统管理员和一般用户开放；而用户当前信息维护子模块则主要是实现当前用户的权限查询、密码修改以及个人配置功能。此处主要介绍当前用户信息子模块，如图 6-29 所示。

1）用户权限查询。用于查询当前用户相关权限信息，如图 6-30 所示。

2）修改密码。修改密码界面如图 6-31 所示。

3）配置信息维护。该子模块实现对系统配置信息的维护，如菜单显示方式、工作区背景设置等，如图 6-32 所示。

（2）安全知识模块。

该模块实现对煤矿安全知识文档的系统分类管理，预设煤矿本质安全管理理

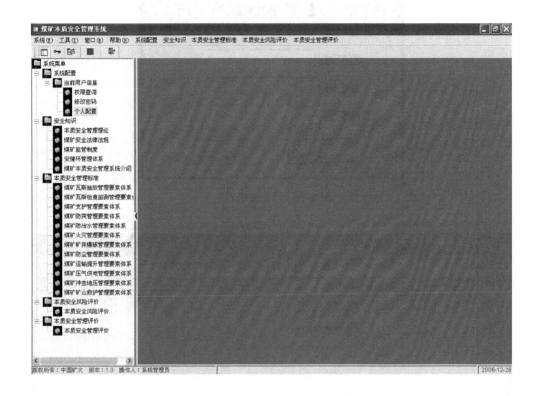

图 6-29　煤矿本质安全管理系统功能菜单结构

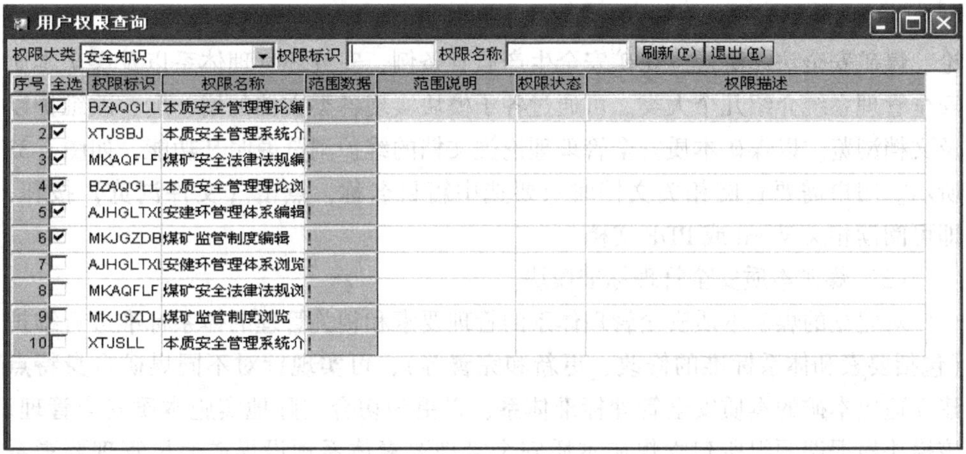

图 6-30　用户权限查询界面

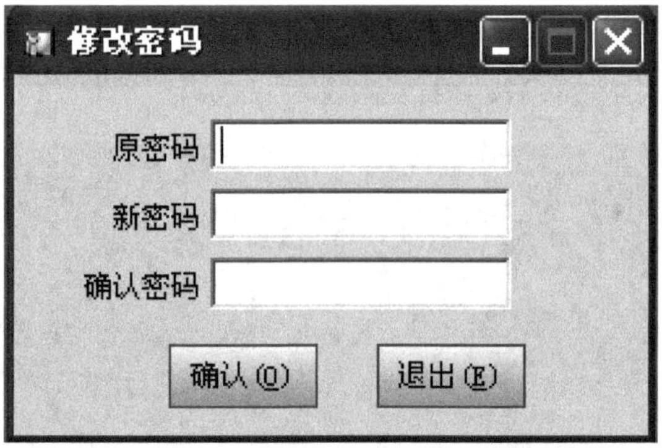

图 6-31　修改密码界面

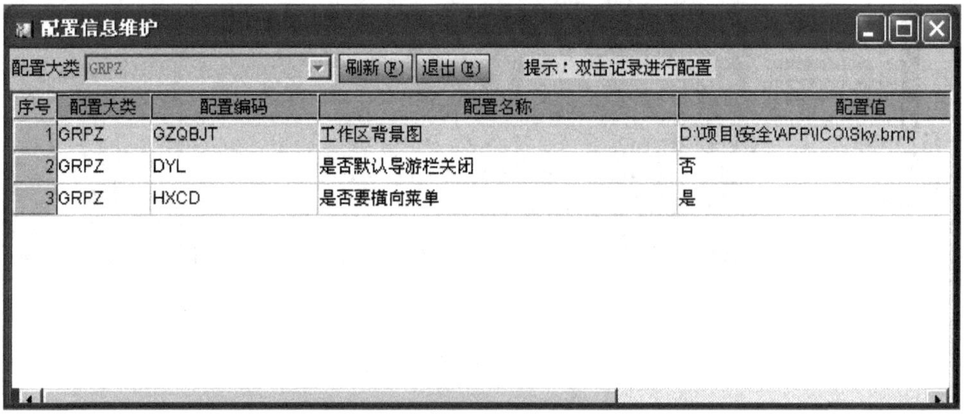

图 6-32　配置信息维护界面

论、煤矿安全法律法规、煤矿安全生产监管条例、安健环管理体系以及煤矿本质安全管理系统介绍几个大类。可通过各子模块实现各类文档的增、删、改维护以及文档浏览。以煤矿本质安全管理理论类文档的维护浏览说明其功能，如图 6-33 所示。用户需要查阅相关文档时只要选中篇目名称，点击【文件浏览】按钮，即可阅读相关 Word 或 PDF 文档。

（3）煤矿本质安全管理标准模块。

对建立的煤矿本质安全管理体系的管理要素和相关管理的体系标准进行维护（包括要素和体系标准的修改、更新和完善等），可实现针对不同煤矿自身特点建立适应本矿的本质安全管理标准体系，以更为切合实际地实施本质安全管理。该模块根据课题组所建立煤矿本质安全管理要素体系预设煤矿通风管理要素系统、煤矿瓦斯抽放管理要素系统等 13 个要素体系，下属 101 个元素以及末级 1144 个指标。以煤矿通风管理要素系统为例，如图 6-34 所示。

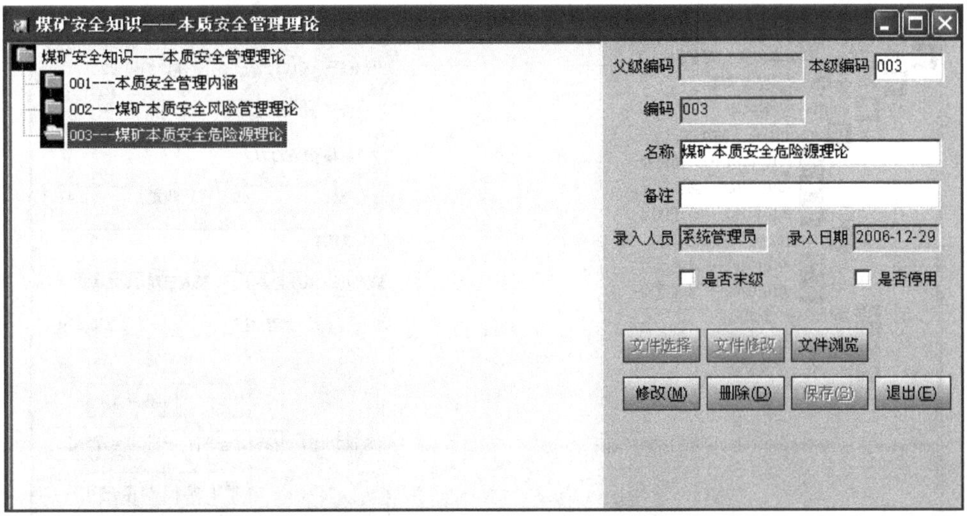

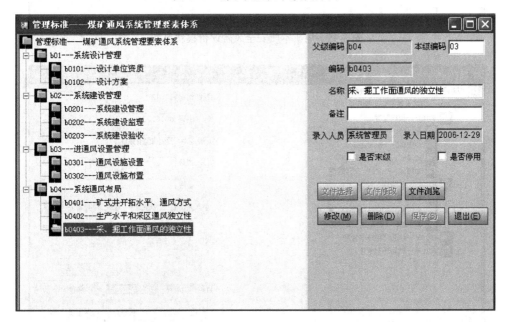

图 6-33　煤矿安全知识模块界面

图 6-34　煤矿本质安全管理标准模块界面

（4）煤矿本质安全风险评价模块。

根据各煤矿实际情况建立的切合实际的煤矿风险评价指标体系，并对其进行不断的维护；可通过记录风险评价指标的评价值，选择适合的模型进行综合评价，从而确定煤矿生产安全的综合风险等级或者某风险子系统的风险状态，如图6-35、图6-36 所示。

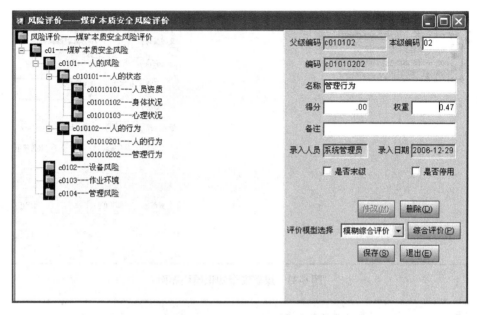

图 6-35 煤矿本质安全风险评价模块界面

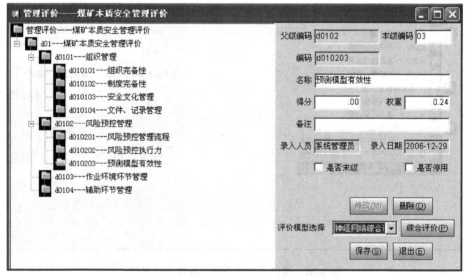

图 6-36 煤矿本质安全管理评价模块界面

三、一个示例——企业安全事故管理信息系统

(一) 系统目标及设计思想

企业事故管理信息系统主要实现企业事故的登记、调查、处理、统计分析、

查询及事故预防管理等功能。利用系统对事故数据实时录入、实时上报、实时统计分析，进一步强化企业对安全生产工作的管理；利用数学模型及事故致因理论对事故进行预测，采取各种手段控制事故的发生，保证职工的安全。

（二）系统可行性分析

1. 系统开发的必要性和意义

事故管理是企业安全管理的一个重要内容。对任何一起事故，都必须准确分析事故原因，严格按照我国"四不放过"的原则进行事故处理，对事故人员伤亡情况及事故损失进行统计整理上报。每一起事故都会直接或间接地暴露出企业安全管理中存在的薄弱之处，并为下步工作指明方向。错误的统计数据会导致错误的决策，错误的决策就必然会对企业安全管理产生不利影响。应用企业事故管理信息系统是利用现代化管理手段科学地管理企业发生的事故，为企业管理和决策提供正确的信息依据，为企业实现长周期的安全生产做出保障，创造更好的经济效益和社会效益。

2. 现行系统的调查分析

传统的企业安全事故管理模式相对落后，存在的主要问题有：

（1）安全事故信息收集和发送的手段落后。安全事故信息的处理完全依靠手工操作完成收集、分类、归档和发送等工作，信息反馈周期长，速度慢。

（2）信息存储不及时或不全面，造成同类事故重复发生。事故管理的工作是周而复始的循环作业。从一起事故发生，对其进行鉴定、处理、因素分析，到定期的统计分析，是一系列工作的过程，需要处理的信息量大而杂，信息冗余量大。如果对突发的事故仓促处理，时过境迁，信息必定存储不及时或不全面，往往会造成同类事故重复发生，给安全管理工作带来很大困难。

（3）缺乏有效的存储手段。传统的管理方法对安全事故文档多采用纸和笔记录内容，没有有效的保存手段，易受污损和破坏，造成宝贵资料的丢失，破坏了对文档至关重要的数据完整性。同时，采集和保存文档的工作量大，使得管理人员没有时间和精力从事创造性的安全管理工作。

（4）检索困难。事故控制指标、事故因素分析、事故鉴定与分析、事故报表乃至事故统计等工作，最基础的工作就是信息检索。而传统的事故管理中，资料主要以纸质文档分类存储。由于安全事故信息内容多，类型复杂，各种资料文档繁多，在堆积如山的纸质资料中查找所需要的信息无疑是十分困难的。信息检索工作的困难会耗费管理人员的精力，导致安全管理办事效率不高。

（5）缺乏对安全决策的信息支持。现行的企业安全检查、安全等级鉴定及事故分析，大多是凭借个人经验和主观意识来进行决策，其决策所需的信息，从时间上不能保证其连续性和动态性；空间上不能保证其全面性，影响决策的可靠程度。

（6）不能很好地贯彻安全工作"事故预防"的方针。由于传统安全事故信息管理手段的落后，大量有用的涉及企业安全生产状况的数据信息不能及时地得到分析，不能及时消除企业的事故隐患，不能贯彻"安全第一，预防为主"的生产方针，从而陷入"事前不预防，事后分析忙"的困境。

正因为传统的企业安全事故信息管理模式存在上述问题，影响企业的安全管理水平，降低企业安全管理决策的准确性，不能有效地预防和控制事故的发生，阻碍企业的发展。可见建立一个高效、完整的企业安全事故管理信息系统具有重要的现实意义。

（三）系统总体规划

企业按照法律规定一般都设置了安全管理职能部门，并结合内部相关科室（如人事部门、生产技术部门、设备管理部门、职业卫生防护部门等）对企业的生产安全进行管理。企业事故管理系统功能结构如图 6-37 所示。

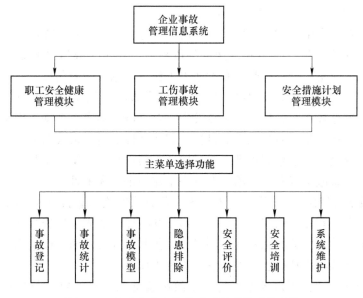

图 6-37　企业安全事故管理系统总体功能结构

（四）系统的设计实施

1. 系统功能模块的设计实施

企业事故管理系统的功能模块详细设计是在系统的业务流程分析和总体规划的基础上进行的，采用结构化设计方法由顶向下展开设计，如图 6-38 所示。

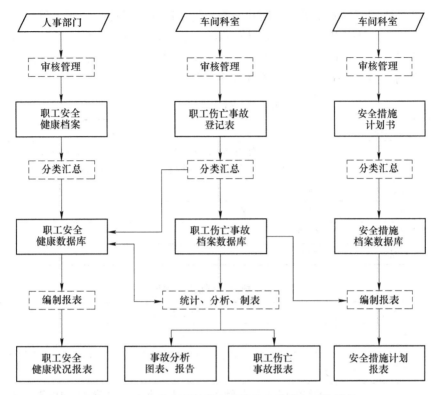

图 6-38 企业安全事故管理系统业务流程与功能模块

设计的系统具体功能包括：用不同数据库分析存储安全管理的全部数据；统计、分析和输出所需的各种报表；实现对数据的查询和应答；对工伤事故进行因素分析、趋势预测等，以便提供辅助决策所需的图表、报表和有关数据。

2. 系统数据库的设计实施

（1）数据字典的设计。

数据流程图抽象地描述了系统数据处理的概貌，描述了系统的分解。数据字典就是把数据流程图上的具体数据加以定义，并按特定格式予以记录，以备随时查询和修改。数据字典是数据流程图的辅助资料，对数据流程图起注解作用，同时它也是数据库设计的基础。

根据系统的数据流程图设计数据词典。这里仅将职工伤亡事故登记表的数据字典的条目列于表 6-23。关于数据处理说明，我们使用结构化汉语，以便设计人员与用户易于共同理解，并举例两项，分别列于表 6-24 和表 6-25。

（2）数据库结构设计。

职工伤亡事故管理是根据企业内各部门填报核实的职工伤亡事故登记表，在一定时期内进行事故统计、分析和上报，探讨该段时期内的事故发生特征和规律，以便采取相应的安全措施，防止事故重发。因此，设计一个职工伤亡事故数据库，代码为 SGDJ2005，其后四数码 2005 表示年份，其结构见表 6-26。该数据库是企业安全事故管理系统的主要数据库，生成报表数据文件、打印报表、事故分析、查询及绘图所需数据均从该数据库获得。

表 6-23　数据字典示例

数据项名称	职工伤亡事故登记表
数据定义	单位+姓名+性别+年龄+工种+工龄+发生日期+发生时分+发生地点+事故原因+伤害程度+休工天数+直接经济损失+事故类型+事故经过+事故处理
数量	不确定
注释	事故发生即时填报
使用单位	各车间
代码编号	GXSG

表 6-24　数据处理说明示例一

处理名称	职工伤亡事故登记
编号	
产生条件	具备事故发生职工伤亡事故档案数据库，并在填报职工伤亡事故登记表以后
数据来源与处理	根据职工伤亡事故登记表，查询并调出该职工的安全健康档案，并在档案事故记录栏输入事故的相关内容
执行频率	一人次/发生一起事故

表 6-25　数据处理说明示例二

处理名称	职工伤亡事故（统计）分析报表
编号	
产生条件	在每一统计周期（月、季、年）末，根据职工伤亡事故档案数据库统计输出工伤事故月、季、年报表；同时按事故类别、原因、工种、性别等进行分析，输出相应的分析图（直方图、圆图等）
执行频率	每个统计周期末一次

表 6-26　SGDJ2005 数据库的结构

字段号	字段名	字段类型	字段宽度	字段含义
1	LYBH	C	4	事故类别及原因编号
2	DWMC	C	10	单位名称
3	DWBH	C	4	单位编号
4	CJMC	C	10	车间名称

字段号	字段名	字段类型	字段宽度	字段含义
5	CJBH	C	4	车间编号
6	XM	C	8	姓名
7	XB	C	2	性别
8	WHCD	C	10	文化程度
9	AQJY	C	4	接受安全教育情况
10	GZ	C	10	工种
11	GL	C	4	工龄
12	GZBH	C	4	工种编号
13	GZGL	C	4	本工种工龄
14	JB	C	4	级别
15	NL	C	2	年龄
16	CSRQ	D	8	出生日期
17	RCRQ	D	8	入场日期
18	SGNY	C	4	发生事故年月
19	SGRQ	C	2	发生事故日期
20	HM	C	5	发生事故时分
21	BC	C	2	发生事故班次
22	SGDD	C	40	发生事故地点
23	QYW	C	16	起因物
24	ZHW	C	16	致害物
25	SGLB	C	8	事故类别
26	SGYY	C	34	事故原因
27	SW	N	3	死亡
28	ZS	N	3	重伤
29	QS	N	5	轻伤
30	SHBW	C	8	伤害部位
31	SHQK	C	16	伤害情况
32	TQSGBZ	L	1	同起事故标志
33	SGJG	C	150	事故主要经过
34	TBR	C	8	填表人
35	TBDW	C	10	填表单位

字段号	字段名	字段类型	字段宽度	字段含义
36	TBRQ	D	8	填表日期
37	BH1	C	2	
38	BH2	C	1	

（3）系统输出、输入的设计实施。

系统输出的伤亡事故登记表和事故上报报表需要按政府相关主管部门制定的报表样式标准进行设计。企业内部流通的各种统计报表和安全数据分析图表（如事故类别重要度扇形图、事故原因直方图、千人负伤率及其变化趋势图等）根据需要设计得简单、直观。

输入设计的原则是用户操作简便，数据准确，输入量尽可能少，具有友好的人机界面。采用全屏幕对照栏目填空方式，输入原始数据。对没有规律性的字段，如XM字段，即姓名，直接输入汉字；对多次重复的字段，则采取代码输入。为了减轻用户记忆的麻烦，将代码存储于数据库，在屏幕上动态翻页显示，用户输入工作量大大减少；同时设置数据合法性检验，防止不规范、不正确的数据输入。

四、一个示例——大型政府安全生产管理信息系统

（一）系统目标及设计思想

某省安全生产监督管理局按照政府部门电子政务信息化建设的统一规划，以《中华人民共和国行政许可法》《中华人民共和国安全生产法》及有关法律法规为依据，计划开发建设一套功能完善、规范实用、高效快捷、安全可靠、起点较高的全省安全生产管理信息系统，通过电子政务推进职能转变，巩固其安全生产监督管理效果，减少安全事故所带来的经济损失和产生的不良社会影响。

（二）可行性分析

1. 系统建设的必要性

安全生产是关系到国家和人民群众生命财产安全，关系到改革开放、经济发展和社会稳定的头等大事。安全生产的信息化建设对掌握安全生产动态，控制各类伤亡事故，减少事故损失能起到巨大的作用。它能为预防事故发生提供重要的参考，能及时发现事故隐患，及时采取应对措施，预防事故的发生，为安全生产部门的监管和决策提供重要的信息支持。因此，安全生产的信息化建设对实现现代化的安全生产监督工作起着举足轻重的作用。建立综合的安全生产管理信息系

统将推进安全生产的信息化建设，提高安全生产监督管理水平，使安全生产面貌产生新的飞跃。

2. 安全现状的调查分析

该省在省委、省政府的正确领导下，安全生产工作从整体上来看是取得了很大的进步，但是形势依然十分严峻。（1）安全发展区域不平衡，经济发达地区占全省40%左右人口，75%以上的经济总量，事故起数和死亡人数也占75%以上；经济较落后的地区安全基础也比较差。（2）事故总量和特大事故没有得到根本的遏制，一年中全省死亡人数超过1.2万，同时重特大事故多发，在国内外造成负面影响。（3）安全生产基础薄弱，安全投入欠账多。在有些地方、部门，尤其是不少企业，不重视安全生产，存在着安全生产责任制不落实、安全管理制度不健全、作业场所管理混乱、重大危险源监控管理措施不到位等现象。（4）全民安全意识和职工安全培训与新形势发展要求仍有差距，人们为了追求片面的经济利益而往往不惜牺牲"安全"。因此，必须采取更为高效的手段，不断提高全省的安全生产监督管理水平，切实保护国家和人民的生命财产安全。

3. 系统建设的可行性

（1）政府的高度重视。该省政府高度重视电子政务建设，相继提出了《电子政务建设实施意见》《电子政务建设管理办法》等政府文件，同时该省安全监管局领导积极推进电子政务建设，为本系统建设项目的顺利实施提供了重要的保障。

（2）原有电子政务网络基础平台初具规模。自该省安全监督管理局升格为省政府直属部门，着力加强安全监督的信息化建设，经过两年多的发展，形成了一个覆盖全省的数字化、运行可靠的基础传输网络，连接各省直属单位和地级市，电子政务网络基础平台已经初具规模。内部信息化方面，各部门内部普遍使用计算机进行文字处理和信息管理，开通了互联网和电子邮件等服务，办公电子化、管理信息化的水平逐步提高；网络连接方面，基本建成了内部局域网，与省政府总部和其他行政管理部门建立了网络连接，主要用于报送业务信息及简单的文件传输；公众信息网方面，开通了省局的公众网站，收集和发布各类的安全生产信息和各种政策法规，逐步实现政务公开。

（3）随着计算机普及和信息化建设，工作人员大部分掌握了现代化办公技能，领导机关的信息化意识得到了增强，逐步促进了领导方式和工作方式的转变。

（4）我国一些省市地区的安全生产监督管理局相继进行了安全生产管理信息系统的建设项目，逐步实现全国的安全生产监督工作的信息化。该省某些地方安全生产监督管理局也开展了相关的开发建设项目。这些都为本系统的建设提供了有益的借鉴和经验。

4. 用户需求分析

随着经济的迅猛发展，该省安全生产监督管理工作呈现出任务重、责任大、范围广的特点。面对如此形势，加快安全生产信息化建设是安全监督管理部门需要迫切开展的工作。

根据政府对安全生产监督管理工作的总体要求和目前的安全生产现状，利用现有的网络基础，在全省建立起一个信息化的安全生产信息管理平台。纵向贯通国家安全监督管理局和省、市、县安全监督管理局及生产经营单位，横向达到全省各级政府和各级安全委员会成员单位，及时为安全生产监督管理提供准确而有效的数据信息，从而实现监督力度的加强和管理水平的提高。

(三) 总体规划

1. 总体目标

系统的总体目标是：根据政府和国家安全监督管理总局的统一规划和部署，以全省电子政务网络平台为基础，在全省范围内建立起安全生产信息管理平台，形成一个互联互通、动态监督管理、应急指挥的格局，为全省各级安全管理监管部门提供准确有效的数据信息。同时构建信息管理系统，及时公开政务信息，依法接受社会监督，提高行政监管业务的透明度，维护公平、公正、公开的监管原则，如图 6-39 所示。

以需求为向导，整个安全生产管理信息系统建设的总体目标包括以下几部分：安全生产数据中心、公共信息服务平台、基础设施与安全支撑平台，以及重大危险源监督管理信息系统、应急救援指挥系统、安全许可管理系统、安全执法监管系统、事故统计分析系统、协同办公系统和视像会议系统。

2. 分期目标

由于总体目标内容覆盖面较广，而且应用基础和应用环境比较薄弱。因此，系统的建设将按照统一规划、整合资源、需求导向的思路，根据安全生产和公共服务需要突出重点建设业务系统和数据共享的基本原则，按照项目经费情况分期建设。

前期主要建设项目包括：全省重大危险源监督管理信息系统建设，安全生产应急救援指挥系统建设，安全许可管理系统建设，安全执法监管系统建设，事故统计分析系统建设，办公自动化系统建设，公共信息发布管理系统建设，公众网站升级和网上审批系统建设，基础设施和安全支撑平台建设，全省视频系统建设。

后期主要建设项目包括：项目的二期建设和系统完善，数据中心的信息资源库建设。

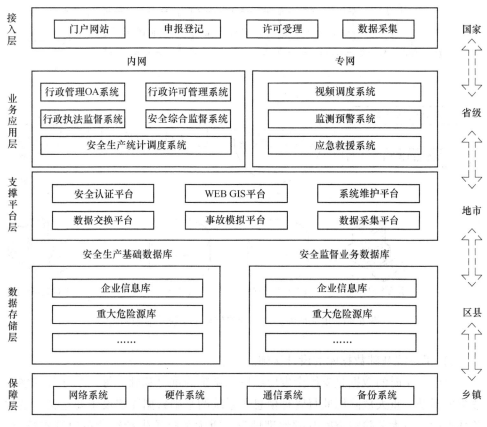

图 6-39 大型政府安全管理信息系统总体规划

（四）系统设计实施

1. 具体的系统功能设计实施

（1）重大危险源监督管理信息子系统设计。

1）子系统功能结构的设计实施。

子系统功能结构如图 6-40 所示。重大危险源监督管理信息子系统要将全省所有的重大危险源的信息自动汇报上传到系统的重大危险源数据库里，并可在条件允许的情况下结合网络化的地理信息（Web GIS）技术，能在电子地图上方便、快捷、形象地展示重大危险源的地理分布总体概况，以及发生事故后抢险、应急指挥最佳救援路径和预案等信息。系统能够对申报的危险源数据自动进行识别和危险度评价分级，能够为各级安全生产监督管理部门领导直观地提供相关数据和信息，为动态地、科学地对城市重大危险源进行及时的监督管理提供智能化的辅助决策支持。

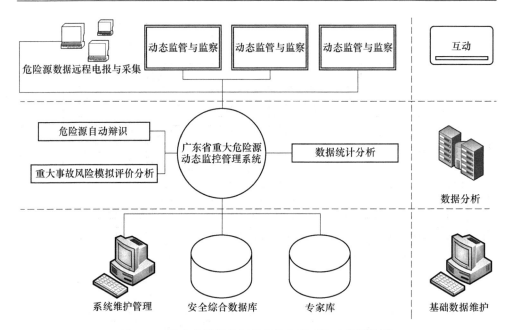

图 6-40　重大危险源监督管理信息子系统功能结构图

2）子系统基础数据库的设计实施。

全面、实时的数据是支撑全省应急联动系统的重要基础，每一个环节都需要数据的辅助。重大危险源监督管理信息子系统的基础数据库建设主要包括：危险源数据库、重大危险源空间基础地理信息、重大危险源生产经营单位基本信息、安全事故专家数据库、应急指挥可调度救援物资信息。基础数据库的建设要统一规划，统一建设，确定统一的数据标准和技术架构，旨在充分满足共享的应用需求，避免重复建设。

3）子系统网络的设计实施。

重大危险源监督管理信息子系统的网络设计主要是满足重大危险源信息的远程申报和采集的需要，要向各重点生产经营单位提供网上直接申报功能入口，生产经营单位登陆到系统后，按照规定的格式和要求填写相关数据，初步完成危险源数据的采集、输入工作。

生产经营单位申报数据的方式有两种：1）联网上报，通过登陆重大危险源网页，进行身份认证后直接填报；2）离线上报，即下载离线上报系统，完成数据填写后，通过磁盘、光盘等移动存储器上交到安全监督管理局，其流程如图6-41 所示。

4）子系统的管理组织设计。

重大危险源监督管理信息子系统涉及全省的所有重大危险源，遍及各地级

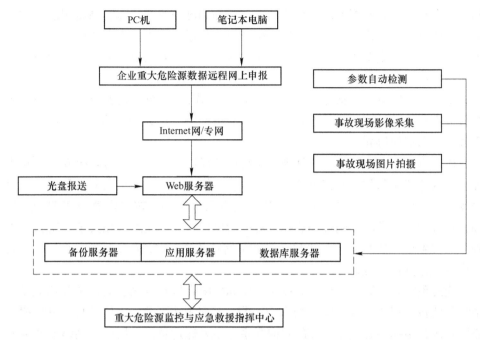

图 6-41　重大危险源数据采集示意图

市、县、区、镇，因此，系统的管理组织方案将直接影响整个子系统的实施效果。基于系统的功能设置以及网络设置等，采取分布式集中网络管理与地区分级管理策略。

省级总控制管理中心。省级总控制管理中心是全省重大危险源动态监督管理的核心管理机构，负责管理全省重大危险源数据中心；负责发布数据同步指令；负责系统的统一用户管理和统一用户认证；可以随时查看所有动态监督管理设备的视频、图像、数据，并能调度省内各级动态监督管理设备以及人员。

地市调度管理中心。地市调度管理中心是各地市的重大危险源动态监督管理中心。其职能是：负责管理辖区内的重大危险源管理数据库；负责辖区内的监督管理设备和应急物资、人员的调度；可随时查阅系统的相应监督管理数据。

县区协管单元。县区协管单元主要负责县区内重大危险源动态监督管理，以及辖区内的应急资源调度。

数据采集点。数据采集点是最底层、也是最直接的监督管理点，包括用户和遥感设备。各采集点根据实际情况通过有线或无线的方式向上级管理部门及时上报所采集数据。

（2）安全生产应急救援指挥子系统设计。

1）子系统功能结构的设计实施。

安全生产应急救援指挥子系统是以先进的信息技术和通信手段为依托，整合和利用全省的应急救援资源，集通信、指挥和调度分析于一体，高度智能化的安全生产应急救援指挥中心系统。安全生产应急救援指挥中心以现代化的网络通信为主要手段，形成全省上下畅通、反应灵敏、快捷高效的重特大生产安全事故应急救援指挥调度平台。

安全生产应急救援指挥子系统将建立省级-市级-县级三级安全生产应急指挥及救援机制。通过计算机网络和无线指挥通信网络连接远端的单位或部门，实现资源共享和指挥协同。

以应急联动中心为核心的处理机制将应急反应划分为三部分：公众、救援指挥中心内部和应急救援实施单位。应急联动系统的信息进入渠道有多种形式，以语音、Web 等方式发送的信息进入救助受理服务中心，按照紧急与咨询分类处理，对咨询类需求转接到咨询热线；对一般事件指令下达到各相关子系统指挥中心；当发生重大公共危机事件时，将危机信息传送到省/市级指挥中心，此时启动全省/市危机应急预案。

应急预案启动后，指挥中心按照程序和权限直接对各区、县、镇及相关专业系统行使指挥权限。各级应急指挥中心与一线的执行人员、现有的省/市指挥中心以及区县指挥中心建立直接的双向联系，主要通过救援专用内部网络或政务网进行。

2）子系统应急指挥中心技术模块设计实施。

应急指挥系统包括：固定指挥系统、移动指挥系统及应急呼叫中心三部分。

①固定指挥系统。固定指挥系统应包括：信息报送系统、基于 GIS 的分析与决策系统、通信控制与调度系统、数据整合及分析系统、应急协同办公系统、视频监督管理系统、视频会议系统、应急预案管理系统、危机专家知识管理系统等。

②移动指挥系统。移动指挥系统以卫星、微波、GSM、GPRS、CDMA 等现代信息化手段，集多媒体和无线实时传输于一体，作为处理重大事件时的现场指挥中心。具有与集群系统、移动基站、各级信息系统、无线通信网络、视频传输系统的连接等接口。具体包括：指挥应用系统、决策支持系统、视频会议系统。移动指挥系统决定整个应急指挥系统是否可以有效地运作。

③应急呼叫中心。应急呼叫中心设有 24 小时电话热线。将接收到的呼叫过滤后按照紧急与咨询分类处理，对咨询类需求转接到咨询热线，对一般事件指令下达到各相关子系统指挥中心。呼叫中心提供足够的工作人员和设备以满足大量并发应急事件的处理。

（3）安全许可管理子系统的设计实施。

安全许可管理子系统实现安全生产许可证的网上申请、上报、审核、延期申请、变更、查询、统计、打印等信息管理功能。同时满足与相关业务系统的数据交换。

（4）安全生产数据子系统的设计实施。

安全生产数据子系统主要包括数据交换系统和信息资源库的建设，实现共享数据的管理、信息交换管理、共享与交换目录管理、用户权限管理，实现内网与政府各部门的数据共享、数据交换以及应用系统的接口。

安全生产数据子系统收集和管理各种安全生产信息，形成安全生产信息资源库，以便进行安全生产的分析和辅助决策。信息资源库由数据库、模型库和知识库组成。数据库由业务应用系统及其他相关系统的大量历史数据经过加工、过滤而形成，是数据共享、综合统计、分析、预测的基础；模型库保存安全相关的各种要素的定量化模型，结合数据库资料为安全评价、分析和预测安全形势提供战略决策基础，为安全生产的安排提供量化的依据；知识库保存安全生产管理及其实施效果的经验数据，是指导生产经营单位进行安全生产、安全生产预防和事故应急救援的历史依据，是专家知识和历史经验的总结。

（5）视像会议子系统的设计实施。

视像会议子系统包括：实现与国家安全监督管理总局的视频音频信号连接；实现全省安全监管系统的视频会议的连接；实现与省政府的视频会议的连接；实现与应急指挥中心的连接。

（6）协同办公子系统的设计实施。

协同办公子系统是安全监督管理局机关内部日常基本办公和业务管理子系统，以工作流程为基础，提供信息流程管理、权限控制和用户管理服务。具体包括：公文处理、收支管理、发文管理、文件归档管理等。子系统的功能模块又分为办公业务区、领导区、局/科/室区、服务区、资料下载区、链接区以及系统管理区。

2. 基础设施与网络支撑平台的设计实施

基础设施与网络支撑平台的建设是保障综合安全生产监督管理信息系统高效、安全运行的基础。具体包括：基础网络的建设、网管系统的建设、身份认证系统的建设、网络安全系统的建设与数据备份系统的建设。

（1）基础网络的建设。

基于原有的安全监督管理局网络系统进行升级改造，通过增加新的网络设备，增加传输带宽，设置业务优先等级等方法，改善业务传输速度和质量。需要增加的配置有路由器、核心交换机、接入层交换机及相关模块。

（2）网管系统的建设。

为保障系统的高效、安全运行，建立网管系统保障网络的管理和运行。对整网设备进行统一管理，提供集中、分级、分权的网元管理、网络管理功能。网管系统采用先进的组件化结构，可以对全网设备集中管理。

（3）身份认证系统的建设。

身份认证系统是为避免非法用户进入系统，对所有登陆系统的用户进行严格的身份认证的管理系统。其建设的主要内容包括：安全应用支撑服务系统、安全客户端、证书查询与验证服务。通过安全应用支撑服务系统，为系统提供如加解密、签名、数字信封等安全服务，以支持信息的机密性、完整性和有效授权。

（4）网络安全系统的建设。

网络安全系统是保障网络安全稳定运行的必要系统。采用的主要的安全防护手段包括防病毒软件、防火墙、入侵监测、安全漏洞监测等。

（5）数据备份系统的建设。

为了使业务运行更加可靠，减少故障环节，数据备份系统的建设是十分重要的。数据备份系统的建设包括备份系统硬件、备份系统软件、备份策略及灾难恢复策略等。

第六节　安全生产管理中的大数据

一、大数据基础知识概述

（一）大数据的概念

大数据（big data），或称巨量资料，指的是所涉及的资料量规模巨大到无法通过目前主流软件工具，在合理时间内达到撷取、管理、处理，并整理成为帮助企业更积极经营决策目的的资讯。关于"大数据"，维克托·迈尔·舍恩伯格及肯尼斯·库克耶在其编写的《大数据时代》一书中给出了这样的定义，即指不用随机分析法（抽样调查）这样的捷径，而采用或利用所有数据的方法。

"大数据"是需要新处理模式才能具有更强的决策力、洞察发现力和流程优化能力的海量、高增长率和多样化的信息资产。大数据技术的战略意义不在于掌握庞大的数据信息，而在于对这些含有意义的数据进行专业化处理。换言之，如果把大数据比作一种产业，那么这种产业实现盈利的关键，在于提高对数据的"加工能力"，通过"加工"实现数据的"增值"。

随着云时代的来临，大数据也吸引了越来越多的关注。《著云台》的分析师团队认为，大数据通常用来形容一个公司创造的大量非结构化数据和半结构化数据，这些数据在下载到关系型数据库用于分析时会花费过多时间和金钱。大数据分析常和云计算联系到一起，因为实时的大型数据集分析需要像 MapReduce 一样的框架来向数十、数百或甚至数千的电脑分配工作。

从技术上看，大数据与云计算的关系就像一枚硬币的正反面一样密不可分。大数据必然无法用单台的计算机进行处理，必须采用分布式架构。它的特色在于对海量数据进行分布式数据挖掘，但它必须依托云计算的分布式处理、分布式数据库和云存储、虚拟化技术。

大数据需要特殊的技术，以有效地处理海量的数据。适用于大数据的技术，包括大规模并行处理数据库、数据挖掘电网、分布式文件系统、分布式数据库、云计算平台、互联网和可扩展的存储系统。

（二）大数据的历史

"大数据"这个术语最早期的引用可追溯到 apache org 的开源项目 Nutch。当时，大数据用来描述为更新网络搜索索引需要同时进行批量处理或分析的大量数据集。随着谷歌 MapReduce 和 Google File System（GFS）的发布，大数据不再仅用来描述大量的数据，还涵盖了处理数据的速度。

早在 1980 年，著名未来学家阿尔文·托夫勒便在《第三次浪潮》一书中，将大数据热情地赞颂为"第三次浪潮的华彩乐章"。不过，大约从 2009 年开始，"163 大数据"才成为互联网信息技术行业的流行词汇。美国互联网数据中心指出，互联网上的数据每年将增长 50%，每两年便将翻一番，而目前世界上 90% 以上的数据是最近几年才产生的。此外，数据又并非单纯指人们在互联网上发布的信息，全世界的工业设备、汽车、电表上有着无数的数码传感器，随时测量和传递着有关位置、运动、震动、温度、湿度乃至空气中化学物质的变化，也产生了海量的数据信息。

（三）大数据的特点与价值

大数据分析相比于传统的数据仓库应用，具有数据量大、查询分析复杂等特点。《计算机学报》刊登的"架构大数据：挑战、现状与展望"一文列举了大数据分析平台需要具备的几个重要特性，对当前的主流实现平台——并行数据库、MapReduce 及基于两者的混合架构进行了分析归纳，指出了各自的优势及不足，同时也对各个方向的研究现状及学者在大数据分析方面的努力进行了介绍，对未来研究做了展望。

大数据的特点有四个，即 volume（大量）、velocity（高速）、variety（多样）、veracity（真实性）。第一，数据体量巨大。从 TB 级别，跃升到 PB 级别。第二，数据类型繁多，包括前文提到的网络日志、视频、图片、地理位置信息等。第三，数据的来源，直接导致分析结果的准确性和真实性。若数据来源是完整的并且真实，最终的分析结果以及决定将更加准确。第四，处理速度快，1 秒定律。最后这一点也是和传统的数据挖掘技术有着本质的不同。

众所周知，企业数据本身就蕴藏着价值，但是将有用的数据与没有价值的数据进行区分看起来可能是一个棘手的问题。显然，您所掌握的人员情况、工资表和客户记录对于企业的运转至关重要，但是其他数据也拥有转化为价值的力量。一段记录人们如何在您的商店浏览购物的视频，人们在购买您的服务前后的所作所为，如何通过社交网络联系您的客户，是什么吸引合作伙伴加盟，客户如何付款以及供应商喜欢的收款方式等，所有这些场景都提供了很多指向。将它们抽丝剥茧，透过特殊的棱镜观察，将其与其他数据集对照，或者以与众不同的方式分析解剖，就能让您的行事方式发生天翻地覆的转变。但是很多公司仍然只是将信息简单堆在一起，仅将其当作为满足公司治理规则而必须要保存的信息加以处理，而不是将它们作为战略转变的工具。毕竟，数据和人员是业务部门仅有的两笔无法被竞争对手复制的财富。在善用的人手中，好的数据是所有管理决策的基础，带来的是对客户的深入了解和竞争优势。数据是业务部门的生命线，必须让数据在决策和行动时无缝且安全地流到人们手中。因此，数据应该随时为决策提供依据。

（四）大数据的结构

首先，大数据就是互联网发展到现今阶段的一种表象或特征而已，没有必要神话它或对它保持敬畏之心，在以云计算为代表的技术创新大幕的衬托下，这些原本很难收集和使用的数据开始变得容易被利用起来了，通过各行各业的不断创新，大数据会逐步为人类创造更多的价值。其次，想要系统地认知大数据，必须要全面而细致地分解它，可以从三个层面来对其内容进行展开：

第一层面是理论，理论是认知的必经途径，也是被广泛认同和传播的基线。从大数据的特征定义理解行业对大数据的整体描绘和定性；从对大数据价值的探讨来深入解析大数据的珍贵所在；洞悉大数据的发展趋势；从大数据隐私这个特别而重要的视角审视人和数据之间的长久博弈。

第二层面是技术，技术是大数据价值体现的手段和前进的基石。可以从云计算、分布式处理技术、存储技术和感知技术的发展来说明大数据从采集、处理、存储到形成结果的整个过程。

第三层面是实践，实践是大数据的最终价值体现。可以从互联网的大数据、政府的大数据、企业的大数据和个人的大数据四个方面来描绘大数据已经展现的美好景象及即将实现的蓝图。

二、大数据技术在我国安全生产方面的应用分析

信息化一方面加速了安全生产事故信息传播速度，导致安全生产的关注度空前高涨；另一方面，也为解决安全生产问题带来了"利器"——大数据。当前，大数据正以惊人的速度渗透到越来越多的领域，电商、零售商、IT企业等应用大数据的成功案例屡见不鲜。大数据在安全生产中的应用，最基本的功能就是从海量的安全生产数据中寻找事故发生的规律，预测未来，从而对症下药，有效遏制事故的发生。同时，大数据在提升安全监管能力和明确安全责任方面也可发挥重

要作用。

（一）大数据对安全生产的意义

（1）将大数据用到安全生产中，可提升源头治理能力，降低事故的发生。大数据应用可及时准确地发现事故隐患，提升排查治理能力。当前，企业的安全生产隐患排查工作主要靠人力，通过人的专业知识去发现生产中存在的安全隐患。这种方式易受到主观因素影响，且很难界定安全与危险状态，可靠性差。通过应用海量数据库，建立计算机大数据模型，可以对生产过程中的多个参数进行分析比对，从而有效界定事物状态是否构成安全隐患。美国矿难追责就是大数据在安全生产领域应用的成功案例。2010年美国网民在网上追责过程中，通过对梅西公司下属的另外一家煤矿鲁比煤矿的安全监管、查处等数据进行分析，发现该煤矿同样岌岌可危，随时有"引爆"的可能。

（2）大数据应用可揭示事故规律，为安全决策提供理论支撑。当前，在安全生产管理中，由于缺少有效的分析工具，缺少对事故规律的认识，导致我国对于安全生产主要采取"事后管理"的方式，缺少事前预防，在事故发生后才分析事故原因，追究事故责任，制定防治措施。这种方式存在很大局限性，不能达到从源头上防止事故的目的。大数据的发展为海量事故数据提供了有效的分析工具。1931年，美国安全工程师海因里希通过分析55万起工伤事故的发生概率，提出了著名的海因里希"事故金字塔"理论，论证了加强日常安全管理、细节管理对消除不安全行为和不安全状态的重大作用。将大数据原理运用到安全生产中，通过对海量安全生产事故数据进行分析，查找事故发生的季节性、周期性、关联性等规律、特征，从而找出事故根源，有针对性地制定预防方案，提升源头治理能力，降低安全生产事故的发生。

（3）大数据应用可完善安全生产事故追责制度。从大量的事故调查处理情况可以看出，我国的安全生产事故追责制度还存在许多不完善之处，如事故取证难、事故资料搜集难、责任认定难等。美国大数据下的矿难追责制度给予了很好的启示。2010年，美国西弗吉尼亚州发生死亡29人的矿难，由于该煤矿的监管记录保存完整，每条记录都包括检查的时间、结果、违反的法律条款、处理的意见、罚款金额、已缴纳的金额、煤矿是否申诉等数据项。逾千条的监管记录为事故追责提供了重要证据，最终事故认定说明煤矿安全健康局无监管失职，出事煤矿所属公司应承担主要责任。可见完善的监管、执法数据库对完善安全生产事故追责制度异常重要。

（二）大数据技术在我国安全生产方面的应用现状

（1）基础数据准备不充分，数据库建设亟待完善。1）虽然我国具备安全监管职责的部门都建有安全生产相关的数据库，但由于其数据搜集、数据整理等能力的不足，造成数据库完整性、规范性方面还存在很大缺陷。2）目前我国建筑、交通、铁路、民航、民爆和通信行业的安全监管职责在行业管理部门，石化、化工、冶金等其他行业的安全监管职责在安监部门，各部门建立的事故信息、监管信息等数据库没有形成统一的标准，为数据衔接造成很大局限。3）信息化主管部门，在协调数据库建设和应用，以及先进信息技术推广和信息化资源配置等方面的作用没有得到充分发挥。

　　（2）缺少数据分析工具，信息公开力度不够。1）大数据是信息化时代的产物，虽然近年我国在两化融合促进安全生产、安全生产信息化等方面做了许多工作，也取得了很大的进步，但总体来讲我国安全生产信息化水平还较低，多收集少应用、重事后轻事前等问题突出，为大数据的应用带来了阻碍。2）缺少高性能大数据分析工具，这也是各领域应用大数据普遍面临的问题，如果没有高性能分析工具，大数据的价值就得不到释放。3）自"政府信息公开条例"颁布实施以来，安全生产信息公开工作取得了较大突破，但相比美、日等国，我国安全生产的信息公开力度有待加强，特别是在安全监管信息的公开方面。

　　（3）人才准备不充分，专业人才不足。大数据是一门新技术，且技术含量较高，大数据建设的每个环节都需要依靠专业人员完成，其关键环节——数据分析是基于预言建模或未来趋势分析，传统的数据分析师并不具备开发预言分析应用程序模型的技能，安全生产领域的相应人才更是少之又少。

（三）大数据在安全生产领域应用展望

　　要在现有基础上加大力度，特别是做好事故信息和安全监管信息公开。（1）完善数据库，做好数据库衔接。安监、工信、建筑、交通、民航等具有安全监管职责的部门应做好安全生产相关数据的采集、整理和存储工作，建立和完善安全生产相关数据库，包括事故数据库、监管信息数据库等。各部门应统一安全生产相关数据库建设标准，事故数据库、监管信息数据库等应做好衔接。信息化主管部门做好相关协调和保障工作，建立部门间协调机制，保障安全生产相关数据的有效应用；（2）加强安全生产信息化建设，做好信息公开工作。进一步深化两化融合，促进安全生产、安全生产信息化等工作，在物联网发展专项等资金中加大对安全生产的支撑力度；加强海量数据分析工具的开发和利用，推进大数据价值尽快实现；在现有信息公开的基础上加大信息公开力度，特别是做好事故信息和安全监管信息的公开，并保障信息的真实可靠；（3）以人才推动大数据应用进程。设置教学学科，建立大数据相关人才培养计划；加强与美、日等发达国家之间的人才交流，建立人才合作机制；建立人才引进机制，引进国外高端人才。

三、数据挖掘——大数据使用的一个简单示例

大数据与数据挖掘是相辅相成的两个方面。一方面，大数据是数据挖掘的前提条件；另外一方面，数据挖掘也为大数据的有效利用提供了可能与技术方法。数据挖掘（data mining，DB），又称数据库中的知识发现（knowledge discovery in database，KDD），是指从大型数据库或数据仓库中提取隐含的、未知的、非平凡的及有潜在应用价值的信息或模式，它是数据库研究中一个很有应用价值的新领域，融合了数据库、人工智能、机器学习、统计学等多个领域的理论和技术。数据挖掘工具能够对将来的趋势和行为进行预测，从而很好地支持人们的决策。其常用方法有人工神经网络、遗传算法、决策树方法等。

其中，决策树方法是利用信息论中的互信息（信息增益）寻找数据库中具有最大信息量的属性字段，建立决策树的一个结点，再根据该属性字段的不同取值建立树的分支。每个分支子集中重复建立树的下层结点和分支的过程。采用决策树，可以将数据规则可视化，也不需要长时间的构造过程，输出结果容易理解，精度较高，因此决策树在知识发现系统中应用较广。

（一）决策树构建过程

决策树是通过一系列规则对数据进行分类的过程。它提供一种在什么条件下会得到什么值的类似规则的方法。决策树分为分类树和回归树两种，分类树对离散变量做决策树，回归树对连续变量做决策树。一般的数据挖掘工具，允许选择分裂条件和修剪规则，以及控制参数（最小节点的大小、最大树的深度等）来限制决策树。决策树作为一棵树，树的根节点是整个数据集合空间，每个分节点是对一个单一变量的测试，该测试将数据集合空间分割成两个或更多块。每个叶节点是属于单一类别的记录。构造决策树的过程为：首先寻找初始分裂。整个训练集作为产生决策树的集合，训练集每个记录必须是已经分好类的。决定哪个属性（field）域作为目前最好的分类指标。一般的做法是穷尽所有的属性域，对每个属性域分裂的好坏做出量化，计算出最好的一个分裂。量化的标准是计算每个分裂的多样性（diversity）指标、基尼（gini）指标。其次，重复第一步，直至每个叶节点内的记录都属于同一类，增长到一棵完整的树，其过程如图6-42所示。

（二）决策树基本算法

决策树包含许多不同的算法，主要分为三类：（1）基于统计论的方法，以分类与回归树（classification and regression trees，CART）算法为代表，在这类算法中，对于非终端结点来说，有两个分枝；（2）基于信息论的方法，以ID3算法

为代表，此类算法中，非终端结点的分枝数由样本类别个数决定；（3）卡方自动交互检测（chi-squared automatic interaction detection，CHAID）为代表的算法，在此类算法中，非终端结点的分枝数在两个样本类别数范围内分布。

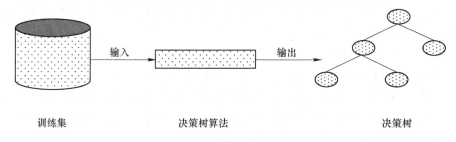

图 6-42　决策树构建过程

建决策树，就是根据记录字段的不同取值建立树的分支，以及在每个分支子集中重复建立下层结点和分支。建决策树的关键在于建立分支时对记录字段不同取值的选择。选择不同的字段值，会使划分出来的记录子集不同，影响决策树生长的快慢以及决策树结构的好坏，从而导致找到的规则信息的优劣。可见，决策树算法的技术难点就是选择一个好的分支取值。利用一个好的取值来产生分支，不但可以加快决策树的生长，而且最重要的是，产生的决策树结构好，可以找到较好的规则信息。相反，如果根据一个差的取值来产生分支，不但减慢决策树的生长速度，而且会使产生的决策树分支过细，结构性差，从而难以发现一些本来可以找到的有用的规则信息。下面采用信息增益 ID3 算法进行属性选择，这种方法的特点是所有属性假设都是种类字段，但经过修改之后可以适用于数值字段。该算法根据属性集的取值选择实例的类别。它的核心是在决策树中各级结点上选属性，用信息增益率作为属性选择标准，使得在每一非叶结点进行测试时，能获得关于被测试例子最大的类信息。使用该属性将例子集分成子集后，系统的熵值最小，期望该非叶结点到达各后代叶节点的平均路径最短，其算法描述为：

（1）任意样本分类的期望信息：

$$I(s_1, s_2, \cdots, s_m) = -\sum p_i \log_2(p_i)(i = 1, 2, \cdots, m)$$

$$p_i = \frac{|s_i|}{|s|}$$

式中，s 为数据集；m 为 s 的分类数目；p_i 为样本属于 c_i 的概率；c_i 为分类标号；s_i 为分类 c_i 上的样本数。

（2）由 A 划分为子集的熵：

$$E(A) = \frac{\sum (s_{1j} + \cdots + s_{mj})}{s} \times I(s_{1j} + \cdots + s_{mj})$$

式中，A 为属性，具有 V 个不同的取值。

（3）信息增益：

$$\text{Gain}(A) = I(s_1 + s_2 + \cdots + s_m) - E(A)$$

因此，以 A 为根的信息增益是 $\text{Gain}(A)$。选择 $\text{Gain}(A)$ 最大，即 $E(A)$ 最小的属性 A 作为根节点。对 A 的不同取值对应的 E 的 V 个子集 E_i 递归调用上述过程，生成 A 的子节点 B_1、B_2，$\cdots$，B_v。

（三）决策树数据挖掘实例——以风险可能性为例

国际民航组织《安全管理手册》（SMM）（Doc 9859）给出了安全风险概率及严重性的衡量标准，以及相应的处置准则，但是这些衡量标准在实际应用时的可操作性仍不是很强。研究表明，对于民用机场多任务保障作业小概率安全风险事件，其可能性及严重性可以通过对风险存在地点、作业流程重叠数量、作业重叠区间比例、作业重叠程度时间描述人员死亡数量、是否造成人员重伤、是否造成人员轻伤、事故损失、是否作业中断、是否与航空器相关等属性进行数据挖掘得到。本研究对某机场 1518 条安全信息进行挖掘，使用信息增益进行属性选择，具体过程如下：

风险可能性区间的取值为"频繁的"数量为 50 条；风险可能性区间的取值为"偶然的"数量为 118 条；风险可能性区间的取值"为少有的"的数量为 1348 条；风险可能性区间的取值为"不大可能的"的数量为 1 条；风险可能性区间的取值为"极不可能的"的数量为 1 条，分别记为 P_1、P_2、P_3、P_4、P_5。使用信息增益进行属相选择，具体如下：

$$I(50, 118, 1348, 1, 1) = -\sum p_i \log_2(p_i)(i = 1, 2, 3, 4, 5) = 0.6153$$

计算风险可能性区间判定信息属性表，"风险存在地点"样本期望信息如表 6-27 所示。

表 6-27　"风险存在地点"样本期望信息

风险存在地点	P_{1i}	P_{2i}	P_{3i}	P_{4i}	P_{5i}	$I(P_{1i}, \cdots, P_{5i})$
公共区	7	9	29	0	1	1.4135
飞行区	21	71	1082	1	0	0.4554
航站楼	22	38	237	0	0	0.5748

$$E(\text{风险存在地点}) = \frac{\sum (s_{1j} + \cdots + s_{mj})}{s} \times I(s_{1j} + \cdots + s_{mj})$$

$$= \frac{46}{1518} \times 0.1958 + \frac{1175}{1518} \times 0.6473 + \frac{297}{1518} \times 0.6399$$

$$= 0.6322$$

$$\text{Gain(AREA)} = 0.6135 - 0.5748 = 0.0387$$

同理：

$$\text{Gain(CDLC\_NUM)} = 0.6135 - 0.0248 = 0.5887$$
$$\text{Gain(CDQJ)} = 0.6135 - 0.1742 = 0.4411$$
$$\text{Gain(CD\_TIM)} = 0.6135 - 0.2738 = 0.3397$$

因为 Gain(CDLC_NUM) > Gain(CDQJ) > Gain(CD_TIM) > Gain(AREA)，可以看出，对于多任务保障作业风险的可能性区间判定"作业流程重叠数量"起决定作用，其次是"作业重叠区间比例"，再其次是"作业重叠程度时间描述"，最后是"风险存在地点"，得到决策树如图 6-43 所示。

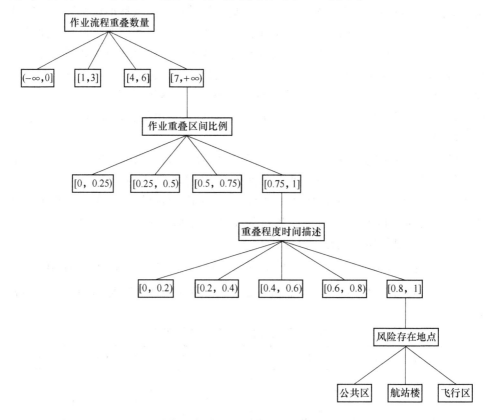

图 6-43　多任务保障安全风险可能性风险区间决策树

依据决策树形成规则：

if［重叠数量≤1］or［重叠作业区间比例 = 0.00］or［重叠程度时间比例 = 0.00］then 风险可能性区间为"极不可能（1）"

if［2≤重叠数量≤3］and［重叠作业区间比例 < 0.25］and［0.00 < 重叠程度时间比例 < 0.80］then 风险可能性区间为"极不可能（1）""不大可能（2）"

"少有的（3）"

if［2≤重叠数量≤3］and［0.50≤重叠作业区间比例<0.75］and［0.00<重叠程度时间比例<0.20］then 风险可能性区间为"极不可能（1）""不大可能（2）""少有的（3）"

if［2≤重叠数量≤3］and［0.25≤重叠作业区间比例≤0.50］and［0.00<重叠程度时间比例<0.60］then 风险可能性区间为"极不可能（1）""不大可能（2）""少有的（3）"

if［4≤重叠数量≤6］and［0.00<重叠作业区间比例<0.25］and［0.00<重叠程度时间比例<0.80］then 风险可能性区间为"极不可能（1）""不大可能（2）""少有的（3）"

if［4≤重叠数量≤6］and［0.25≤重叠作业区间比例<0.50］and［0.00<重叠程度时间比例<0.40］then 风险可能性区间为"极不可能（1）""不大可能（2）""少有的（3）"

if［4≤重叠数量≤6］and［0.50≤重叠作业区间比例<0.75］and［0.00<重叠程度时间比例<0.20］then 风险可能性区间为"极不可能（1）""不大可能（2）""少有的（3）"

if［7≤重叠数量］and［0.00<重叠作业区间比例<0.25］and［0.00<重叠程度时间比例<0.80］then 风险可能性区间为"极不可能（1）""不大可能（2）""少有的（3）"

if［7≤重叠数量］and［0.25≤重叠作业区间比例≤1.00］and［0.00<重叠程度时间比例<0.40］then 风险可能性区间为"极不可能（1）""不大可能（2）""少有的（3）"

if［7≤重叠数量］and［0.75≤重叠作业区间比例≤1.00］and［0.20≤重叠程度时间比例<0.40］and［风险存在地点≠公共区］then 风险可能性区间为"偶尔的（4）"

if［7≤重叠数量］and［0.50≤重叠作业区间比例<0.75］and［0.40≤重叠程度时间比例<0.60］and［风险存在地点≠公共区］then 风险可能性区间为"偶尔的（4）"

if［7≤重叠数量］and［0.25≤重叠作业区间比例<0.50］and［0.60≤重叠程度时间比例<0.80］and［风险存在地点≠公共区］then 风险可能性区间为"偶尔的（4）"

if［7≤重叠数量］and［0.00<重叠作业区间比例<0.25］and［0.80≤重叠程度时间比例≤1.00］and［风险存在地点≠公共区］then 风险可能性区间为"偶尔的（4）"

if［2≤重叠数量≤6］and［0.50≤重叠作业区间比例≤1.00］and［0.20≤重

叠程度时间比例<0.60］and［风险存在地点≠公共区］then 风险可能性区间为"偶尔的（4）"

　　if［2≤重叠数量≤6］and［0.25≤重叠作业区间比例<0.50］and［0.60≤重叠程度时间比例<0.80］and［风险存在地点≠公共区］then 风险可能性区间为"偶尔的（4）"

　　if［2≤重叠数量≤6］and［0.00<重叠作业区间比例<0.25］and［0.80≤重叠程度时间比例≤1.00］and［风险存在地点≠公共区］then 风险可能性区间为"偶尔的（4）"

　　if［7≤重叠数量］and［0.25≤重叠作业区间比例≤1.00］and［0.40≤重叠程度时间比例≤1.00］and［风险存在地点=飞行区］then 风险可能性区间为"经常性的（5）"

　　if［7≤重叠数量］and［0.00<重叠作业区间比例<0.25］and［0.20<重叠程度时间比例<0.40］and［风险存在地点=飞行区］then 风险可能性区间为"经常性的（5）"

　　if［7≤重叠数量］and［0.00<重叠作业区间比例<0.25］and［0.20<重叠程度时间比例<0.40］and［风险存在地点=飞行区］then 风险可能性区间为"经常性的（5）"

　　if［2≤重叠数量≤6］and［0.75<重叠作业区间比例<0.25］and［0.20≤重叠程度时间比例≤1.00］and［风险存在地点=飞行区］then 风险可能性区间为"经常性的（5）"

第七讲　也说应急管理

本章导读：应急管理工作是安全管理工作中的一项重要内容。有效的应急管理工作的前提是进行有效的事故预警。本章论述了它们彼此间的关系，并就其中的关键环节展开系统论述。涉及的知识有预警的原则、预警系统的建立与实现、预警控制；并就事故发生后，对如何进行有效应急，以及应急理论体系、应急管理体系构建、应急中的关键程序等理论知识进行了说明。

第一节　安全生产预警预报体系

一、预警与应急知识框架

企业中的安全管理活动一般来说都是闭环的。往往是大环嵌套小环，环环相扣。预警、应急、应急演练也是如此。预警与应急知识框架如图 7-1 所示。

二、预警系统的组成及功能

建立安全生产预警机制，能有效地辨识和提取隐患信息，提前进行预测警报，使企业及时、有针对性地采取预防措施，减少事故发生。预警，是指在事故征兆前进行预先警告，即对将来可能发生的危险进行事先的预报，提请相关当事人注意。机制，根据《古今汉语词典》的解释有两层含义："一是指有机体的构造、功能特征和相互关系等；二是泛指一个工作系统的组织或部分之间的相互作用和方式。"现常用来指有机体或其他自然和人造系统内各要素的构建、相互作用的方式和条件，以及系统与环境之间通过物质、能量和信息交换所产生的双向作用。目前我们国家应急机体的构造，及其功能特征、相互关系的变迁如图 7-2 所示。关于工作系统的组织或部分之间的相互作用和方式，是较为复杂的问题，后面将有论及。

总的来说，预警机制是指能灵敏、准确地告示危险前兆，并能及时提供警示，使机构能采取有关措施的一种制度，其作用在于超前反馈、及时布置、防风险于未然，最大限度地降低由于事故发生对生命造成的侵害、对财产造成的损

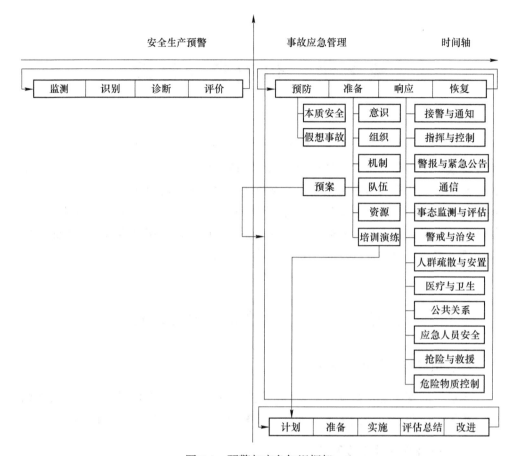

图 7-1　预警与应急知识框架

失。完善的安全生产预警机制是建立在预警系统基础之上的，而预警系统主要由预警分析系统和预控对策系统两部分组成，如图 7-3 所示。其中预警分析系统主要由监测系统、预警信息系统、预警评价指标体系系统、预测评价系统等组成。

　　监测系统是预警系统主要的硬件部分，其功能是采用各种监测手段获得有关信息和运行数据；预警信息系统负责对信息的存储、处理、识别；预警评价指标体系系统主要完成指标的选取、预警准则和阈值的确定；预测评价系统主要是完成评价对象的选择，根据预警准则选择预警评价方法，给出评价结果，再根据危险级别状态，进行报警。

三、预警分析系统

　　预警分析系统的主要功能是通过各种监测手段获得有关信息和运行数据，并对数据进行加工、处理、分析，运用适当的评价方法，对未来的趋势做出初步判

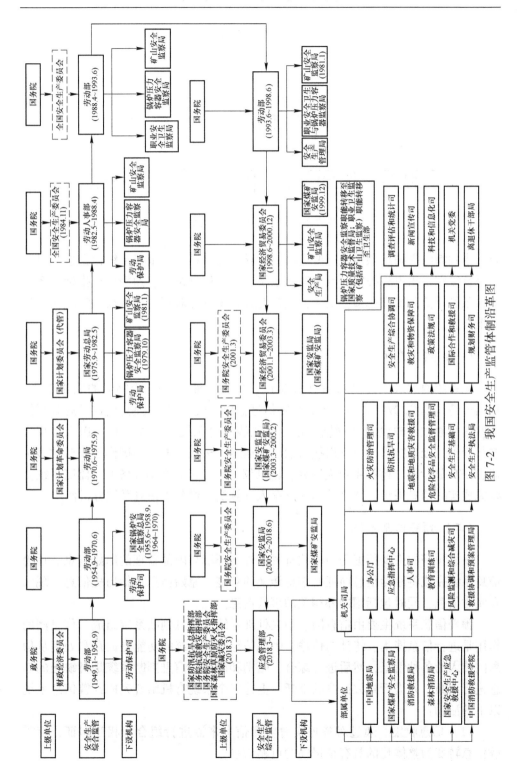

图 7-2 我国安全生产监管体制沿革图

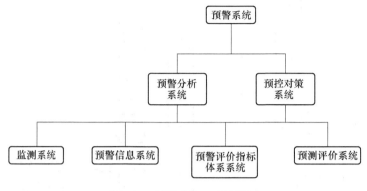

图 7-3　预警系统组成结构图

断，当判断结果满足预警准则要求时，就触动报警系统，报警系统根据事先设定的报警级别发出事故报警。其中监测系统、预警信息系统、预警评价指标体系系统、预测评价系统完成预警功能，预控对策系统可针对不同报警级别实施相应的对策措施。

（一）监测系统

此系统通过采集监测对象（如温度、压力、液位等）传感器的输出信号，将信号经过模拟/数字转换后形成数字信号输出，或数字式传感器直接输出信号，这些信号通过传输设施（同轴电缆、控制线、电源线、双绞线等）送入计算机进行处理，处理结果经由输出接口输出或通过人机接口输出到操作控制台的显示器、LED 显示器、监控系统大屏幕、记录仪、打印机等外围设备上。监测系统主要完成实时信息采集，并将采集信息存入计算机，供预警信息系统分析使用。

（二）预警信息系统

事故预警的主要依据是与事故有关的外部环境与内部管理的原始信息。预警信息系统完成将原始信息向征兆信息转换的功能。原始信息包括历史信息、现实和实时信息，同时包括国内外相关的事故信息。

预警信息系统主要由信息网、中央处理系统和信息判断系统组成。信息网的作用是进行信息搜集、统计与传输；中央信息处理系统的功能是储存和处理从信息网传入的各种信息，然后进行综合、甄别和简化；信息判断系统是对缺乏的信息进行判断，并进行事故征兆的推断。上述三个系统有机结合完成预警信息系统以下的活动：

（1）信息收集。通过对各种实时监测信息来源进行组合和相互印证，使零散信息转变为整体化的具有预报性的可靠信息。

（2）信息处理。对各种监测信息进行分类、整理与统计分析，使之成为可用于预警的有用信息。

（3）信息辨伪。由于某些信息只反映表面现象而不能反映实质，因时间滞后而导致信息过时；系统的非全息性使部分信息不能完全反映整体；信息传输环节过多导致失真，造成伪信息的出现。

伪信息往往会导致预警系统发生误警和漏警现象，它所产生的风险比信息不全所产生的风险更加严重。因此对于初始信息不能直接应用，必须加以辨识，去伪存真。信息辨伪的方法有五种：

1）进行多种信息来源的比较印证，如果相互之间存在矛盾，则必定是信息来源有误。

2）分析信息传输过程，以弄清信息所反映的时间点，并分析传输中可能出现的失误。

3）进行事理分析，如果信息与事理明显相悖，则信息来源有误。

4）反证性分析。即建立信息与目前事件状态之间关系，然后由目前事件反证原有信息，若反证结果与原有信息偏误较大，则证明信息来源有误或过时。

5）不利性反证。即假定信息为真，然后分析在这种假设下可能出现的不利情况，若这种不利情况很多很严重，则这种信息应慎用。

（4）信息存储。信息存储目的是进行信息积累以供备用，应不断更新与补充。

（5）信息推断。利用现有信息或缺乏的信息进行判断，并进行事故征兆的推断。

由于预警信息系统完成将原始信息向征兆信息转换的功能，因此要求信息基础管理工作必须满足以下条件：

（1）规范化。每个工作岗位都需要有明确的责任和定量的要求，信息来源符合一致性要求。

（2）标准化。采集信息过程中的计量检测等都应有精确的技术标准。

（3）统一化。各类报表、台账、原始凭证都要有统一格式和内容，统一分类编码。

（4）程序化。数据的采集、传递和整理都要有明确的程序、期限和责任者。

（三）预警评价指标体系系统

建立预警评价指标体系目的是使信息定量化、条理化和可操作化。预警指标按技术层次可分为潜在指标和显现指标两类。潜在指标主要用于对潜在因素或征兆信息的定量化；显现指标则主要用于对显现因素或现状信息的定量化。但在实际预警指标选取上主要考虑人、机、环、管等方面的有关因素。

1. 预警评价指标

(1) 建立预警评价指标的原则。

所谓预警评价指标就是指能敏感地反映危险状态及存在问题的指标。建立预警评价指标、制定评价指标标准是预警系统开展识别、诊断、预控等活动的前提，是预警管理活动中的关键环节之一。

预警评价指标的构建应遵循以下原则：

1) 灵敏性。即指标能准确敏感地反映危险源的真实状态。

2) 科学性。即指标的选择、指标权重的确定、数据的选取和计算必须以公认的科学理论为依据，确保指标既能满足全面性和相关性要求，又能避免之间的相互重叠。

3) 动态性。事故发生过程本身就是一个动态过程，因而要求评价指标应具有动态性，综合反映事故发展的趋势。

4) 可操作性。尽量利用现有统计资料及有关企业、行业的安全规范和标准。

5) 引导性。评价指标要体现所在行业总体战略目标，以规范和引导企业未来发展的行为和方向。

6) 预见性。预警指标应选定能反映现状和预示未来的指标。

(2) 预警评价指标的确定。

1) 人的安全可靠性指标。包括生理因素、心理因素、技术因素。其中生理因素包括年龄、疾病、身体缺陷、疲劳、感知器官等；心理因素包括性格、气质、情绪、情感、思想等；技术因素包括经验、操作水平、紧急应变能力等。

2) 生产过程的环境安全性指标。包括内部环境、外部环境。其中内部环境包括作业环境和内部社会环境，作业环境包括作业场所的温度、湿度、采光、照明、噪声、振动等，企业内部社会环境包括政治、经济、文化、法律等环境；外部环境包括自然环境和社会环境，其中自然环境包括自然灾害、季节因素、气候因素、时间因素、地理因素等，社会环境包括政治环境、经济环境、技术环境、法律环境、管理环境、家庭环境、社会风气等。

3) 安全管理有效性的指标。包括安全组织、安全法制、安全信息、安全技术、安全教育、安全资金。其中安全组织包括安全计划、方针目标、行政管理；安全法制包括安全生产相关法规、规章制度、作业标准等；安全信息包括指令信息、动态信息、反馈信息等；安全技术包括管理方法、技术设备等；安全教育包括职业培训、安全知识宣传等；安全资金包括资金数量、资金投向、资金效益等。

4) 机（物）的安全可靠性指标。包括设备运行不良、材料缺陷、危险物质、能量、安全装置、保护用品、贮存与运输、各种物理参数（温度、压力、浓度等）指标。该类指标选择时，应根据具体行业确定。

2. 预警准则的确定

（1）预警准则。

预警准则是指一套判别标准或原则，用来决定在不同预警级别情况下，是否应当发出警报以及发出何种程度的警报。预警准则的设置要把握尺度，如果准则设计过松，则会出现有危险而未能发生警报，即造成漏警现象，从而削弱了预警的作用；如果预警准则设置过严，则会导致不该发警报时却发出了警报，即导致误警，会使相关人员虚惊一场，多次误警会导致相关人员对报警信号失去信任。预警准则根据不同预警方法，具有不同形式。

（2）预警方法。

根据对评价指标的内在特性和了解程度，预警方法有指标预警、因素预警、综合预警三种形式，但在实际预警过程中往往出现第四种形式，即误警与漏警。

1）指标预警。根据预警指标数值大小的变动来发出不同程度的报警。如要进行报警的指标为 x，如图 7-4 所示，它的安全区域为 $[x_a, x_b]$，其初等危险区域为 $[x_c, x_a]$ 和 $[x_b, x_d]$，其高等危险区域为 $[x_e, x_c]$ 和 $[x_d, x_f]$，则预警准则如下：

当 $x_a \leq x \leq x_b$ 时，不发生报警；

当 $x_c \leq x \leq x_a$ 或 $x_b \leq x \leq x_d$ 时，发出一级报警；

当 $x_e \leq x \leq x_c$ 或 $x_d \leq x \leq x_f$ 时，发出二级报警；

当 $x \leq x_e$ 或 $x \geq x_f$ 时，发出三级报警。

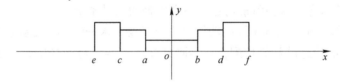

图 7-4 报警分级图

2）因素预警。当某些因素无法采用定量指标进行报警时，可以采用因素预警。该预警方法相对于指标预警是一种定性预警，如在安全管理中，当出现人的不安全行为、管理上缺陷时，就会发出报警。预警准则如下：

因素出现时，发出报警；

因素不出现时，不发出报警。

这是一种非此即彼的警报方式。

当预警指标属于不确定（随机）因素，则须用概率的形式进行报警。

3）综合预警。即将上述两种方法结合起来，并把诸多因素综合进行考虑，得出的一种综合报警模式。

4）误警和漏警。误警有两种情况：①系统发出某事故警报，而该事故最终没有出现；②系统发出某事故警报，该事故最终出现，但是其发生的级别与报警的程序相差一个等级（如发出高等级警报，而实际为初等级警报）。一般误警指前一种情况，误警原因主要是指标设置不当、警报准则过严（即安全区设计过窄，危险区设计过宽）、信息数据有误。漏警是预警系统未曾发出警报而事故最终发生的现象。主要原因：①小概率事件被排除在考虑之外，而这些小概率事件也有发生的可能；②预警准则设计过松（即安全区设计过宽，危险区设计过窄）。

3. 预警阈值确定

预警阈值确定原则上既要防止误报又要避免漏报。若采用指标预警，一般可根据具体规程设定报警阈值，或者根据具体实际情况，确定适宜的报警阈值。

若为综合预警，一般根据经验和理论来确定预警阈值（即综合指标临界值）。如综合指标值接近或达到这个阈值时，就意味着将有事故出现，可以将此时的综合预警指标值确定为报警阈值。

（四）预测评价系统

（1）评价对象。从安全系统原理的角度出发，事故是由物的不安全状态、人的不安全行为、环境的不良状态以及管理缺陷等方面的因素造成的。因此，预警系统中的评价对象是导致事故发生的人、机、环、管等方面的因素。从事故的发展规律来看，评价对象亦是生产过程中"外部环境不良"和"内部管理不善"等方面因素的综合。这些因素构建了整个预警的信号系统。

（2）预测系统。预测系统的功能是进行必要的未来预测，主要包括：

1）对现有信息的趋势预测，其预测方程是：$y = f(t)$，式中，y 为预测变量；t 为时间。

2）对相关因素的相互影响进行预测，其预测方程为：$y = f(x_1, x_2, \cdots, x_n)$，式中，$y$ 为预测变量；$x_1, x_2, \cdots, x_n$ 为影响变量 y 的一些相关变量。

3）对征兆信息的可能结果进行预测。

4）对偶发事件的发生概率、发生时间、持续时间、作用高峰期以及预期影响进行预测。

（3）预警系统信号输出及级别。对评价对象经过监测、识别、诊断、预测等活动过程，预警系统需要对整个生产活动的安全状况做出评估，即预警系统信号输出和预警级别的给出。它是预警活动的重要成果之一。预警信号一般采用国际通用的颜色来表示不同的安全状况，按照事故的严重性和紧急程度，颜色依次为蓝色、黄色、橙色、红色，分别代表一般、较重、严重和特别严重四种级别（Ⅳ、Ⅲ、Ⅱ、Ⅰ级）。四级预警如下：

Ⅰ级预警，表示安全状况特别严重，用红色表示。

Ⅱ级预警，表示受到事故的严重威胁，用橙色表示。

Ⅲ级预警，表示处于事故的上升阶段，用黄色表示。

Ⅳ级预警，表示生产活动处于正常生产状态，用蓝色表示。

对于预警管理活动，蓝色和黄色应用价值最大。一般信号输出和预警级别表示方法有以下两种。

1）时序性预警信号输出。时序性预警级别反映了连续而且全面的预警信息波动趋势，例如各种工业生产过程中物理参数监测的数据变化，直接反映了危险性的大小和级别。该级别确定是以时间为横坐标，一般设定生产周期或季、月为规定的间隔区，纵坐标设定为预警信号数值的定时输出。时序性预警级别如图7-5所示。

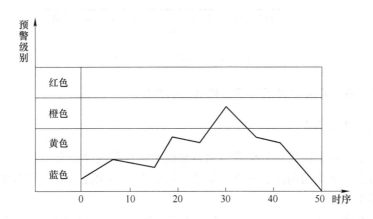

图7-5 时序性预警级别
蓝色—安全（Ⅳ级）；黄色——般（Ⅲ级）；
橙色—严重（Ⅱ级）；红色—特别严重（Ⅰ级）

2）安全风险预警信号输出。通过对生产活动过程中的以实体形态存在的第一类危险源（如油罐、锅炉等设施设备）状态信息和第二类危险源（如人、机、环境条件的不符合或隐患状态）状态信息，进行信息的识别、诊断、评价，然后根据事故的严重程度和可能性给出安全风险预警级别，如图7-6所示。

严重程度等级根据有关行业标准和实际情况可分为多级，事故发生的可能性根据历年有关统计和生产状况不同设定不同级别。

四、预警控制对策系统

预警的目标是实现对各种事故现象的早期预防与控制，并能对事故实施危机管理，因而控制是预警的落脚点。预控对策一般包括组织准备、日常监控和事故管理三个活动阶段，其中组织准备是预控对策工作的前奏，它与日常监控都是预

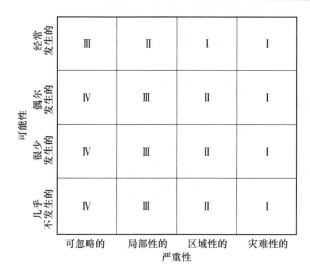

图 7-6 安全风险预警级别

控对策的主体,事故管理是日常监控活动的拓展。

（一）组织准备

组织准备是开展预警分析和对策行动的组织保障活动,它包括整个预警机制运行的制定和实施的制度、标准、规章,目的在于为预控对策的实施提供有保障的组织环境。

组织准备有两个特定任务:（1）确定预警系统的组织构成、职能分配及运行方式;（2）为事故状态时的管理提供组织训练与对策准备。组织准备活动服务于整个预警的组织管理过程。组织准备体现在以下方面。

1. 预警功能的组织管理体系

若使预警机制真正能得以有效实施,有必要就企业原有经营管理系统的职能结构进行一定的重组与改造,形成一个具有预警功能的体系。事实上,也只有将预警功能有机地构建于传统的企业安全组织系统之内,才能发挥其特殊的报警、矫正和免疫之功效。这种融进新效用功能的安全组织系统,已经不是传统管理组织机构的简单重复与重组,而是形成了一个具有崭新功能的组织形态,表现为一种新型的具有事故预警管理模式的组织体系。这一新组织功能体系,融合企业安全管理与实践于一体,集生产企业正常活动的防错、纠错和生产事故状态时的预警方法于一身,将管理过程所产生的不可靠性置于有效监测与控制之下,使企业生产活动在有序的均衡态中实现自组织状态,最终保证企业安全生产。

预警管理系统的组织构建是本着效能统一的原则进行的系统组织重构,即在原企业组织中设置新的预警管理部门，预警管理部门对其他部门具有监督、控制和纠错的职能，这种职能又可以分为单指标监控、综合监控和事故危机监控。单指标监控是日常性的单指标的技术监控；综合监控是对综合评价进行综合的系统监测和控制，并对单指标监控的职能进行整体化、综合化的系统监控，它可以由新设立的职能部门（预警部）负责；事故危机监控是在特殊时空条件下的特别监控，这种监控由公司最高层领导部门直接领导公司管理办公室（或综合监控的职能部门）以及所有需要参与的职能部门，在特殊的组织程序和活动规则下进行事故危机监控。

上述预控组织管理进一步使企业在生产经营过程中达到对隐患的正确辨识，达到防错、纠错、治错的目的。

2. 预警机构

为了保证预警机制高效运转，促进安全管理的预控工作，企业应对原有安全监管机构进行改造，成立安全预警部，增加预警管理职能。

预警部作为新设的职能部门，其基本工作目标是保证企业的生产经营在安全的轨道上运行，同时指导企业各关键岗位的"预警预控"工作，模拟未来可能发生的企业危机，制定危机应对方案等。预警部的中心任务是建设、维护企业的预警管理系统。

（二）日常监控

日常监控是对预警分析所确定的主要事故征兆（现象）进行特别监视与控制的管理活动。由于预警活动所确立的事故现象往往对安全生产全局有重大影响，因此要进行及时跟踪监测。同时，由于事故现象是变化发展的，可能造成难以迅速控制的局势。所以，在日常监控过程中还要预测事故未来发展的严重程度及可能出现的危机结果，以防患于未然。

因此，日常监控活动有两个主要任务：（1）日常对策。即对事故征兆（现象）进行纠正活动，防止该现象的扩展蔓延，逐渐使其恢复到正确状态。（2）事故危机模拟，即在日常对策活动中发现难以有效控制的事故征兆（现象）后，对可能发生的事故状态进行假设与模拟活动，并提出对策方案，为进入"事故危机管理"阶段做好准备。日常监控的对象，主要是在预警分析中确定的事故隐患，这些事故隐患既可以被日常对策所控制和矫正，也可以因失控而导致企业生产处于事故危机状态。

安全预警部应对日常监控负责，同时总结预警监控职能系统的经验并汲取教训，设"预警监控档案"，在日常活动中负责培训员工的预警知识和各种逆境条件下的预测与模拟预警管理方案，在特别状态时提出建议供决策层采纳。

（三）事故的危机管理

事故的危机管理是日常监控活动无法有效扭转危险状态的发展，企业生产活动陷入危机状态时采取的一种特殊性质的管理，是只有在特殊境况下才采用的特别管理方式。它是在企业生产安全管理系统已无法控制事故状态或企业领导层基本丧失指挥能力的情况下，以特别危机计划、特别领导小组、紧急救援体系等介入企业领导管理过程。一旦危机状态恢复到可控状态，危机管理的任务便告完成，由日常监控环节继续履行预控对策的任务。

预控对策活动中的组织准备与日常监控活动，是执行预控对策任务的主体；危机管理活动，是特殊情况下对"日常监控"活动的一种扩展。日常监控和危机管理工作都要以"组织准备"活动为前提，而组织准备活动，不仅是联结预警分析与预控对策活动的环节，它也为整个事故预警管理系统提供组织运行规范。

（四）预警分析与预控对策的关系

预警分析的活动内容主要是对系统隐患的辨识，预控对策的活动内容是对事故征兆的不良趋势进行纠错、治错的管理活动，两者相辅相成。

1. 预警分析与预控对策的基本关系

预警分析过程的四个环节和预控对策活动的三个环节，是明确的时间顺序关系和逻辑顺序关系。预警活动是事故预警管理系统完成其职能的基础，预控对策是其职能活动的目标，两者缺少任何一个，事故预警管理系统的职能便不能实现。两种活动中的有关环节是任何时期内进行预警都不可缺少的，缺少一个，其过程就是不完整的，其职能实现就是残缺的。

预警分析的对象，是正常生产活动中的安全管理过程；而预控对策活动的对象，则是已被确认的事故现象，两个活动对象是有差异的。如果生产已处于事故状态，那么，预警活动的对象和预控活动的对象都是事故状态中的生产现象。不论生产活动是处于正常状态还是事故状态，预警分析的活动对象总是包容预控对策的活动对象，或者说，预控活动的对象总是预警分析活动对象中的主要矛盾。

2. 预警分析与预控对策的沟通

在预警分析活动中，监测活动环节所建立的监测信息系统（预警信息系统），既是预警各环节所共享的，也是整个预警系统所共享的。在预控对策中，组织准备环节所确立的运行方式与对策库，既是预控活动各环节所共享的，也是整个预警系统所共享的。而且，预控中的对策库要纳入预警系统的监测信息库，它为监测过程中对监测结果进行科学分类、处理、储存提供判识的依据。两个活动之间的信息沟通主要是监测信息系统的运行。而这个信息系统，又是企业生产活动整体的管理信息系统的一个有机部分，它使预警系统的活动同企业生产活动整体的安全管理融为一体。

预控对策活动中的组织准备环节，是连接两个系统活动的组织手段。两大系统内各自活动的程序、方式与手段，以及两个系统联结的方式与手段，都由"组织准备"环节所设定的组织运行方式确定。而且，事故预警管理系统同企业内部其他职能系统的关系也由"组织运行"方式所规定。组织运行方式，实际上规定了两大系统活动环节的任务、目标与主要内容。总之，事故预警系统的活动是被程序、制度、标准所规定的统一化的管理过程。

五、企业安全生产预警管理体系的构成

由于事故的发生和发展是人的不安全行为、物的不安全状态以及管理的缺陷等方面相互作用的结果，所以为了实现对事故的预警作用，减少或避免事故的发生，从安全管理战略的角度出发，应针对事故特点建立安全生产事故预警管理体系。对于各种安全生产事故类型，预警的管理过程可能不同，但预警的模式具有一致性。在构建预警管理体系时，需遵循信息论、控制论、决策论以及系统论的思想和方法，科学建立标准化的预警体系，保证预警的上下统一和协调。

一个完整的安全生产预警管理体系应由外部环境预警系统、内部管理不良的预警系统、预警信息管理系统和事故预警系统构成，如图7-7所示。外部环境预警系统主要由自然环境变化，国家法律、法规变化，企业内部技术工艺、装备等物的因素变化预警构成。内部管理不良预警系统主要由质量、设备管理预警，人的行为活动管理预警构成。预警信息管理系统是集计算机技术与专家系统技术为一体的智能化系统，它以管理信息系统为基础，完成信息收集、处理、辨识、存储和推断等任务。事故预警系统主要任务是当事故难以控制时，做出警告并提出对策措施及建议，因此其业务隶属预警信息管理系统。

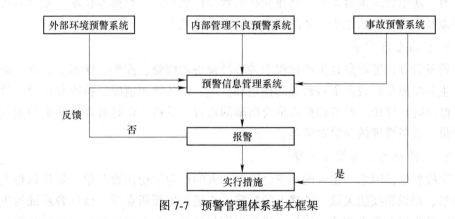

图 7-7　预警管理体系基本框架

（一）外部环境预警系统

1. 自然环境变化的预警

生产活动所处的自然环境发生变化导致的企业安全生产事故主要是自然灾害以及人的生产活动所造成的破坏。自然灾害的破坏往往是一天甚至一时之间，对它的预警只能是被动的。人的生产活动造成的破坏往往引起环境的突变（例如环境污染、社会治安等），导致的安全生产事故愈来愈多。对这些对象进行监测和警报是预警管理系统的基本内容之一。

2. 政策法规变化的预警

国家有关政策与法规的变动，对生产管理的影响是直接的。国家对行业政策的调整、法规体系的修正和变更，对安全生产管理影响是非常大的，应经常予以监测。

3. 技术工艺、装备等物的因素变化预警

现代安全生产的一个重要标志是对科学技术进步的依赖越来越大。例如大型复杂化工生产线，不仅涉及各种化工技术，而且也需要有防火防爆技术、计算监测技术、辨识诊断技术等。因而预警体系也当关注技术创新、技术标准变动和工艺流程变化的预警。

（二）内部管理不良预警系统

1. 质量管理预警

企业质量管理的目的是生产出合格的产品（工程），基本任务是确定企业的质量目标，制订企业规划和建立健全企业的质量保证体系。质量管理预警就是针对生产过程中存在的质量问题，质量水平提高过程中的不当、错误、失误现象进行预警。质量管理预警系统应当建立在集管理信息系统、数据库技术、专家系统技术以及质量安全监控于一体的智能化管理系统之上。

2. 设备管理预警

设备管理预警对象是生产过程中的各种设备的维修、操作、保养等活动。该系统主要功能是对设备资料数据的搜集和整理、设备使用情况的检查和评价、设备维修及时性评价、设备检修质量合格率的监督、设备工作时对环境污染的安全度评价、设备管理的预警对策等。

3. 人的行为活动管理预警

事故发生诱因之一是人的不安全行为，人的行为活动预警对象主要是思想上的疏忽、知识和技能欠缺、性格上的缺陷、心理和生理弱点等。该预警系统的主要功能是收集有关人的活动信息，进行识别与选择，对人的行为活动进行分析与评价，对人的不良行为进行预警。

（三）预警信息管理系统

预警信息管理系统以管理信息系统（management information system，MIS）为基础，专用于预警管理的信息管理，主要是监测外部环境与内部管理的信息。预警信息的管理包括信息收集、处理、辨伪、存储、推断等过程。预警信息管理系统流程图如图 7-8 所示。

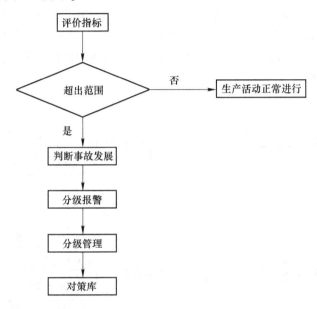

图 7-8　预警信息管理系统流程图

预警系统是建立在安全生产预警机制的基础之上，它是在预警原理指导下，以事故的成因、特征及其发展作为研究对象，运用现代系统理论和预警理论，构建一种对同性质灾害事故能够起到"免疫"，并能够预防和"矫正"各种事故现象的"自组织"系统。预警系统也是一种以警报为导向，以矫正为手段，以免疫为目的的防错、纠错系统。

六、一个示例——民用机场安全风险混合预警方法的应用研究

（一）民用机场安全预警指标体系

依据系统安全分析及实际调研数据对民用机场安全风险进行分类，得到如图 7-9 所示分析结果。在此分类分析基础上，建立多维可扩充的民用机场安全风险预警指标体系，如图 7-10 所示。其中单指标预警 19 项，综合指标预警 15 项。单

指标为指标预警，用以发现显性问题；综合指标为因素预警，用以发现隐性问题。其中，指标的具体含义如表 7-1、表 7-2 所示。民用机场安全风险预警指标体系中，单指标数据依据各个部门安全例会汇报数据得到；综合预警数据通过由业务主管（5 名）、业务骨干（20 名）、随机抽取的普通职工（20 名）及工会部门人员（5 名）组成的 50 名评分小组打分得到，并按照 Ⅰ 级（一级预警，高度危险）、Ⅱ 级（二级预警，较大危险）、Ⅲ 级（三级预警，一般危险）、Ⅳ 级（四级预警，正常）统计票数，从而得到每项综合指标的隶属度，最终确定机场综合预警指标数值。例如，对于"生理因素"综合指标得到的 50 人判断数据如下：Ⅰ 级 12 票，Ⅱ 级 25 票，Ⅲ 级 10 票，Ⅳ 级 3 票，则"生理因素"综合指标的隶属度为：[0.24，0.50，0.20，0.06]。其中的综合预警的权重值通过 9 分值的比较权重矩阵得到。

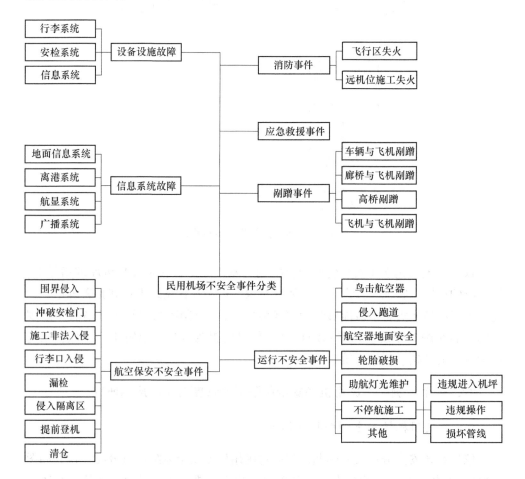

图 7-9　民用机场安全风险部门分类图

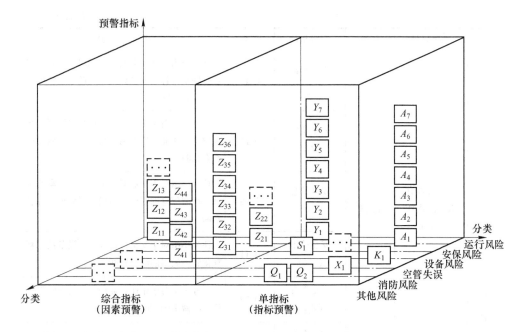

图 7-10 民用机场安全预警指标体系

(图中虚线框为可弹性删减或扩充的指标)

表 7-1 民用机场安全风险预警综合指标描述

	二级分类	权重	三级指标	权重	指 标 描 述
综合指标	人的安全可靠性指标 (Z_1)	0.27	生理因素 (Z_{11})	0.24	评分小组对于所在部门人员年龄、疾病、身体缺陷、疲劳、感知器官综合情况的判断
			心理因素 (Z_{12})	0.21	评分小组对于部门人员性格、气质、情绪、情感、思想情况的判断
			技术因素 (Z_{13})	0.55	评分小组对于所在部门人员包括经验、操作水平、紧急应变能力情况的判断
	保障过程的环境安全性指标 (Z_2)	0.25	内部环境 (Z_{21})	0.60	评分小组对于企业作业场所的温度、湿度、采光、照明、噪声、振动等作业环境，以及经济状况、安全文化氛围、法律更新情况等做出的判断
			外部环境 (Z_{22})	0.40	评分小组对于自然灾害、季节因素、气候因素、时间因素、地理因素等自然环境；政治环境、经济环境、技术环境、法律环境、管理环境、家庭环境、社会风气等社会环境做出的判断

续表 7-1

	二级分类	权重	三级指标	权重	指 标 描 述
综合指标	安全管理有效性的指标（Z_3）	0.35	安全组织（Z_{31}）	0.19	评分小组对于企业安全组织机构及人员设置、安全方针、安全计划、行政管理情况做出的综合判断
			安全法制（Z_{32}）	0.21	评分小组对于企业安全生产相关法规、规章制度、作业标准等制定与执行情况做出的综合判断
			安全信息（Z_{33}）	0.15	评分小组对于企业安全指令信息、动态信息、反馈信息的管理与利用情况做出的综合判断
			安全技术（Z_{34}）	0.11	评分小组对于安全管理方法、设备技术标准化管理做出的综合判断
			安全教育（Z_{35}）	0.22	评分小组对于企业职业培训、安全知识宣传情况做出的判断
			安全资金（Z_{36}）	0.12	评分小组对于企业资金数量、资金投向、资金效益等安全资金情况做出的判断
	机（物）的安全可靠性指标（Z_4）	0.13	设备运行（Z_{41}）	0.35	评分小组对于设备运行不良情况，以及各种物理参数（温度、压力、浓度等）监测及处理情况做出的判断
			材料物质（Z_{42}）	0.21	评分小组对于材料缺陷及物质危险性情况做出的判断
			能量装置（Z_{43}）	0.25	评分小组对于设备能量及防护装置情况做出的判断
			存储运输（Z_{44}）	0.19	评分小组对于物料存储及运输情况做出的判断

表 7-2　民用机场安全风险预警单指标描述

	分类	编号	指 标 描 述
单指标	运行风险	Y_1	鸟击航空器次数
		Y_2	跑道入侵次数
		Y_3	不停航施工原因导致的不安全事件次数
		Y_4	轮胎破损次数
		Y_5	助航灯光维护故障次数

分类		编号	指 标 描 述
单指标	运行风险	Y_6	剐蹭事件次数
		Y_7	机务失误次数
	航空安保风险	A_1	围界侵入次数
		A_2	冲破安检门次数
		A_3	施工非法入侵次数
		A_4	行李口入侵次数
		A_5	漏检次数
		A_6	清舱次数
		A_7	丢失行李次数
	设备设施风险	S_1	设备设施故障次数
	空管失误风险	K_1	空管失误次数
	消防风险	X_1	消防事件次数
	其他风险	Q_1	应急救援失误次数
		Q_2	出租车断流次数

（二）民用机场综合预警计算

民用机场综合预警是通过多层级模糊评价进行的。机场安全综合预警指标体系分为三层，其评价次序是先进行第二层评价，再进行第一层的评价，第三层是通过数据采集得到。

根据权重及第三层模糊评价集有"第二层模糊评价集＝权重×模糊综合评价矩阵"：

$$B_i = W_i \times R_i = (b_{i1} \quad b_{i2} \quad b_{i3} \quad b_{i4})(i = 1, 2, 3, 4)$$

例如，某次预警过程中，对于三级指标生理因素的隶属度为：[0.24，0.50，0.20，0.06]，心理因素的隶属度为：[0.20，0.45，0.20，0.15]，技术因素人的隶属度为：[0.18，0.50，0.20，0.12]，则安全可靠性指标隶属度：

$$B_1 = (0.24 \quad 0.21 \quad 0.55) \times \begin{pmatrix} 0.24 & 0.50 & 0.20 & 0.06 \\ 0.20 & 0.45 & 0.20 & 0.15 \\ 0.18 & 0.50 & 0.20 & 0.12 \end{pmatrix}$$

$$= (0.1986 \quad 0.4895 \quad 0.2000 \quad 0.1119)$$

同理，保障过程的环境安全性指标隶属度：

$$\boldsymbol{B}_2 = (0.60 \quad 0.40) \times \begin{pmatrix} 0.22 & 0.47 & 0.23 & 0.08 \\ 0.18 & 0.4 & 0.30 & 0.12 \end{pmatrix}$$

$$= (0.204 \quad 0.442 \quad 0.258 \quad 0.096)$$

安全管理有效性的指标隶属度:

$$\boldsymbol{B}_3 = (0.19 \quad 0.21 \quad 0.15 \quad 0.11 \quad 0.22 \quad 0.12) \times \begin{pmatrix} 0.21 & 0.50 & 0.20 & 0.09 \\ 0.18 & 0.45 & 0.22 & 0.15 \\ 0.18 & 0.50 & 0.20 & 0.12 \\ 0.28 & 0.46 & 0.20 & 0.06 \\ 0.15 & 0.45 & 0.25 & 0.15 \\ 0.18 & 0.60 & 0.10 & 0.12 \end{pmatrix}$$

$$= (0.1901 \quad 0.4861 \quad 0.2032 \quad 0.1206)$$

机(物)的安全可靠性指标隶属度:

$$\boldsymbol{B}_4 = (0.35 \quad 0.21 \quad 0.25 \quad 0.19) \times \begin{pmatrix} 0.11 & 0.50 & 0.30 & 0.09 \\ 0.18 & 0.45 & 0.22 & 0.15 \\ 0.21 & 0.35 & 0.22 & 0.22 \\ 0.20 & 0.36 & 0.28 & 0.16 \end{pmatrix}$$

$$= (0.1668 \quad 0.4254 \quad 0.2594 \quad 0.1484)$$

因此,该机场综合指标模糊评价集:

$$\boldsymbol{A} = \boldsymbol{W} \times \boldsymbol{B}_i = (0.27 \quad 0.25 \quad 0.35 \quad 0.13) \times \begin{pmatrix} 0.1986 & 0.4895 & 0.2 & 0.1119 \\ 0.2040 & 0.4420 & 0.2580 & 0.0960 \\ 0.1901 & 0.4861 & 0.2032 & 0.1206 \\ 0.1668 & 0.4254 & 0.2594 & 0.1484 \end{pmatrix}$$

$$= (0.1928 \quad 0.4681 \quad 0.2233 \quad 0.1157)$$

对评价结果的处理采取最大隶属度原则,取模糊集合中最大的数字所对应的等级作为最终综合预警等级结果。本例中 0.4681 该值最大,所以该机场当前综合预警等级应为Ⅱ级(二级预警,较大危险)。

(三)民用机场单指标预警计算

民用机场单指标预警主要是根据统计分析数据得到的。一般情况下,企业伤亡事故发生次数的概率分布服从泊松分布,泊松分布的数学期望和方差均为 λ。当置信度取90%时,求得机场安全单指标预警的上限 U 为:

$$U = \lambda + 2\sqrt{\lambda}$$

下限 L 为:

$$L = \lambda - 2\sqrt{\lambda}$$

由此得出触发单指标预警的几种情形:(1)个别数据点超出上限;(2)连

续数据点在均值以上；（3）多个数据点超连续上升；（4）大多数数据点在均值以上。民用机场安全单指标预警触发的情形如图7-11所示。

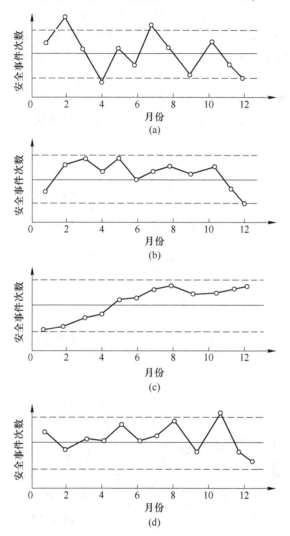

图7-11 民用机场安全单指标预警触发的情形

（a）个别数据点超出上限；（b）连续数据点在均值以上；

（c）多个数据点超连续上升；（d）大多数数据点在均值以上

（四）民用机场安全风险预警信号输出

民用机场安全风险预警为综合预警。即单指标预警周期与机场的不安全事件统计上报时间同步，并实时跟踪。综合预警周期分为两种：（1）由单指标预警触发，当单指标预警信号每次触发时，进行综合预警分析；（2）由机场安全委员会商讨确定，一般每月进行一次。

本书在研究中引入风向玫瑰图对预警信号进行综合预警可视化输出。根据人们应用习惯将颜色值域设定为：正常状态 [0, 0.25] 为绿色，为Ⅳ级预警；基本正常状态 (0.25, 0.5] 为蓝色，为Ⅲ级预警；低度危机状态 (0.5, 0.75] 为黄色，为Ⅱ级预警；危机状态 (0.75, 1] 为红色，为Ⅰ级预警，如图 7-12 所示。同时，以平滑曲线图对单指标预警信号进行输出，以"消防事件次数"预警指标的输出为例，其同比预警信号输出图如图 7-13 所示，图中显示该机场 2019 年 10 月消防事件接近上限 6 次，因此处于Ⅱ级预警状态。

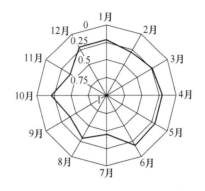

图 7-12　综合预警指标风向玫瑰输出图

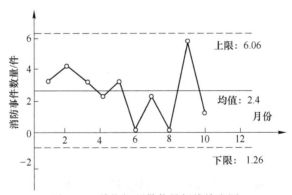

图 7-13　单指标预警信号折线输出图

第二节　安全生产事故应急管理体系

随着现代工业的发展，生产过程中涉及的有害物质和能量不断增大，一旦发生重大事故，很容易导致严重的生命、财产损失和环境破坏。由于各种原因，当事故的发生难以完全避免时，建立重大事故应急管理体系，组织及时有效的应急救援行动，已成为抵御事故风险或控制灾害蔓延、降低危害后果的关键手段。

一、事故应急救援的基本任务及特点

（一）事故应急救援的基本任务

事故应急救援的总目标是通过有效的应急救援行动，尽可能地降低事故的后果，包括人员伤亡、财产损失和环境破坏等。事故应急救援的基本任务包括下述几个方面：

（1）立即组织营救受害人员，组织撤离或者采取其他措施保护危害区域内的其他人员。抢救受害人员是应急救援的首要任务。在应急救援行动中，快速、有序、有效地实施现场急救与安全转送伤员，是降低伤亡率、减少事故损失的关键。由于重大事故发生突然、扩散迅速、涉及范围广、危害大，应及时指导和组织群众采取各种措施进行自身防护，必要时迅速撤离出危险区或可能受到危害的区域。在撤离过程中，应积极组织群众开展自救和互救工作。

（2）迅速控制事态，并对事故造成的危害进行检测、监测，测定事故的危害区域、危害性质及危害程度。及时控制住造成事故的危险源是应急救援工作的重要任务。只有及时地控制住危险源，防止事故的继续扩展，才能及时有效地进行救援。特别对发生在城市或人口稠密地区的化学事故，应尽快组织工程抢险队与事故单位技术人员一起及时控制事故继续扩展。

（3）消除危害后果，做好现场恢复。针对事故对人体、动植物、土壤、空气等造成的现实危害和可能的危害，迅速采取封闭、隔离、洗消、监测等措施，防止对人的继续危害和对环境的污染。及时清理废墟和恢复基本设施，将事故现场恢复至相对稳定的状态。

（4）查清事故原因，评估危害程度。事故发生后应及时调查事故的发生原因和事故性质，评估出事故的危害范围和危险程度，查明人员伤亡情况，做好事故原因调查，并总结救援工作中的经验和教训。

（二）事故应急救援的特点

事故应急救援具有不确定性、突发性、复杂性和后果、影响易猝变、激化、放大等特点。

（1）不确定性和突发性。不确定性和突发性是各类公共安全事故、灾害与事件的共同特征，大部分事故都是突然爆发，爆发前基本没有明显征兆，而且一旦发生，发展蔓延迅速，甚至失控。因此，要求应急行动必须在极短的时间内在事故的第一现场作出有效反应，在事故产生重大灾难后果之前采取各种有效的防护、救助、疏散和控制事态等措施。

为保证迅速对事故作出有效的初始响应，并及时控制住事态，应急救援工作应坚持属地化为主的原则，强调地方的应急准备工作，包括建立全天候的昼夜值班制度，确保报警、指挥通信系统始终保持完好状态，明确各部门的职责，确保各种应急救援的装备、技术器材、有关物资随时处于完好可用状态，制定科学有效的突发事件应急预案等措施。

（2）应急活动的复杂性。应急活动的复杂性主要表现在：事故、灾害或事件影响因素与演变规律的不确定性和不可预见的多变性；众多来自不同部门参与应急救援活动的单位，在信息沟通、行动协调与指挥、授权与职责、通信等方面的有效组织和管理；应急响应过程中，公众的反应和恐慌心理、公众过急等突发行为的复杂性等。这些复杂因素的影响，给现场应急救援工作带来了严峻的挑战，应对应急救援工作中各种复杂的情况作出足够的估计，制定随时应对各种复杂变化的相应方案。

应急活动的复杂性另一个重要特点是现场处置措施的复杂性。重大事故的处置措施往往涉及较强的专业技术支持，包括易燃、有毒危险物质，复杂危险工艺以及矿山井下事故处置等，对每一行动方案、监测以及应急人员防护等都需要在专业人员的支持下进行决策。因此，针对生产安全事故应急救援的专业化要求，必须高度重视建立和完善重大事故的专业应急救援力量、专业检测力量和专业应急技术与信息支持等的建设。

（3）后果、影响易猝变、激化和放大。公共安全事故、灾害与事件虽然是小概率事件，但后果一般比较严重，能造成广泛的公众影响，应急处理稍有不慎，就可能改变事故、灾害与事件的性质，使平稳、有序、和平状态向动态、混乱和冲突方面发展，引起事故、灾害与事件波及范围扩展，卷入人群数量增加和人员伤亡与财产损失后果加大。猝变、激化与放大造成的失控状态，不但迫使应急呼应升级，甚至可导致社会性危机出现，使公众立即陷入巨大的动荡与恐慌之中。因此，重大事故（件）的处置必须坚决果断，而且越早越好，防止事态扩大。

因此，为尽可能降低重大事故的后果及影响，减少重大事故所导致的损失，要求应急救援行动必须做到迅速、准确和有效。所谓迅速，就是要求建立快速的应急响应机制，能迅速准确地传递事故信息，迅速地调集所需的大规模应急力量和设备、物资等资源，迅速地建立起统一指挥与协调系统，开展救援活动。所谓准确，要求有相应的应急决策机制，能基于事故的规模、性质、特点、现场环境等信息，正确地预测事故的发展趋势，准确地对应急救援行动和战术进行决策。所谓有效，主要指应急救援行动的有效性，其很大程度取决于应急准备的充分性与否，包括应急队伍的建设与训练、应急设备（施）、物资的配备与维护、预案的制定与落实以及有效的外部增援机制等。

二、事故应急管理相关法律法规要求

近年来，我国政府相继颁布的一系列法律法规和文件，如《安全生产法》《职业病防治法》《消防法》《突发事件应对法》《特种设备安全法》《危险化学品安全管理条例》《关于特大安全事故行政责任追究的规定》《特种设备安全监察条例》《生产安全事故报告和调查处理条例》《生产安全事故应急预案管理办法》《生产经营单位生产安全事故应急预案评审指南（试行）》《突发事件应急演练指南》和《国务院关于进一步加强企业安全生产工作的通知》等，对危险化学品、特大安全事故、重大危险源等应急救援工作提出了相应的规定和要求。

《安全生产法》第十八条规定，生产经营单位的主要负责人具有组织制定并实施本单位的生产安全事故应急救援预案的职责。第三十七条规定："生产经营单位对重大危险源应当登记建档，进行定期检测、评估、监控，并制定应急预案，并告知从业人员和相关人员在紧急情况下应当采取的应急措施。"第七十七条规定："县级以上地方各级人民政府应当组织有关部门制定本行政区域内特大生产安全事故应急救援预案，建立应急救援体系。"

《职业病防治法》第二十条规定，用人单位应当建立、健全职业病危害事故应急救援预案。

《消防法》第十六条、第十七条规定，消防安全重点单位应当制定灭火和应急疏散预案，定期组织消防演练。

《中华人民共和国突发事件应对法》明确规定了突发事件的预防与应急准备、监测与预警、应急处置与救援、事后恢复与重建等活动中，政府、单位及个人的权利与义务。

《特种设备安全法》第六十九条规定："国务院负责特种设备安全监督管理的部门应当依法组织制定特种设备重特大事故应急预案，报国务院批准后纳入国家突发事件应急预案体系。县级以上地方各级人民政府及其负责特种设备安全监督管理的部门应当依法组织制定本行政区域内特种设备事故应急预案，建立或者纳入相应的应急处置与救援体系。特种设备使用单位应当制定特种设备事故应急专项预案，并定期进行应急演练。"

《危险化学品安全管理条例（2013年版）》第六十九条规定："县级以上地方人民政府安全生产监督管理部门应当会同工业和信息化、环境保护、公安、卫生、交通运输、铁路、质量监督检验检疫等部门，根据本地区实际情况，制定危险化学品事故应急预案，报本级人民政府批准。"第七十条规定："危险化学品单位应当制定本单位危险化学品事故应急预案，配备应急救援人员和必要的应急救援器材、设备，并定期组织应急救援演练。危险化学品单位应当将其危险化学品事故应急预案报所在地设区的市级人民政府安全生产监督管理部门备案。"

　　国务院《特种设备安全监察条例》第六十五条规定："特种设备安全监督管理部门应当制定特种设备应急预案。特种设备使用单位应当制定事故应急专项预案，并定期进行事故应急演练。"第三十一条规定："特种设备使用单位应当制定特种设备的事故应急措施和救援预案。"

　　国务院《关于特大安全事故行政责任追究的规定》第七条规定："市（地、州）、县（市、区）人民政府必须制定本地区特大安全事故应急处理预案。"

　　国务院《使用有毒物品作业场所劳动保护条例》规定："从事使用高毒物品作业的用人单位，应当配备应急救援人员和必要的应急救援器材、设备，制定事故应急救援预案，并根据实际情况变化对应急预案适时进行修订，定期组织演练。事故应急救援预案和演练记录应当报当地卫生行政部门、安全生产监督管理部门和公安部门备案。"

　　2006年1月8日，国务院发布了《国家突发公共事件总体应急预案》，明确了各类突发公共事件分级分类和预案框架体系，规定了国务院应对特别重大突发公共事件的组织体系、工作机制等内容，是指导预防和处置各类突发公共事件的规范性文件。

　　《国家突发公共事件总体应急预案》发布后，国务院又相继发布了《国家安全生产事故灾难应急预案》《国家处置铁路行车事故应急预案》《国家处置民用航空器飞行事故应急预案》《国家海上搜救应急预案》《国家处置城市地铁事故灾难应急预案》《国家处置电网大面积停电事件应急预案》《国家核应急预案》《国家突发环境事件应急预案》和《国家通信保障应急预案》共9个事故灾难类突发公共事件专项应急预案。其中，《国家安全生产事故灾难应急预案》适用于特别重大安全生产事故灾难、超出省级人民政府处置能力或者跨省级行政区、跨多个领域（行业和部门）的安全生产事故灾难以及需要国务院安全生产委员会处置的安全生产事故灾难等。

　　2006年，国家安全监管总局在《国家安全生产事故灾难应急预案》的基础上，分别制定并经国务院审查同意印发了《矿山事故灾难应急预案》《危险化学品事故灾难应急预案》《陆上石油天然气储运事故灾难应急预案》《陆上石油天然气开采事故灾难应急预案》《海洋石油天然气作业事故灾难应急预案》，并审查同意印发了《冶金事故灾难应急预案》。这6项部门预案的编制印发，进一步完善了国家安全生产事故灾难应急预案体系。

　　2009年，国家安全生产监督管理总局发布《生产安全事故应急预案管理办法》（原国家安全监管总局令第17号）和《生产经营单位生产安全事故应急预案评审指南（试行）》。2016年，原国家安全监督总局修订了《生产安全事故应急预案管理办法》（原国家安全监管总局令第88号），为生产安全事故应急预案管理工作提供了依据。

2010年国务院下发了《国务院关于进一步加强企业安全生产工作的通知》（国发［2010］23号）。通知提出建设更加高效的应急救援体系，主要包括加快国家安全生产应急救援基地建设，建立完善企业安全生产预警机制，完善企业应急预案等内容。关于应急预案，通知强调企业应急预案要与当地政府应急预案保持衔接，并定期进行演练。

三、事故应急管理理论框架

传统的突发事件应急管理注重发生后的即时响应、指挥和控制，具有较大的被动性和局限性。从20世纪70年代后期起，更加全面更具综合性的现代应急管理理论逐步形成，并在许多国家的实践中取得了重大成功。无论在理论上还是实践上，现代应急管理主张对突发事件实施综合性应急管理。图7-14揭示了传统安全管理与事故应急的关系，图7-15为现代事故应急管理框架图。

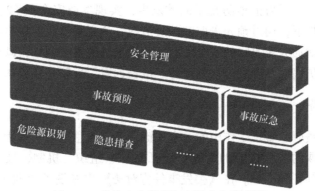

图7-14　传统安全管理与事故应急关系图

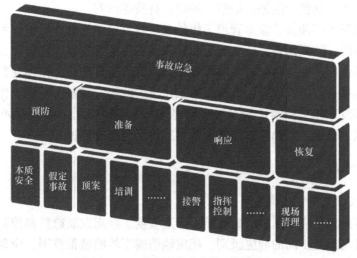

图7-15　现代事故应急管理框架图

突发事件应急管理应强调全过程的管理。突发事件应急管理工作涵盖了突发事件发生前、中、后的各个阶段，包括为应对突发事件而采取的预先防范措施，事发时采取的应对行动，事发后采取的各种善后措施及减少损害的行为，包括预防、准备、响应和恢复等各个阶段，并充分体现"预防为主、常备不懈"的应急理念。

应急管理是一个动态的过程，包括预防、准备、响应和恢复4个阶段。尽管在实际情况中这些阶段往往是交叉的，但每一阶段都有其明确的目标，而且每一阶段又是构筑在前一阶段的基础之上，因而预防、准备、响应和恢复的相互关联，构成了重大事故应急管理的循环过程。

（一）预防

在应急管理中预防有两层含义：（1）事故的预防工作，即通过安全管理和安全技术等手段，尽可能地防止事故的发生，实现本质安全；（2）在假定事故必然发生的前提下，通过预先采取的预防措施，达到降低或减缓事故影响或后果的严重程度，如加大建筑物的安全距离，工厂选址的安全规划，减少危险物品的存量，设置防护墙以及开展公众教育等。从长远看，预防是低成本、高效的。

（二）准备

应急准备是应急管理工作中的一个关键环节。应急准备是指为有效应对突发事件而事先采取的各种措施的总称，包括意识、组织、机制、预案、队伍、资源、培训演练等各种准备。在《突发事件应对法》中专设了"预防与应急准备"一章，其中包含了应急预案体系、风险评估与防范、救援队伍、应急物资储备、应急通信保障、培训、演练、捐赠、保险、科技等内容。

应急准备工作涵盖了应急管理工作的全过程。应急准备并不仅仅针对应急响应，它为预防、监测预警、应急响应和恢复等各项应急管理工作提供支撑，贯穿应急管理工作的整个过程。从应急管理的阶段看，应急准备工作体现在预防工作所需的意识准备和组织准备，监测预警工作所需的物资准备，响应工作所需的人员准备，恢复工作中所需的资金准备等各阶段的准备工作；从应急准备的内容看，其组织、机制、资源等方面的准备贯穿整个应急管理过程。

（三）响应

1. 事故应急响应机制

重大事故应急应根据事故的性质、严重程度、事态发展趋势和控制能力实行分级响应机制，对不同的响应级别，相应地明确事故的通报范围、应急中心的启动程度、应急力量的出动、设备及物资的调集规模、疏散的范围、应急总指挥的职位等。典型的响应级别通常可分为三级。

（1）一级紧急情况。一级紧急情况指必须利用所有有关部门及一切资源的紧急情况，或者需要各个部门同外部机构联合处理的各种紧急情况，通常要宣布进入紧急状态。在该级别中，作出主要决定的职责通常是紧急事务管理部门。现场指挥部可在现场作出保护生命和财产以及控制事态所必需的各种决定。解决整个紧急事件的决定，应该由紧急事务管理部门负责。

（2）二级紧急情况。二级紧急情况指需要两个或更多个部门响应的紧急情况。该事故的救援需要有关部门的协作，并且提供人员、设备或其他资源。该级响应需要成立现场指挥部来统一指挥现场的应急救援行动。

（3）三级紧急情况。三级紧急情况指能被一个部门正常可利用的资源处理的紧急情况。正常可利用的资源指在该部门权力范围内通常可以利用的应急资源，包括人力和物力等。必要时，该部门可以建立一个现场指挥部，所需的后勤支持、人员或其他资源增援由本部门负责解决。

2. 事故应急救援响应程序

事故应急救援的响应程序按过程可分为接警、响应级别确定、应急启动、救援行动、应急恢复和应急结束等，如图 7-16 所示。

（1）接警与响应级别确定。接到事故报警后，按照工作程序，对警情做出判断，初步确定相应的响应级别。如果事故不足以启动应急救援体系的最低响应级别，响应关闭。

（2）应急启动。应急响应级别确定后，按所确定的响应级别启动应急程序，如通知应急中心有关人员到位、开通信息与通信网络，通知调配救援所需的应急资源（包括应急队伍和物资、装备等）、成立现场指挥部等。

（3）救援行动。有关应急队伍进入事故现场后，迅速开展事故侦测、警戒、疏散、人员救助、工程抢险等有关应急救援工作，专家组为救援决策提供建议和技术支持。当事态超出响应级别无法得到有效控制时，向应急中心请求实施更高级别的应急响应。

（4）应急恢复。该阶段主要包括现场清理、人员清点和撤离、警戒解除、善后处理和事故调查等。

（5）应急结束。执行应急关闭程序，由事故总指挥宣布应急结束。

3. 现场指挥系统的组织结构

重大事故的现场情况往往十分复杂，且汇集了各方面的应急力量与大量的资源，应急救援行动的组织、指挥和管理成为重大事故应急工作所面临的一个严峻挑战。应急过程中存在的主要问题有：（1）太多的人员向事故指挥官汇报；（2）应急响应的组织结构各异，机构间缺乏协调机制，且术语不同；（3）缺乏可靠的事故相关信息和决策机制，应急救援的整体目标不清或不明；（4）通信

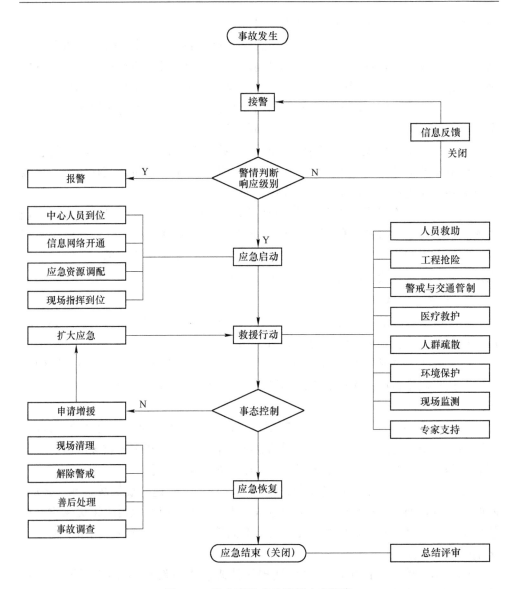

图 7-16 重大事故应急救援响应程序

不兼容或不畅；（5）授权不清或机构对自身现场的任务、目标不清。

对事故势态的管理方式决定了整个应急行动的效率。为保证现场应急救援工作的有效实施，必须对事故现场的所有应急救援工作实施统一的指挥和管理，即建立事故指挥系统（ICS），形成清晰的指挥链，以便及时地获取事故信息，分析和评估势态，确定救援的优先目标，决定如何实施快速、有效的救援行动和保护生命的安全措施，指挥和协调各方应急力量的行动，高效地利用可获取的资源，确保应急决策的正确性和应急行动的整体性、有效性。

现场应急指挥系统的结构应当在紧急事件发生前就已建立，预先对指挥结构达成一致意见，将有助于保证应急各方明确各自的职责，并在应急救援过程中更好地履行职责。现场指挥系统模块化的结构由指挥、行动、策划、后勤以及资金/行政5个核心应急响应职能组成，如图7-17所示。

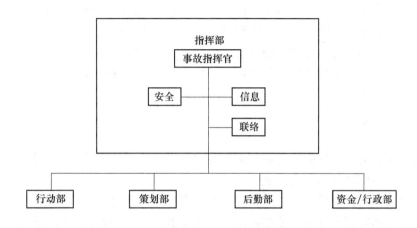

图7-17　现场应急指挥系统的模块化结构

（1）事故指挥官。事故指挥官负责现场应急响应所有方面的工作，包括确定事故目标及实现目标的策略，批准实施书面或口头的事故行动计划，高效地调配现场资源，落实保障人员安全与健康的措施，管理现场所有的应急行动。事故指挥官可将应急过程中的安全问题、信息收集与发布以及与应急各方的通信联络分别指定相应的负责人，如信息负责人、联络负责人和安全负责人。各负责人直接向事故指挥官汇报。其中，信息负责人负责及时收集、掌握准确完整的事故信息，包括事故原因、大小、当前的形势、使用的资源和其他综合事务，并向新闻媒体、应急人员及其他相关机构和组织发布事故的有关信息；联络负责人负责与有关支持和协作机构联络，包括到达现场的上级领导、地方政府领导等；安全负责人负责对可能遭受的危险或不安全情况提供及时、完善、详细、准确的危险预测和评估，制定并向事故指挥官建议确保人员安全和健康的措施，从安全方面审查事故行动计划，制定现场安全计划等。

（2）行动部。行动部负责所有主要的应急行动，包括消防与抢险、人员搜救、医疗救治、疏散与安置等。所有的战术行动都依据事故行动计划来完成。

（3）策划部。策划部负责收集、评价、分析及发布事故相关的战术信息，准备和起草事故行动计划，并对有关的信息进行归档。

（4）后勤部。后勤部负责为事故的应急响应提供设备、设施、物资、人员、运输、服务等。

（5）资金/行政部。资金/行政部负责跟踪事故的所有费用并进行评估，承担其他职能未涉及的管理职责。

事故现场指挥系统的模块化结构的一个最大优点是允许根据现场的行动规模，灵活启用指挥系统相应的部分结构，因为很多的事故可能并不需要启动策划、后勤或资金/行政模块。需要注意的是，对没有启用的模块，其相应的职能由现场指挥官承担，除非明确指定给某一负责人。当事故规模进一步扩大，响应行动涉及跨部门、跨地区或上级救援机构加入时则可能需要开展联合指挥，即由各有关主要部门代表成立联合指挥部，该模块化的现场系统则可以很方便地扩展为联合指挥系统。

（四）恢复

恢复是指突发事件的威胁和危害得到控制或者消除后所采取的处置工作。恢复工作包括短期恢复和长期恢复。

从时间上看，短期恢复并非在应急响应完全结束之后才开始，恢复可能是伴随着响应活动随即展开的。很多情况下，应急响应活动开始后，短期恢复活动就立即开始了，比如：一项复杂的人员营救活动中，受困人员陆续获救，从第一个受困人员获救之时起，其饮食、住宿、医疗救助等基本安全和卫生需求应当立即予以恢复，此时短期恢复工作就已经开始了，而不是等到所有受困人员全部获救之后才开始恢复工作。从以上角度看，短期恢复也可以理解为应急响应行动的延伸。

短期恢复工作包括向受灾人员提供食品、避难所、安全保障和医疗卫生等基本服务。在短期恢复工作中，应注意避免出现新的突发事件。《突发事件应对法》第五十八条规定："突发事件的威胁和危害得到控制或者消除后，履行统一领导职责或者组织处置突发事件的人民政府应当停止执行依照本法规定采取的应急处置措施，同时采取或者继续实施必要措施，防止发生自然灾害、事故灾难、公共卫生事件的次生、衍生事件或者重新引发社会安全事件。"

长期恢复的重点是经济、社会、环境和生活的恢复，包括重建被毁的设施和房屋，重新规划和建设受影响区域等。在长期恢复工作中，应汲取突发事件应急工作的经验教训，开展进一步的突发事件预防工作和减灾行动。

恢复阶段应注意：（1）要强化有关部门，如市政、民政、医疗、保险、财政等部门的介入，尽快做好灾后恢复重建；（2）要进行客观的事故调查，分析总结应急处置与应急管理的经验教训，这不仅可以为今后应对类似事件奠定新的基础，而且也有助于促进制度和管理革新。

四、事故应急理论应用——事故应急预案编制

(一) 事故应急预案的作用

制定事故应急预案是贯彻落实"安全第一、预防为主、综合治理"方针，提高应对风险和防范事故的能力，保证职工安全健康和公众生命安全，最大限度地减少财产损失、环境损害和社会影响的重要措施。

事故应急预案在应急系统中起着关键作用，它明确了在突发事故发生之前、发生过程中以及刚刚结束之后，谁负责做什么，何时做，以及相应的策略和资源准备等。它是针对可能发生的重大事故及其影响和后果的严重程度，为应急准备和应急响应的各个方面所预先作出的详细安排，是开展及时、有序和有效事故应急救援工作的行动指南。实际上事故应急预案是事故应急管理理论在事故应急实践过程中的一个标准化及制度化的过程。

(1) 应急预案确定了应急救援的范围和体系，使应急管理不再无据可依、无章可循。尤其是通过培训和演习，可以使应急人员熟悉自己的任务，具备完成指定任务所需的相应能力，并检验预案和行动程序，评估应急人员的整体协调性。

(2) 应急预案有利于做出及时的应急响应，降低事故后果。应急预案预先明确了应急各方的职责和响应程序，在应急资源等方面进行了先期准备，可以指导应急救援迅速、高效、有序地开展，将事故的人员伤亡、财产损失和环境破坏降到最低限度。

(3) 应急预案是各类突发重大事故的应急基础。通过编制应急预案，可以对那些事先无法预料到的突发事故起到基本的应急指导作用，成为开展应急救援的"底线"。在此基础上，可以针对特定事故类别编制专项应急预案，并有针对性地开展专项应急准备活动。

(4) 应急预案建立了与上级单位和部门应急救援体系的衔接。通过编制应急预案，可以确保当发生超过本级应急能力的重大事故时与有关应急机构的联系和协调。

(5) 应急预案有利于提高风险防范意识。应急预案的编制、评审、发布、宣传、教育和培训，有利于各方了解可能面临的重大事故及其相应的应急措施，有利于促进各方提高风险防范意识和能力。

(二) 事故应急预案体系

《生产经营单位安全生产事故应急预案编制导则》（GB/T 29639—2013）中5.1规定："生产经营单位的应急预案体系主要由综合应急预案、专项应急预案

和现场处置方案构成。生产经营单位应根据本单位组织管理体系、生产规模、危险源的性质以及可能发生的事故类型确定应急预案体系，并可根据本单位的实际情况，确定是否编制专项应急预案。风险因素单一的小微型生产经营单位可只编写现场处置方案。"

基于可能面临的多种类型重大事故灾害，为保证各种类型预案之间的整体协调性和层次，并实现共性与个性、通用性与特殊性的结合，对应急预案合理地划分层次，是将各种类型应急预案有机组合在一起的有效方法。一般情况下，按照应急预案的功能和目标，应急预案可分为 3 个层次，如图 7-18 所示。

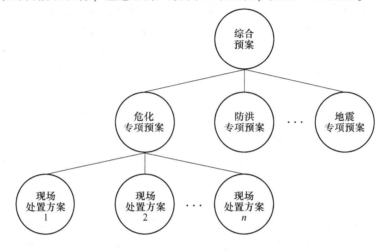

图 7-18　事故应急预案的层次

（1）综合预案。综合预案相当于总体预案，从总体上阐述预案的应急方针、政策，应急组织结构及相应的职责，应急行动的总体思路等。通过综合预案，可以很清晰地了解应急的组织体系、运行机制及预案的文件体系。更重要的是，综合预案可以作为应急救援工作的基础和"底线"，对那些没有预料的紧急情况也能起到一般的应急指导作用。

（2）专项预案。专项预案是针对某种具体的、特定类型的紧急情况，如煤矿瓦斯爆炸、危险物质泄漏、火灾、某一自然灾害、危险源和应急保障而制订的计划或方案，是综合应急预案的组成部分，应按照综合应急预案的程序和要求组织制定，并作为综合应急预案的附件。

专项预案是在综合预案的基础上，充分考虑了某种特定危险的特点，对应急的形势、组织机构、应急活动等进行更具体的阐述，具有较强的针对性。专项应急预案应制定明确的救援程序和具体的应急救援措施。

（3）现场处置方案。现场处置方案是在专项预案的基础上，根据具体情况而编制的。它是针对具体装置、场所、岗位所制定的应急处置措施。如危险化学品事故专项预案下编制的某重大危险源的应急预案等。现场处置方案的特点是针对某一具体场所的该类特殊危险及周边环境情况，在详细分析的基础上，对应急救援中的各个方面作出具体、周密而细致的安排，因而现场处置方案具有更强的针对性和对现场具体救援活动的指导性。

现场处置方案的另一特殊形式为单项预案。单项预案可以是针对大型公众聚集活动（如经济、文化、体育、民俗、娱乐、集会等活动）或高风险的建设施工或维修活动（如人口高密度区建筑物的定向爆破、生命线施工维护等活动）而制定的临时性应急行动方案。随着这些活动的结束，预案的有效性也随之终结。单项预案主要是针对临时活动中可能出现的紧急情况，预先对相关应急机构的职责、任务和预防性措施作出的安排。

（三）事故应急预案编制的基本要求

编制应急预案必须以客观的态度，在全面调查的基础上，以各相关方共同参与的方式，开展科学分析和论证，按照科学的编制程序，扎实开展应急预案编制工作，使应急预案中的内容符合客观情况，为应急预案的落实和有效应用奠定基础。

《生产经营单位安全生产事故应急预案编制导则》（GB/T 29639—2013）明确了应急预案应包含的内容和编制要求，为应急预案的规范化建设提供了依据。根据有关法规及该导则的要求，编制应急预案时应进行合理策划，做到重点突出，反映主要的重大事故风险，并避免预案相互孤立、交叉和矛盾。

《生产安全事故应急预案管理办法》（国家安全生产监督管理总局令第88号）第8条规定，应急预案的编制应当符合下列基本要求：

（1）符合有关法律、法规、规章和标准的规定；
（2）结合本地区、本部门、本单位的安全生产实际情况；
（3）结合本地区、本部门、本单位的危险性分析情况；
（4）应急组织和人员的职责分工明确，并有具体的落实措施；
（5）有明确、具体的事故预防措施和应急程序，并与其应急能力相适应；
（6）有明确的应急保障措施，并能满足本地区、本部门、本单位的应急工作要求；
（7）预案基本要素齐全、完整，预案附件提供的信息准确；
（8）预案内容与相关应急预案相互衔接。

（四）事故应急预案编制程序

《生产经营单位安全生产事故应急预案编制导则》（GB/T 29639—2013）中4.1规定了生产经营单位编制安全生产事故应急预案的程序。下面以生产经营单位安全生产事故应急预案编制为例，阐述应急预案的编制。

应急预案的编制包括下面 6 个步骤：

（1）成立工作组。结合本单位部门职能分工，成立以单位主要负责人为领导的应急预案编制工作组，明确编制任务、职责分工，制订工作计划。

（2）资料收集。收集应急预案编制所需的各种资料（相关法律法规、应急预案、技术标准、国内外同行业事故案例分析、本单位技术资料等）。

（3）危险源与风险分析。在危险因素分析及事故隐患排查、治理的基础上，确定本单位的危险源、可能发生事故的类型和后果，进行事故风险分析并指出事故可能产生的次生衍生事故，形成分析报告，分析结果作为应急预案的编制依据。

（4）应急能力评估。对本单位应急装备、应急队伍等应急能力进行评估，并结合本单位实际，加强应急能力建设。

（5）应急预案编制。针对可能发生的事故，按照有关规定和要求编制应急预案。应急预案编制过程中，应注重全体人员的参与和培训，使所有与事故有关人员均掌握危险源的危险性、应急处置方案和技能。应急预案应充分利用社会应急资源，与地方政府预案、上级主管单位以及相关部门的预案相衔接。

（6）应急预案的评审与发布。评审由本单位主要负责人组织有关部门和人员进行。外部评审由上级主管部门或地方政府负责安全管理的部门组织审查。评审后，按规定报有关部门备案，并经生产经营单位主要负责人签署发布。

需要指出的是，应急预案的改进是预案管理工作的重要内容，与以上 6 项工作共同构成一个工作循环，通过这个循环可以持续改进预案的编制工作，完善预案体系。

（五）事故应急预案基本结构

不同的应急预案由于各自所处的层次和适用的范围不同，因而在内容的详略程度和侧重点上会有所不同，但都可以采用相似的基本结构。如图 7-19 所示的"1+4"预案编制结构，是由一个基本预案加上应急功能设置、特殊风险管理、标准操作程序和支持附件构成的。

（1）基本预案。基本预案是应急预案的总体描述，主要阐述应急预案所要解决的紧急情况、应急的组织体系、方针、应急资源、应急的总体思路，并明确各应急组织在应急准备和应急行动中的职责以及应急预案的演练和管理等规定。

（2）应急功能设置。应急功能是指针对各类重大事故，应急救援中通常采取的一系列的基本应急行动和任务，如指挥和控制、警报、通信、人群疏散与安置、医疗、现场管制等。因此，设置应急功能时，应针对潜在重大事故的特点综合分析并将其分配给相关部门。对每一项应急功能都应明确其针对的形势、目

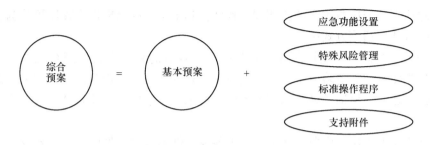

图 7-19 应急预案的基本结构

标、负责机构和支持机构、任务要求、应急准备和操作程序等。应急预案中包含的应急功能的数量和类型，主要取决于所针对的潜在重大事故危险的类型，以及应急的组织方式和运行机制等具体情况。表 7-3 直观地描述了应急功能与相关应急机构的关系。

表 7-3 应急功能矩阵表

部门	应急功能							
	接警与通知	警报和紧急公告	事态监测与评估	警戒与管制	人群疏散	医疗与卫生	消防和抢险	……
应急中心	R	R	S		S			
生产		S	S		S		S	
消防	S	S	S	S	S	S	R	
保卫	S			R	R	S	S	
卫生			S			R		
安环	S		S	R	S	S	S	
技术							S	
……								

注：R—负责部门；S—支持部门。

（3）特殊风险管理。特殊风险指根据某类事故灾难、灾害的典型特征，需要对其应急功能作出针对性安排的风险。应说明处置此类风险应该设置的专有应急功能或有关应急功能所需的特殊要求，明确这些应急功能的责任部门、支持部门、有限介入部门及其职责和任务，为制定该类风险的专项预案提出特殊要求和指导。

（4）标准操作程序。由于基本预案、应急功能设置并不说明各项应急功能的实施细节，因此各应急功能的主要责任部门必须组织制定相应的标准操作程序，为应急组织或个人提供履行应急预案中规定职责和任务的详细指导。标准操作程序应保证与应急预案的协调和一致性，其中重要的标准操作程序可作为应急预案附件或以适当方式引用。

（5）支持附件。支持附件主要包括应急救援的有关支持保障系统的描述及有关的附图表，如危险分析附件，通信联络附件，法律法规附件，机构和应急资源附件，教育、培训、训练和演习附件，技术支持附件，协议附件，其他支持附件等。

从广义上来说，应急预案是一个由各级文件构成的文件体系。它不仅是应急预案本身，也包括针对某个特定的应急任务或功能所制定的工作程序等。一个完整的应急预案的文件体系可包括预案、程序、指导书、记录等，是一个 4 级文件体系。

（六）事故应急预案主要内容

应急预案是整个应急管理体系的反映，它不仅包括事故发生过程中的应急响应和救援措施，而且还应包括事故发生前的各种应急准备和事故发生后的短期恢复，以及预案的管理与更新等。《生产经营单位安全生产事故应急预案编制导则》（GB/T 29639—2013）5.2、5.3、5.4 详细规定了综合预案、专项预案和现场处置方案的主要内容。

通常，完整的应急预案主要包括以下 6 个方面的内容：

（1）应急预案概况。应急预案概况主要描述生产经营单位概况以及危险特性状况等，同时对紧急情况下应急事件、适用范围和方针原则等提供简述并作必要说明。应急救援体系首先应有一个明确的方针和原则来作为指导应急救援工作的纲领。方针与原则反映了应急救援工作的优先方向、政策、范围和总体目标，如保护人员安全优先，防止和控制事故蔓延优先，保护环境优先。此外，方针与原则还应体现事故损失控制、预防为主、统一指挥以及持续改进等思想。

（2）事故预防。预防程序是对潜在事故、可能的次生与衍生事故进行分析并说明所采取的预防和控制事故的措施。应急预案是有针对性的，具有明确的对象，其对象可能是某一类或多类可能的重大事故类型。应急预案的制定必须基于对所针对的潜在事故类型有一个全面系统的认识和评价，识别出重要的潜在事故类型、性质、区域、分布及事故后果。同时，根据危险分析的结果，分析应急救援的应急力量和可用资源情况，并提出建设性意见。

1）危险分析。危险分析的最终目的是要明确应急的对象（可能存在的重大事故）、事故的性质及其影响范围、后果严重程度等，为应急准备、应急响应和减灾措施提供决策和指导依据。危险分析包括危险识别、脆弱性分析和风险分析。危险分析应依据国家和地方有关的法律法规要求，根据具体情况进行。

2）资源分析。针对危险分析所确定的主要危险，明确应急救援所需的资源，列出可用的应急力量和资源，包括：

①各类应急力量的组成及分布情况。

②各种重要应急设备、物资的准备情况。

③上级救援机构或周边可用的应急资源。

通过资源分析，可为应急资源的规划与配备、与相邻地区签订互助协议和预案编制提供指导。

3）法律法规要求。有关应急救援的法律法规是开展应急救援工作的重要前提保障。编制预案前，应调研国家和地方有关应急预案、事故预防、应急准备、应急响应和恢复的法律法规文件，以作为预案编制的依据和授权。

（3）准备程序。准备程序应说明应急行动前所需采取的准备工作，包括应急组织及其职责权限、应急队伍建设和人员培训、应急物资的准备、预案的演习、公众的应急知识培训、签订互助协议等。

应急预案能否在应急救援中成功地发挥作用，不仅仅取决于应急预案自身的完善程度，还依赖于应急准备的充分与否。

1）机构与职责。为保证应急救援工作的反应迅速、协调有序，必须建立完善的应急机构组织体系，包括城市应急管理的领导机构、应急响应中心以及各有关机构部门等。对应急救援中承担任务的所有应急组织，应明确其相应的职责、负责人、候补人及联络方式。

2）应急资源。应急资源的准备是应急救援工作的重要保障，应根据潜在事故的性质和危险分析，合理组建专业和社会救援力量，配备应急救援中所需的各种救援机械和装备、监测仪器、堵漏和清消材料、交通工具、个体防护装备、医疗器械和药品、生活保障物资等，并定期检查、维护与更新，保证始终处于完好状态。另外，对应急资源信息应实施有效的管理与更新。

3）教育、培训与演习。为全面提高应急能力，应急预案应对公众教育、应急训练和演习作出相应的规定，包括其内容、计划、组织与准备、效果评估等。

公众意识和自我保护能力是减少重大事故伤亡不可忽视的一个重要方面。作为应急准备的一项内容，应对公众的日常教育作出规定，尤其是位于重大危险源周边的人群，应使他们了解潜在危险的性质和对健康的危害，掌握必要的自救知识，了解预先指定的主要及备用疏散路线和集合地点，了解各种警报的含义和应急救援工作的有关要求。

应急演习是对应急能力的综合检验。合理开展由应急各方参加的应急演习，有助于提高应急能力。同时，通过对演练的结果进行评估总结，有助于改进应急预案和应急管理工作中存在的不足，持续提高应急能力，完善应急管理工作。

4）互助协议。当有关的应急力量与资源相对薄弱时，应事先寻求与邻近区域签订正式的互助协议，并做好相应的安排，以便在应急救援中及时得到外部救援力量和资源的援助。此外，也应与社会专业技术服务机构、物资供应企业等签署相应的互助协议。

（4）应急程序。在应急救援过程中，存在一些必需的核心功能和任务，如接警与通知、指挥与控制、警报和紧急公告、通信、事态监测与评估、警戒与治安、人群疏散与安置、医疗与卫生、公共关系、应急人员安全、消防和抢险、泄漏物控制等，无论何种应急过程都必须围绕上述功能和任务开展。应急程序主要指实施上述核心功能和任务的程序和步骤。

1）接警与通知。准确了解事故的性质和规模等初始信息是决定启动应急救援的关键。接警作为应急响应的第一步，必须对接警要求作出明确规定，保证迅速、准确地向报警人员询问事故现场的重要信息。接警人员接受报警后，应按预先确定的通报程序，迅速向有关应急机构、政府及上级部门发出事故通知，以采取相应的行动。

2）指挥与控制。重大安全生产事故应急救援往往需要多个救援机构共同处置，因此，对应急行动的统一指挥和协调是有效开展应急救援的关键。建立统一的应急指挥、协调和决策程序，便于对事故进行初始评估，确认紧急状态，从而迅速有效地进行应急响应决策，建立现场工作区域，确定重点保护区域和应急行动的优先原则，指挥和协调现场各救援队伍开展救援行动，合理高效地调配和使用应急资源等。

3）警报和紧急公告。当事故可能影响到周边地区，对周边地区的公众可能造成威胁时，应及时启动警报系统，向公众发出警报。同时通过各种途径向公众发出紧急公告，告知事故性质、对健康的影响、自我保护措施、注意事项等，以保证公众能够及时做出自我保护响应。决定实施疏散时，应通过紧急公告确保公众了解疏散的有关信息，如疏散时间、路线、随身携带物、交通工具及目的地等。

4）通信。通信是应急指挥、协调和与外界联系的重要保障，在现场指挥部、应急中心、各应急救援组织、新闻媒体、医院、上级政府和外部救援机构之间，必须建立完善的应急通信网络，在应急救援过程中应始终保持通信网络畅通，并设立备用通信系统。

5）事态监测与评估。在应急救援过程中必须对事故的发展势态及影响及时进行动态的监测，建立对事故现场及场外的监测和评估程序。事态监测与评估在应急救援中起着非常重要的决策支持作用，其结果不仅是控制事故现场，制定消防、抢险措施的重要决策依据，也是划分现场工作区域、保障现场应急人员安全、实施公众保护措施的重要依据。即使在现场恢复阶段，也应当对现场和环境进行监测。

6）警戒与治安。为保障现场应急救援工作的顺利开展，在事故现场周围建立警戒区域，实施交通管制，维护现场治安秩序是十分必要的，其目的是防止与救援无关的人员进入事故现场，保障救援队伍、物资运输和人群疏散等的交通畅通，并避免发生不必要的伤亡。

7）人群疏散与安置。人群疏散是减少人员伤亡扩大的关键，也是最彻底的应急响应。应当对疏散的紧急情况和决策、预防性疏散准备、疏散区域、疏散距离、疏散路线、疏散运输工具、避难场所以及回迁等作出细致的规定和准备，应考虑疏散人群的数量、所需要的时间、风向等环境变化以及老弱病残等特殊人群的疏散等问题。对已实施临时疏散的人群，要做好临时生活安置，保障必要的水、电、卫生等基本条件。

8）医疗与卫生。对受伤人员采取及时、有效的现场急救，合理转送医院进行治疗，是减少事故现场人员伤亡的关键。医疗人员必须了解城市主要的危险，并经过培训，掌握对受伤人员进行正确消毒和治疗的方法。

9）公共关系。重大事故发生后，不可避免地会引起新闻媒体和公众的关注。应将有关事故的信息、影响、救援工作的进展等情况及时向媒体和公众公布，以消除公众的恐慌心理，避免公众的猜疑和不满。应保证事故和救援信息的统一发布，明确事故应急救援过程中对媒体和公众的发言人和信息批准、发布的程序，避免信息的不一致性。同时，还应处理好公众的有关咨询，接待和安抚受害者家属。

10）应急人员安全。重大事故尤其是涉及危险物质的重大事故的应急救援工作危险性极大，必须对应急人员自身的安全问题进行周密的考虑，包括安全预防措施、个体防护设备、现场安全监测等，明确紧急撤离应急人员的条件和程序，保证应急人员免受事故的伤害。

11）抢险与救援。抢险与救援是应急救援工作的核心内容之一，其目的是为了尽快地控制事故的发展，防止事故的蔓延和进一步扩大，从而最终控制住事故，并积极营救事故现场的受害人员。尤其是涉及危险物质的泄漏、火灾事故，其消防和抢险工作的难度和危险性十分巨大，应对消防和抢险的器材和物资、人员的培训、方法和策略以及现场指挥等做好周密的安排和准备。

12）危险物质控制。危险物质的泄漏或失控，将可能引发火灾、爆炸或中毒事故，对工人和设备等造成严重危险。而且泄漏的危险物质以及夹带了有毒物质的灭火用水，都可能对环境造成重大影响，同时也会给现场救援工作带来更大的危险。因此，必须对危险物质进行及时有效的控制，如对泄漏物的围堵、收容和洗消，并进行妥善处置。

（5）现场恢复。现场恢复也可称为紧急恢复，是指事故被控制住后所进行的短期恢复。从应急过程来说意味着应急救援工作的结束，进入到另一个工作阶段，即将现场恢复到一个基本稳定的状态。大量的经验教训表明，在现场恢复的过程中仍存在潜在的危险，如余烬复燃、受损建筑倒塌等，所以应充分考虑现场恢复过程中可能的危险。该部分主要内容应包括：宣布应急结束的程序；撤离和交接程序；恢复正常状态的程序；现场清理和受影响区域的连续检测；事故调查与后果评价等。

（6）预案管理与评审改进。应急预案是应急救援工作的指导文件。应当对预案的制定、修改、更新、批准和发布做出明确的管理规定，保证定期或在应急演习、应急救援后对应急预案进行评审和改进，针对各种实际情况的变化以及预案应用中所暴露出的缺陷，持续地改进，以不断地完善应急预案体系。

以上这6个方面的内容相互之间既相对独立，又紧密联系，从应急的方针、策划、准备、响应、恢复到预案的管理与评审改进，形成了一个有机联系并持续改进的体系结构。这些要素是重大事故应急预案编制所应当涉及的基本方面，在编制时，可根据职能部门的设置和职责分配等具体情况，将要素进行合并或增加，以更符合实际。

第三节　应急预案的有效检验——应急预案演练

应急演练是应急管理的重要环节，在应急管理工作中有着十分重要的作用。通过开展应急演练，可以实现评估应急准备状态，发现并及时修改应急预案、执行程序等相关工作的缺陷和不足；评估突发公共事件应急能力，识别资源需求，澄清相关机构、组织和人员的职责，改善不同机构、组织和人员之间的协调问题；检验应急响应人员对应急预案、执行程序的了解程度和实际操作技能，评估应急培训效果，分析培训需求。同时，应急演练作为一种培训手段，通过调整演练难度，可以进一步提高应急响应人员的业务素质和能力；促进公众、媒体对应急预案的理解，争取他们对应急工作的支持。

一、应急演练的定义、目的与原则

（一）定义

应急演练是指各级政府部门、企事业单位、社会团体，组织相关应急人员与群众，针对待定的突发事件假想情景，按照应急预案所规定的职责和程序，在特定的时间和地域，执行应急响应任务的训练活动。

（二）目的

（1）检验预案。通过开展应急演练，查找应急预案中存在的问题，进而完善应急预案，提高应急预案的实用性和可操作性。

（2）完善准备。通过开展应急演练，检查应对突发事件所需应急队伍、物资、装备、技术等方面的准备情况，发现不足及时予以调整补充，做好应急准备工作。

（3）锻炼队伍。通过开展应急演练，增强演练组织单位、参与单位和人员等对应急预案的熟悉程度，提高其应急处置能力。

（4）磨合机制。通过开展应急演练，进一步明确相关单位和人员的职责任务，理顺工作关系，完善应急机制。

（5）科普宣教。通过开展应急演练，普及应急知识，提高公众风险防范意识和自救互救等灾害应对能力。

（三）原则

（1）结合实际、合理定位。紧密结合应急管理工作实际，明确演练目的，根据资源条件确定演练方式和规模。

（2）着眼实战、讲求实效。以提高应急指挥人员的指挥协调能力、应急队伍的实战能力为着眼点。重视对演练效果及组织工作的评估、考核，总结推广好经验，及时整改存在问题。

（3）精心组织、确保安全。围绕演练目的，精心策划演练内容，科学设计演练方案，周密组织演练活动，制定并严格遵守有关安全措施，确保演练参与人员及演练装备设施的安全。

（4）统筹规划、厉行节约。统筹规划应急演练活动，适当开展跨地区、跨部门、跨行业的综合性演练，充分利用现有资源，努力提高应急演练效益。

二、应急演练的类型

根据应急演练的组织方式、演练内容和演练目的、作用等，可以对应急演练进行分类，目的是便于演练的组织管理和经验交流。

（一）按组织方式分类

应急演练按照组织方式及目标重点的不同，可以分为桌面演练和实战演练等。

（1）桌面演练是一种圆桌讨论或演习活动。其目的是使各级应急部门、组织和个人在较轻松的环境下，明确和熟悉应急预案中所规定的职责和程序，提高协调配合及解决问题的能力。桌面演练的情景和问题通常以口头或书面叙述的方式呈现，也可以使用地图、沙盘、计算机模拟、视频会议等辅助手段，有时被分别称为图上演练、沙盘演练、计算机模拟演练、视频会议演练等。

（2）实战演练是以现场实战操作的形式开展的演练活动。参演人员在贴近实际状况和高度紧张的环境下，根据演练情景的要求，通过实际操作完成应急响应任务，以检验和提高相关应急人员的组织指挥、应急处置以及后勤保障等综合应急能力。

（二）按演练内容分类

应急演练按其内容，可以分为单项演练和综合演练两类。

（1）单项演练是指只涉及应急预案中特定应急响应功能或现场处置方案中一系列应急响应功能的演练活动。注重针对一个或少数几个参与单位（岗位）的特定环节和功能进行检验。

（2）综合演练是指涉及应急预案中多项或全部应急响应功能的演练活动。注重对多个环节和功能进行检验，特别是对不同单位之间应急机制和联合应对能力的检验。

（三）按演练目的和作用分类

应急演练按其目的与作用，可以分为检验性演练、示范性演练和研究性演练。

（1）检验性演练主要是指为了检验应急预案的可行性及应急准备的充分性而组织的演练。

（2）示范性演练主要是指为了向参观、学习人员提供示范，为普及宣传应急知识而组织的观摩性演练。

（3）研究型演练主要是为了研究突发事件应急处置的有效方法，试验应急技术、设施和设备，探索存在问题的解决方案等而组织的演练。

不同演练组织形式、内容及目的的交叉组合，可以形成多种多样的演练方式，如：单项桌面演练、综合桌面演练、单项实战演练、综合实战演练、单项示范演练、综合示范演练等。

三、应急演练的组织与实施

一次完整的应急演练活动要包括计划、准备、实施、评估总结和改进五个阶段，如图7-20所示。

计划阶段的主要任务：明确演练需求，提出演练的基本构想和初步安排。

准备阶段的主要任务：完成演练策划，编制演练总体方案及其附件，进行必要的培训和预演，做好各项保障工作安排。

实施阶段的主要任务：按照演练总体方案完成各项演练活动，为演练评估总结收集信息。

评估总结阶段的主要任务：评估总结演练参与单位在应急准备方面的问题和

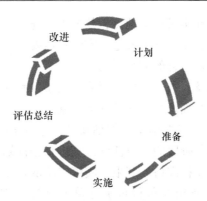

图 7-20　应急演练基本流程

不足，明确改进的重点，提出改进计划。

改进阶段的主要任务：按照改进计划，由相关单位实施落实，并对改进效果进行监督检查。

（一）计划

演练组织单位在开展演练准备工作前应先制订演练计划。演练计划是有关演练的基本构想和对演练准备活动的初步安排，一般包括演练的目的、方式、时间、地点、日程安排、演练策划领导小组和工作小组构成、经费预算和保障措施等。

在制订演练计划过程中需要确定演练目的，分析演练需求，确定演练内容和范围，安排演练准备日程，编制演练经费预算等。

（1）梳理需求。演练组织单位根据自身应急演练年度规划和实际情况需要，提出初步演练目标、类型、范围，确定可能的演练参与单位，并与这些单位的相关人员充分沟通，进一步明确演练需求、目标、类型和范围。

1）确定演练目的，归纳提炼举办应急演练活动的原因，演练要解决的问题和期望达到的效果等。

2）分析演练需求，首先是在对所面临的风险及应急预案进行认真分析的基础上，发现可能存在的问题和薄弱环节，确定需加强演练的人员，需锻炼提高的技能，需测试的设施装备，需完善的突发事件应急处置流程和需进一步明确的职责等。

然后仔细了解过去的演练情况：哪些人参与了演练，演练目标实现的程度，有什么经验与教训，有什么改进，是否进行了验证？

3）确定演练范围，根据演练需求及经费、资源和时间等条件的限制，确定演练事件类型、等级、地域、参与演练机构及人数和适合的演练方式。

①事件类型、等级。根据需求分析结果确定需要演练的事件。

②地域。选择一个现实可行的地点，并考虑交通和安全等因素。

③演练方式。考虑法律法规的规定、实际的需要、人员具有的经验、需要的压力水平等因素，确定最适合的演练形式。

④参与演练的机构及人数。根据需要演练的事件和演练方式，列出需要参与演练的机构和人员，以及确定是否涉及社会公众。

（2）明确任务。演练组织单位根据演练需求、目标、类型、范围和其他相关需要，明确细化演练各阶段的主要任务，安排日程计划，包括各种演练文件编写与审定的期限、物资器材准备的期限、演练实施的日期等。

（3）编制计划。演练组织单位负责起草演练计划文本，计划内容应包括：演练目的需求、目标、类型、时间、地点、演练准备实施进程安排、领导小组和工作小组构成、预算等。

（4）计划审批。演练计划编制完成后，应按相关管理要求，呈报上级主管部门批准。演练计划获准后，按计划开展具体演练准备工作。

（二）准备

演练准备阶段的主要任务是根据演练计划成立演练组织机构，设计演练总体方案，并根据需要针对演练方案进行培训和预演，为演练实施奠定基础。

演练准备的核心工作是设计演练总体方案。演练总体方案是对演练活动的详细安排。

演练总体方案的设计一般包括确定演练目标、设计演练情景与演练流程、设计技术保障方案、设计评估标准与方法、编写演练方案文件等内容。

（1）成立演练组织机构。演练应在相关预案确定的应急领导机构或指挥机构领导下组织开展。演练组织单位要成立由相关单位领导组成的演练领导小组，通常下设策划部、保障部和评估组；对于不同类型和规模的演练活动，其组织机构和职能可以适当调整。演练组织机构的成立是一个逐步完善的过程，在演练准备过程中，演练组织机构的部门设置和人员配备及分工可能根据实际需要随时调整，在演练方案审批通过之后，最终的演练组织机构才得以确立。

1）演练领导小组。演练领导小组负责应急演练活动全过程的组织领导，审批决定演练的重大事项。演练领导小组组长一般由演练组织单位或其上级单位的负责人担任；副组长一般由演练组织单位或主要协办单位负责人担任；小组其他成员一般由各演练参与单位相关负责人担任。

2）策划部。策划部负责应急演练策划、演练方案设计、演练实施的组织协调、演练评估总结等工作。策划部设总策划、副总策划，下设文案组、协调组、控制组、宣传组等。

3）保障部。保障部负责调集演练所需物资装备，购置和制作演练模型、道具、场景，准备演练场地，维持演练现场秩序，保障运输车辆，保障人员生活和安全保卫等。其成员一般是演练组织单位及参与单位后勤、财务、办公等部门人员，常称为后勤保障人员。

4）评估组。评估组负责设计演练评估方案和编写演练评估报告，对演练准备、组织、实施及其安全事项等进行全过程、全方位评估，及时向演练领导小组、策划部和保障部提出意见、建议。其成员一般是应急管理专家、具有一定演练评估经验和突发事件应急处置经验专业人员，常称为演练评估人员。评估组可由上级部门组织，也可由演练组织单位自行组织，或由受邀承担评估工作的第三方机构组织。

5）参演队伍和人员。参演队伍包括应急预案规定的有关应急管理部门（单位）工作人员、各类专兼职应急救援队伍以及志愿者队伍等。参演人员承担具体演练任务，针对模拟事件场景做出应急响应行动。有时也可使用模拟人员替代未参加现场演练的单位人员，或模拟事故的发生过程，如释放烟雾、模拟泄漏等。

演练组织机构的部门设置和人员配备及分工可能根据实际需要随时调整，在演练方案审批通过之后，最终的演练组织机构才得以确立。

（2）确定演练目标。演练目标是为实现演练目的而需完成的主要演练任务及其效果。演练目标一般需说明"由谁在什么条件下完成什么任务，依据什么标准或取得什么效果"。

演练组织机构召集有关方面和人员，商讨确认范围、演练目的需求、演练目标以及各参与机构的目标，并进一步商讨为确保演练目标实现而在演练场景、评估标准和方法、技术保障及演练场地等方面应满足的要求。

演练目标应简单、具体、可量化、可实现。一次演练一般有若干项演练目标，每项演练目标都要在演练方案中有相应的事件和演练活动予以实现，并在演练评估中有相应的评估项目判断该目标的实现情况。

（3）演练情景事件设计。演练情景事件是为演练而假设的一系列突发事件，为演练活动提供了初始条件并通过一系列的情景事件，引导演练活动继续直至演练完成。

其设计过程包括：确定原生突发事件类型、请专家研讨、收集相关素材、结合演练目标设计备选情景事件、研讨修改确认可用的情景事件、各情景事件细节确定。

演练情景事件设计必须做到真实合理，在演练组织过程中需要根据实际情况不断修改完善。演练情景可通过《演练情景说明书》和《演练情景事件清单》加以描述。

（4）演练流程设计。演练流程设计是按照事件发展的科学规律，将所有情景事件及相应应急处置行动按时间顺序有机衔接的过程。其设计过程包括：确定事件之间的演化衔接关系；确定各事件发生与持续时间；确定各参与单位和角色在各场景中的期望行动以及期望行动之间的衔接关系；确定所需注入的信息及注入形式。

（5）技术保障方案设计。为保障演练活动顺利实施，演练组织机构应安排专人根据演练目标、演练情景事件和演练流程的要求，预先进行技术保障方案设计。当技术保障因客观原因确难实现时，可及时向演练组织机构相关负责人反映，提出对演练情景事件和演练流程的相应修改建议。当演练情景事件和演练流程发生变化时，技术保障方案必须根据需要进行适当调整。

（6）评估标准和方法选择。演练评估组召集有关方面和人员，根据演练总体目标和各参与机构的目标以及演练的具体情景事件、演练流程和技术保障方案，商讨确定演练评估标准和方法。

演练评估应以演练目标为基础。每项演练目标都要设计合理的评估项目方法、标准。根据演练目标的不同，可以用选择项（如：是/否判断、多项选择）、主观评分（如：1—差、3—合格、5—优秀）、定量测量（如：响应时间、被困人数、获救人数）等方法进行评估。

为便于演练评估操作，通常事先设计好评估表格，包括演练目标、评估方法、评价标准和相关记录项等。有条件时还可以采用专业评估软件等工具。

（7）编写演练方案文件。文案组负责起草演练方案相关文件。演练方案文件主要包括演练总体方案及其相关附件。根据演练类别和规模的不同，演练总体方案的附件一般有演练人员手册、演练控制指南、技术保障方案和脚本、演练评估指南、演练脚本和解说词等。

（8）方案审批。演练方案文件编制完成后，应按相关管理要求，报有关部门审批。对综合性较强或风险较大的应急演练，在方案报批之前，要由评估组组织相关专家对应急演练方案进行评审，确保方案科学可行。

演练总体方案获准后，演练组织机构应根据领导出席情况，细化演练日程，拟定领导出席演练活动安排。

（9）落实各项保障工作。为了按照演练方案顺利安全实施演练活动，应切实做好人员、经费、场地、物资器材、技术和安全方面的保障工作。

1）人员保障。演练参与人员一般包括演练领导小组、演练总指挥、总策划、文案人员、控制人员、评估人员、保障人员、参演人员、模拟人员等，有时还会有观摩人员等其他人员。在演练的准备过程中，演练组织单位和参与单位应合理安排工作，保证相关人员参与演练活动的时间；通过组织观摩学习和培训，提高演练人员素质和技能。

2）经费保障。演练组织单位每年要根据具体应急演练方案规划编制应急演练经费预算，纳入该单位的年度财政（财务）预算，并按照演练需要及时拨付经费。对经费使用情况进行监督检查，确保演练经费专款专用、节约高效。

3）场地保障。根据演练方式和内容，经现场勘察后选择合适的演练场地。桌面演练一般可选择会议室或应急指挥中心等；实战演练应选择与实际情况相似的地点，并根据需要设置指挥部、集结点、接待站、供应站、救护站、停车场等设施。演练场地应有足够的空间，良好的交通、生活、卫生和安全条件，尽量避免干扰公众生产生活。

4）物资和器材保障。根据需要，准备必要的演练材料、物资和器材，制作必要的模型设施等，主要包括：信息材料、物资设备、通信器材和演练情景模型等。

5）技术保障。根据技术保障方案的具体需要，保障应急演练所涉及的有线通信、无线调度、异地会商、移动指挥、社会面监控、应急信息管理系统等技术支撑系统的正常运转。

6）安全保障。应急演练组织单位要高度重视应急演练组织与实施全过程的安全保障工作。在应急演练方案编制中，应充分考虑应急演练实施中可能面临的风险，制定必要的应急演练安全保障措施或方案。大型或高风险应急演练活动要按规定制定专门应急预案，采取预防和控制措施。

（10）培训。为了使演练相关策划人员及参演人员熟悉演练方案和相关应急预案，明确其在演练过程中的角色和职责，在演练准备过程中，可根据需要对其进行适当培训。

在演练方案获准后至演练开始前，所有演练参与人员都要经过应急基本知识、演练基本概念、演练现场规则、应急预案、应急技能及个体防护装备使用等方面的培训。对控制人员要进行岗位职责、演练过程控制和管理等方面的培训；对评估人员要进行岗位职责、演练评估方法、工具使用等方面的培训；对参演人员要进行应急预案、应急技能及个体防护装备使用等方面的培训。

（11）预演。对大型综合性演练，为保证演练活动顺利实施，可在前期培训的基础上，在演练正式实施前，进行一次或多次预演。预演遵循先易后难、先分解后合练、循序渐进的原则。预演可以采取与正式演练不同的形式，演练正式演练的某些或全部环节。大型或高风险演练活动，要结合预先制定的专门应急预案，对关键部位和环节可能出现的突发事件进行针对性演练。

（三）实施

演练实施是对演练方案付诸行动的过程，是整个演练程序中的核心环节。

（1）演练前检查。演练实施当天，演练组织机构的相关人员应在演练开始前提前到达现场，对演练所用的设备设施等情况进行检查，确保其正常工作。

按照演练安全保障工作安排，对进入演练场所的人员进行登记和身份核查，防止无关人员进入。

（2）演练前情况说明和动员。导演组完成事故应急演练准备，以及对演练方案、演练场地、演练设施、演练保障措施的最后调整后，应在演练前夕分别召开控制人员、评估人员、演练人员的情况介绍会，确保所有演练参与人员了解演练现场规则，以及演练情景和演练计划中与各自工作相关的内容。演练模拟人员和观摩人员一般参加控制人员情况介绍会。

导演组可向演练人员分发演练人员手册，说明演练适用范围、演练大致日期（不说明具体时间）、参与演练的应急组织、演练目标的大致情况、演练现场规则、采取模拟方式进行演练的行动等信息。演练过程中，如果某些应急组织的应急行为由控制人员或模拟人员以模拟方式进行演示，则演练人员应了解这些情况，并掌握相关控制人员或模拟人员的通信联系方式，以免演练时与实际应急组织发生联系。

（3）演练启动。演练目的和作用不同，演练启动形式也有所差异。

示范性演练一般由演练总指挥或演练组织机构相关成员宣布演练开始并启动演练活动。检验性和研究性演练，一般在到达演练时间节点，演练场景出现后，自行启动。

（4）演练执行。演练组织形式不同，其演练执行程序也有差异。

1）实战演练。应急演练活动一般始于报警消息，在此过程中，参演应急组织和人员应尽可能按实际紧急事件发生时的响应要求进行演示，即"自由演示"，由参演应急组织和人员根据自己关于最佳解决办法的理解，对情景事件作出响应行动。

演练过程中参演应急组织和人员应遵守当地相关的法律法规和演练现场规则，确保演练安全进行，如果演练偏离正确方向，控制人员可以采取"刺激行动"以纠正错误。"刺激行动"包括终止演练过程。使用"刺激行动"时应尽可能平缓，以诱导方法纠偏。只有对背离演练目标的"自由演示"才使用强刺激的方法使其中断反应。

2）桌面演练。桌面演练的执行通常是五个环节的循环往复：演练信息注入、问题提出、决策分析、决策结果表达和点评。

3）演练解说。在演练实施过程中，演练组织单位可以安排专人对演练过程进行解说。解说内容一般包括演练背景描述、进程讲解、案例介绍、环境渲染等。对于有演练脚本的大型综合性示范演练，可按照脚本中的解说词进行讲解。

4）演练记录。演练实施过程中，一般要安排专门人员，采用文字、照片和音像等手段记录演练过程。文字记录一般可由评估人员完成，主要包括演练实际开始与结束时间、演练过程控制情况、各项演练活动中参演人员的表现、意外情况及其处置等内容，尤其要详细记录可能出现的人员"伤亡"（如进入"危险"场所而无安全防护，在规定的时间内不能完成疏散等）及财产"损失"等情况。

照片和音像记录可安排专业人员和宣传人员在不同现场、不同角度进行拍摄，尽可能全方位反映演练实施过程。

5）演练宣传报道。演练宣传组按照演练宣传方案做好演练宣传报道工作。认真做好信息采集、媒体组织、广播电视节目现场采编和播报等工作，扩大演练的宣传教育效果。对涉密应急演练要做好相关保密工作。

（5）演练结束与意外终止。演练完毕，由总策划发出结束信号，演练总指挥或总策划宣布演练结束。演练结束后所有人员停止演练活动，按预定方案集合进行现场总结讲评或者组织疏散。保障部负责组织人员对演练场地进行清理和恢复。

演练实施过程中出现下列情况，经演练领导小组决定，由演练总指挥或总策划按照事先规定的程序和指令终止演练：1）出现真实突发事件，需要参演人员参与应急处置时，要终止演练，使参演人员迅速回归其工作岗位，履行应急处置职责；2）出现特殊或意外情况，短时间内不能妥善处理或解决时，可提前终止演练。

（6）现场点评会。演练组织单位在演练活动结束后，应组织针对本次演练现场点评会。其中包括专家点评、领导点评、演练参与人员的现场信息反馈等。

（四）评估总结

1. 评估

演练评估是指观察和记录演练活动、比较演练人员表现与演练目标要求并提出演练发现问题的过程。演练评估目的是确定演练是否已经达到演练目标的要求，检验各应急组织指挥人员及应急响应人员完成任务的能力。要全面、正确地评估演练效果，必须在演练地域的关键地点和各参演应急组织的关键岗位上，派驻公正的评估人员。评估人员的作用主要是观察演练的进程，记录演练人员采取的每一项关键行动及其实施时间，访谈演练人员，要求参演应急组织提供文字材料，评估参演应急组织和演练人员表现并反馈演练发现。

应急演练评估方法是指演练评估过程中的程序和策略，包括评估组组成方式、评估目标与评估标准。评估人员较少时可仅成立一个评估小组并任命一名负责人；评估人员较多时，则应按演练目标、演练地点和演练组织进行适当的分组，除任命一名总负责人，还应分别任命小组负责人。评估目标是指在演练过程中要求演练人员展示的活动和功能。评估标准是指供评估人员对演练人员各个主要行动及关键技巧的评判指标，这些指标应具有可测量性，或力求定量化，但是根据演练的特点，评判指标中可能出现相当数量的定性指标。

情景设计时，策划人员应编制评估计划，应列出必须进行评估的演练目标及相应的评估准则，并按演练目标进行分组，分别提供给相应的评估人员，同时给评估人员提供评价指标。

2. 总结报告

（1）召开演练评估总结会议。在演练结束后一个月内，由演练组织单位召集评估组和所有演练参与单位，讨论本次演练的评估报告，并从各自的角度总结本次演练的经验教训，讨论确认评估报告内容，并讨论提出总结报告内容，拟定改进计划，落实改进责任和时限。

（2）编写演练总结报告。在演练评估总结会议结束后，由文案组根据演练记录、演练评估报告、应急预案、现场总结等材料，对演练进行系统和全面的总结，并形成演练总结报告。演练参与单位也可对本单位的演练情况进行总结。

演练总结报告的内容包括：演练目的，时间和地点，参演单位和人员，演练方案概要，发现的问题与原因，经验和教训，以及改进有关工作的建议、改进计划、落实改进责任和时限等。

3. 文件归档与备案

演练组织单位在演练结束后应将演练计划、演练方案、各种演练记录（包括各种音像资料）、演练评估报告、演练总结报告等资料归档保存。

对于由上级有关部门布置或参与组织的演练，或者法律、法规、规章要求备案的演练，演练组织单位应当将相关资料报有关部门备案。

（五）改进

（1）改进行动。对演练中暴露出来的问题，演练组织单位和参与单位应按照改进计划中规定的责任和时限要求，及时采取措施予以改进，包括修改完善应急预案、有针对性地加强应急人员的教育和培训、对应急物资装备有计划地更新等。

（2）跟踪检查与反馈。演练总结与讲评过程结束之后，演练组织单位和参与单位应指派专人，按规定时间对改进情况进行监督检查，确保本单位对自身暴露出的问题做出改进。

参 考 文 献

[1] 田水承，景国勋. 安全管理学 [M]. 2 版. 北京：机械工业出版社，2016.

[2] 朱义长. 中国安全生产史 [M]. 北京：煤炭工业出版社，2017.

[3] 李文海，夏明方. 中国荒政全书 [M]. 北京：北京出版社，2003.

[4] 中国安全生产协会注册安全工程师工作委员会编写. 安全生产管理知识 [M]. 北京：中国应急出版社，2019.

[5] 范维澄，闪淳昌. 公共安全与应急管理 [M]. 4 版. 北京：科学出版社，2018.

[6] 孙殿阁，胡广霞. 安全信息管理学 [M]. 上海：上海交通大学出版社，2014.

[7] （美）詹姆斯·马奇，赫伯特·西蒙. 组织（珍藏版）[M]. 邵冲译. 北京：机械工业出版社，2013.

[8] （美）弗雷德里克·温斯洛·泰勒. 科学管理原理 [M]. 马风才译. 北京：机械工业出版社，2013.

[9] （美）亨利·法约尔. 工业管理与一般管理 [M]. 迟力耕译. 北京：机械工业出版社，2013.

[10] 侯玉莲. 行为科学的奠基人——乔治·埃尔顿·梅奥 [M]. 保定：河北大学出版社，2005.

[11] （美）马斯洛. 马斯洛谈自我超越 [M]. 唐译译. 天津：天津社会科学院出版社，2013.

[12] （美）Michael G. Aamodt. 工业与组织心理学 [M]. 丁丹，武琳译. 北京：中国轻工业出版社，2011.

[13] 吴超，杨冕. 安全科学原理及其结构体系研究 [J]. 中国安全科学学报，2012（11）：4~11.

[14] 缑变彩，覃亚伟，王帆. 系统安全理论与模型发展研究综述 [J]. 土木工程与管理学报，2014，31（4）：83~87.

[15] 牛聚粉. 事故致因理论综述 [J]. 工业安全与环境，2012，38（9）：45~49.

[16] 隋鹏程，陈宝智，隋旭. 安全原理 [M]. 北京：化学工业出版社，2005.

[17] James Reason. Human Error [M]. New York：Cambridge University Press，1990.

[18] （美）Mannoj S. Patankar，James C. Taylor. 航空维修中的风险管理与差错减少 [M]. 孟惠民，李建珺译. 北京：中国民航出版社，2007.

[19] 王永刚，王燕. 人为因素的多维事故原因分析模型 [J]. 交通运输工程学报，2008，8（2）：96~99.

[20] 杨家忠，张侃. 民用航空中的人误分类与分析 [J]. 人类工效学，2003，9（4）：41~44.

[21] 维格曼，夏佩尔. 飞行事故人的失误分析：人的因素分析与分类系统 [M]. 马锐译. 北京：中国民航出版社，2006.

[22] （美）James Reason，Alan Hobbs. 维修差错管理 [M]. 徐建新，贾宝惠译. 北京：中国民航出版社，2007.

[23] 樊运晓，傅贵，朱亚威. 安全管理体系产生与发展综述 [J]. 中国安全科学学报，2015，

25 (8)：3~9.

［24］ 李永祥. 如何在民航系统中建立安全管理体系（SMS）［J］. 民航科技, 2008 (3)：96~100.

［25］ 国家安全生产监督管理总局. 企业安全文化建设评价准则（AQ/T 9005—2008）［S］.

［26］ 国家安全生产监督管理总局. 企业安全文化建设导则（AQ/T 9004—2016）［S］.

［27］ 国家安全监管总局通信信息中心. 发达国家的安全生产信息化建设［J］. 劳动保护, 2010, (7)：22~23.

［28］ 陈国华. 安全管理信息系统［M］. 北京：国防工业出版社, 2007.

［29］ 张旭, 赵鸣, 熊静. 民航管理信息系统［M］. 北京：国防工业出版社, 2013.

［30］ 樊月华, 杨燕, 郭凤英, 等. 管理信息系统与案例分析［M］. 北京：人民邮电出版社, 2004.

［31］ 刘浪, 程云才, 陈建宏, 等. 现代企业安全管理信息系统的构建［J］. 中国安全科学学报, 2008, 18 (3)：133~137.

［32］ 孙殿阁, 孙佳, 白福利. 基于决策树的空服人员作业危害因素分析［J］. 中国安全科学学报, 2013, 23 (3)：135~139.

［33］ 孙殿阁, 孙佳. 基于案例推理的城市典型灾害应急处置专家系统构建研究［J］. 中国安全科学生产技术, 2012, 8 (2)：55~60.

［34］ 孙殿阁, 孙佳, 王淼, 等. 基于 Bow-Tie 技术的民用机场安全风险分析应用研究［J］. 中国安全科学生产技术, 2010, 6 (4)：85~90.

［35］ 孙殿阁, 孙佳, 蒋仲安. 基于知识的机场安全风险分析模型及应用研究［J］. 武汉理工大学学报（交通科学与工程版）, 2010, 34 (3)：452~456.

［36］ 孙殿阁, 孙佳, 蒋仲安. 面向对象思想在民用机场危险源辨识中的应用［J］. 中国安全科学学报, 2009, 19 (3)：144~148.

［37］ 孙殿阁. 民用机场安全风险管理及预警技术研究与应用［D］. 北京科技大学, 2010.

［38］ 孙瑞山, 李环. 如何减少安全信息分析中的偏见［J］. 中国民航大学学报, 2007, 25 (z1)：77~82.

［39］ 国家安全生产监督管理局（国家煤矿安全监察局）. 安全评价［M］. 北京：煤炭工业出版社, 2003.

［40］ 孙殿阁. 基于 MACD 指标的民用机场安全风险趋势预测研究［J］. 安全与环境学报, 2020.

［41］ 孙殿阁. 民用机场不安全事件分析专家系统构建研究［J］. 安全, 2020, 41 (11)：52~57, 62.

［42］ 孙殿阁. 民用机场运行安全风险混合预警方法应用研究［J］. 安全, 2021, 42 (1)：30~36.

冶金工业出版社部分图书推荐

书　名	作　者	定价(元)
中国冶金百科全书·安全环保卷	本书编委会	120.00
采矿手册（第6卷）矿山通风与安全	本书编委会	109.00
我国金属矿山安全与环境科技发展前瞻研究	古德生	45.00
矿山安全工程（第2版）（国规教材）	陈宝智	38.00
系统安全评价与预测（第2版）（本科教材）	陈宝智	26.00
安全系统工程（本科教材）	谢振华	26.00
安全评价（本科教材）	刘双跃	36.00
事故调查与分析技术（本科教材）	刘双跃	34.00
安全学原理（第2版）（本科教材）	金龙哲	35.00
防火与防爆工程（本科教材）	解立峰	38.00
燃烧与爆炸学（第2版）（本科教材）	张英华	32.00
土木工程安全管理教程（本科教材）	李慧民	33.00
土木工程安全检测与鉴定（本科教材）	李慧民	31.00
土木工程安全生产与事故案例分析（本科教材）	李慧民	30.00
职业健康与安全工程（本科教材）	张顺堂	36.00
网络信息安全技术基础与应用（本科教材）	庞淑英	21.00
安全工程实践教学综合实验指导书（本科教材）	张敬东	38.00
火灾爆炸理论与预防控制技术（本科教材）	王信群	26.00
化工安全（本科教材）	邵　辉	35.00
露天矿山边坡和排土场灾害预警及控制技术	谢振华	38.00
安全管理基本理论与技术	常占利	46.00
矿山企业安全管理	刘志伟	25.00
煤矿安全技术与管理	郭国政	29.00
建筑施工企业安全评价操作实务	张　超	56.00
煤炭行业职业危害分析与控制技术	李　斌	45.00
新世纪企业安全执法创新模式与支撑理论	赵千里	55.00
现代矿山企业安全控制创新理论与支撑体系	赵千里	75.00
重大危险源辨识与控制	吴宗之	35.00
危险评价方法及其应用	吴宗之	47.00